ぼくの日本自動車史

徳大寺有恒

草思社文庫

まえがき

十六歳のとき小型四輪自動車免許証を取得して以来、この歳になるまで、ずっとクルマに乗りつづけてきた。。ま、きわめて通俗的な言い方だが〝あっという間だった〟という想いと、〝いろいろなことがあった〟という想いと、まったく相反する二つの想いにとらわれている。

どうして少年だった私の心を自動車がとらえたのか、ほんとうのところはよくわからない。ごくごく平凡な田舎の中学生であった私は、中学の同級生であるNと親しくなるとほとんど同時に自動車好きになった。それはたぶん、貧しく、平凡な少年に自由、スピード、ぜいたく、そしてこのころようやく意識しはじめた女性など、すべての自分の生活を変化させ、飛び上がらせるものとして、自動車は私の眼に映ったのだろうと思う。

当時、私の家というか、私のおやじは水戸郊外で材木屋（製材業）とタクシー業とをやっており、何台かのクルマ（乗用車）があった。一番古いのは一九三四年のフォードB型で、これはおそらく日本で組立てられた右ハンドルだった。第二次世界大戦後すぐに木炭車に改造され、わが家の車庫の上に巣を作ったツバメはいつもその炭の発生する一酸化炭素の犠牲になった。

少し経済がよくなるとシヴォレー一九五〇、一九五一年型がわが家へ来た。ストレート6、OHVのエンジンを持つこのアメリカ車は私にとってちょっとしたカルチャーショックだった。長い長いファストバック4ドアのボディを今も記憶している。三、四台のシヴォレーののち、突然アメリカのニューカー、一九五六年プリムス・ベルヴェディアが入ってきた。当時、日本には外国車はいっさい入らなかったが、ハイヤー／タクシーと報道機関用に少量輸入されたのだ。このプリムスは、オフホワイトと濃いブルーのツートーン、東京・赤坂でおやじとクルマを受けとり、水戸へ帰ったときの思い出は今も鮮明である。スムーズで圧倒的な加速、そして静かさ。室内もツートーンでぜいたくであった。私はその時のクルマの匂いを今もハッキリと覚えている。

わが家に国産車が入ってきたのは一九五二年のことで、ダットサンDB型五二年式である。このクルマはのちに私の自由にしていいクルマとなったが、シヴォレーやプリムスとは比べるべくもないものであった。

一九五七年、クラウンが入ってくる。ライトブルーのクルマで、シートは濃いブルーのビニールレザーであった。コラムシフト、OHVエンジン、サーボつきオイルブレーキ、そのスペックはシヴォレーに近いが、まだまだというのが私の印象であった。

一九五八年からもう一台のクラウン（グリーンメタリック）が入ってきたが、サスペンションが改良され、よりしっかり走ってくれた。ほとんど同時にダットサン210型が入ってきた。1ℓエンジンとコラム4速のこのクルマは私のお気に入りだったが、私はオースチンのほうがいいと思っていた。以後、クラウンは毎年、わが家にニューカーとして入ってきたし、ダットサンもブルーバードとなって入ってきた。セドリックもクラウンに遅れて入ってきたが、それはピンク色でなんとも不思議なクルマだった。

おやじは六十九歳で突然亡くなったが、晩年、私とクルマの話をときおりしたとき、「日本車は本当によくなった。自分の仕事もすこしは儲かるようになったのは日本車がよくなったからだ」と心底感心していたようであった。

私も学校を出て、自分の仕事を持つようになり、いつしかおやじとも年に数度しか会わなくなり、わが家のタクシーに乗るチャンスも少なくなっていった。

しかし、わが家の仕事のおかげもあって私は一九五〇年代から今日まで、ほとんどの日本製自動車に乗ることができた。そのおびただしい数の乗用車を短時間あるいは長時間乗ってきた私は、その発達の過程とそのフィールがどうであったか、なるべく記憶の確かなうちに書きとめようと思いつづけてきた。ようやくそれがかなったわけだが、このすさまじいスピードの進歩でわれわれが得たものは何か、そして失ったものは何かと考えることは、この曲がり角に立った自動車を現代において考えるためには、少し意味があると思っている。それにしても短い時間でよくここまできたと思う。それは自動車工業だけの功績ではない、ここ三〇年間、自動車を買いつづけたユーザーの存在も忘れてはなるまい。

それにしても日本のここ三〇～三五年は自動車を作り、売り、買う時代だった。そして、私についていえば、この時代にずっと自動車に乗り、見てこられたことをほんとうに幸運であったと思う。

本書を書くにあたり、ご協力いただいた各自動車メーカー広報部、トヨタ自動車博物館、日本自動車博物館、長谷川裕氏、そしてその他多くの方々に心より感謝申し上げる。

著者

ぼくの日本自動車史◉目　次

第3章 BC戦争の始まり

第4章　ぼくの乗った軽自動車たち

第5章　消えてしまったクルマたち

第6章　サニーはなぜカローラに負けたのか

第7章　スポーツカーこそわが命

第8章　『間違いだらけ』を出してから

＊写真ページに付したデータの内容は次の通りです。

▼車名（形式）①年式、②全長×全幅×全高、③ホイールベース、④総重量、⑤エンジン形式、⑥総排気量、⑦最高出力、⑧最大トルク、⑨販売価格

＊本文写真および資料提供

さいとうさだちか

トヨタ自動車株式会社
日産自動車株式会社
三菱自動車工業株式会社
マツダ株式会社
本田技研工業株式会社
日本自動車博物館
トヨタ博物館

いすゞ自動車株式会社
富士重工業株式会社
ダイハツ工業株式会社
スズキ株式会社
日野自動車株式会社

第1章

すべてはクラウンから始まる

おやじのクルマがぼくの記憶の始まり

ぼくは昭和十四年、原宿の竹下町で生まれた。

いまや中学生たちが芋を洗うがごとくひしめく竹下町も、当時は人通りはごくまばらで、それはそれは静かな住宅地だった。ほとんど交通のない明治通りは、子供心にもやたらだだっ広く、こわいぐらいに大きな道に見えた。三歳ごろだったか、その明治通りでロウセキで絵を描いて遊んでいて、バスにひかれそうになったことがある。バスは急ブレーキをかけて事故にはならなかったが、車掌さんが転んで額にけがをして、血を流していたことを覚えている。

当時、ぼくの父親はGM系列のディーラーに勤めて、シヴォレーの販売をやっていた。当時のクルマは大半がシヴォレーとフォードだった。両車ともノックダウン生産で日本で組み立てられていた。フォードは横浜の子安に、シヴォレーは大阪に工場があったのである。

おやじは自家用車を持っており、毎朝、クルマで通勤していた。クーペやコンヴァーティブルが好きで、その手の中古である。一介の庶民がクルマを持つなど戦前としてはきわめて珍しいことだったと思うが、それはおやじが自動車屋だったからできたことだろう。

ぼくはたいへんなおやじっ子だったらしい。毎朝、おやじが会社に出かけるとき、ぼくは「行くな」といってよく泣いたそうだ。するとおやじはクルマのところにぼくを連れて行って、クルマにちょこっとぼくを乗せ、泣きやませてから、「じゃあ、行ってくる」なんてことを毎日やっていた。それがぼくの最初のクルマの記憶である。

そのうち太平洋戦争が始まり、おやじのところにも一銭五厘の赤紙が来て、出征とあいなる。おやじは三年ほど香港、フィリピンといった外地をまわっていたが、要領がよかったのか、途中で英霊を運ぶ船の衛兵になって、戦争が終わらないうちに内地に帰ってきた。

おやじのいなかった三年間、わが家はおふくろの姉貴とおふくろ、そしてぼくの三人家族、そこに横浜の葦名橋《あしなばし》に住んでいたばあちゃんが出入りするといった状態で、早い話が女ばかり。女の中で育てられたぼくは女々しい男の子だったらしい。そこに突然、不精髭を生やしたおやじがどてっと帰ってきて、わがもの顔に振るまうわけだから、幼いぼくの目には、なんだかすごくこわいおじさんがやってきたナという感じに映ったのだろう、しばらくはなつかなかったそうだ。

それでもおやじとしては、三年間ほったらかしていたぼくとなんとかコミュニケーションをはかりたかった。赤ん坊のぼくがえらくクルマ好きだったのを思い出して、ぼくをよくクルマに乗せて、いろいろなところに連れて行った。当時、おやじは勤めていた会社を辞めて、竹下町に中古車屋を開いており、よく中古車を牽引して移動させていた。あるときおやじは、例によってボログルマを牽引するときに、ぼくをそのボログルマの助手席に乗せてくれた。ところが走っている途中、突然ドアが開いたのだ。ぼくはそのドアにしがみついたまま、ブラーンとサーカスのように外に飛び出してしまった。大事には至らずにすんだが、このときばかりはさすがのおやじもえらくあせったそうだ。

そのうちに戦火が激しくなってくる。竹下町も空襲にあった。ボンボンと近所の家が燃えた翌日、東郷神社に行くと池に屍体がいくつも浮かんでいた。その光景はいまでも強烈に記憶に焼き付いている。ここは危ない、ともかく疎開しようということで、おやじは世田谷の学芸大学前——たしか、当時は青山師範学校といった——に家を買った。大きくてきれいな家だったが、困ったことに地中から水がわいてしまうので防空壕が掘れないという難点があった。

空襲はますます激しくなってきて、世田谷の田舎にも艦載機のグラマンがブンブン飛んでくるようになった。防空壕がないから親子三人が女中部屋で畳をぐるりと楯にして、じっと息を殺して隠れるしかなかった。グラマンの機銃掃射でパリパリパリと屋根の瓦が割れる音をよく覚えている。

空襲になると停電になることがあった。当時はトランジスタ・ラジオなどという便利なものはないから、親子三人がまったくの情報遮断となってしまう。するとおやじは、畳のバリケードから抜け出して、たまたま〝鉱石ラジオ〟を持っていたご近所の家に、「東部軍管区情報」のニュースを聞きに行くのである。このおやじがいない時間が心細く、こわくてたまらなかった。空襲自体がこわいということもあるが、緊張して、こわがっている親の表情のほうがもっとこわいのだ。子供だから、どうしたって両親の顔色をうかがう。そうすると、たまらなくこわくなるのである。

当時のぼくは身体が弱く、やたら腺病質な子供だったから、そうしてこわがっているうちにとうとう小便が止まらない病気になってしまった。そしてビービー泣いては、

「戦争のないところに行きたい」「戦争のないところに行きたい」とくりかえしたそうだ。これにはさすがにおやじも参ったらしい。

しょうがないから、「戦争のないところ」に疎開しようということで、おやじは疎開先を物色する。ところが、おやじの実家はおやじに家を買ってもらったぐらいで貧乏だから、とうていわが一家を受け入れる余裕などない。そこでおやじが選んだ疎開先が水戸だった。水戸にはおやじの大親友の塀和《はが》誠三郎さんがいた。塀和さんはのちに日産ディーゼル茨城の社長を長くつとめた人だが、その大親友を頼って、ともかく家族を落ち着けようということで、茨城県の袋田温泉にぼくとおふくろを疎開させたのである。

こうして温泉の旅館生活をしながら、ときどき東京に単身残ったおやじがやって来たり、ぼくとおふくろが東京に行ったりという生活を送っていたのだが、あるとき親子三人で上野駅に着いたところで激しい空襲にぶつかってしまった。このときの空襲は、いま思い出してもすごかった。親子三人でホームにうずくまると、ズーンという地響きとともに爆弾が落ちる。さいわい、最初の何十発は駅をはずれて上野の山や日暮里のほうに落ちた。人々が右往左往する中を、上野駅のホームを駆け抜けて上野の地下壕に飛び込んだ。すると地下壕の中には、戦災で親を失った浮浪児たちがあふれかえっており、ぼくたち親子三人はたちまち浮浪児たちの群れに囲まれてしまった。このときの印象は強烈だった。ぼくは中学生ごろまで、あのときの、親を失った子どもたちはどうしただろうかと、何かあるたびに思い出したものである。

ぼくの憧れのクルマはジープだった

もうおやじも東京で自動車屋どころではなくなった。おやじは堺和さんの勧めにしたがって、竹下町の会社を引き払い、水戸に会社を買って、落ち着く腹を決めた。家も水戸に買った。そして昭和二十年、六歳になったぼくは水戸の国民学校の一年生となった。

八月十五日のその日、ぼくは朝からセミ捕りに熱中していた。水戸に移ってからのぼくは、やたらとセミに凝っていて、一日に一〇〇匹ぐらい捕まえていたのである。カブト虫やクワガタ虫も捕れないではなかったのだが、なぜかああいうのは好きじゃなく、セミばかり捕まえていた。いちばん好きなのはニイニイゼミで、つぎがカナカナである。ツクツクホウシも好きだったが、これは難しかった。ぼくほどのセミ捕り名人でも、生涯に四、五匹ぐらいしか捕まえられなかったほどだ。

ツクツクホウシは、鳴き声を頼りに捜したのではだめである。飛んでくるのを待って捕まえるのだ。水戸の家の裏手には墓地があり、そこに栗の木があった。そこでツクツクホウシが飛んでくるまでじっと待つ。止まったなと思ったら、鳴き出すまでじっと待つ。敵も止まって鳴き出すまでは、「ここは大丈夫かな」と非常に神経をつかっているのだ。鳴き出して二、三分が勝負である。しばらく鳴かせておき、安心しきったところでエイヤッとばかりに捕まえるのである。

バカみたいに簡単なのはアブラゼミだ。これはもう目をつむっていても捕れてしまう。アブラゼミは捕まえるより、羽化を見たほうがおもしろかった。明け方の四時半ごろに起き出して、墓地の栗の木のところに行くと、アブラゼミの幼虫が地面から這いだしてきて、羽化が始まっている。あのきたないアブラゼミが、このときばかりは全身薄緑で、この世のものとも思われぬほど美しいのである。

その日も、そうやってセミ捕りから帰ってくると、家の中がただならぬ気配である。おやじとおふくろが、でかい電蓄（電気蓄音機のこと。ラジオがついていた）の前で泣いているのだ。泣いていたおやじは、帰ってきたぼくを見つけると、ぼくのほうに向きなおって「博愛《ひろよし》、そこに座りなさい」（徳大寺有恒の本名は杉江博愛というのだ）と、いった。そして「日本は戦争に負けた。これからおまえたちはたいへんな苦労をするだろうが、これからはおまえたちの時代だ」という意味のことを諭すようにいった。ふだん、おやじはぼくのことをやたらとぶん殴っていたくせに、このときばかりはとても神妙であった。おやじは長男とか、男の子であるということをきわめて意識した教育をしたのだろう。

それからものの三カ月もたたないうちに、教科書は墨で真っ黒になり、先生はこぞって共産党員になってしまった。ガキンチョだったから、そこの事情はわからなかったが、いま思うとほんとうにこのときはおもしろかった。そして、そのうちにジャズが、♪ジャカジキ、ジャカジキ、ジャジャジャジャジャーンと鳴り出し、カッコいいＧＩがジープに乗ってやって来て、「ギブ・ミー・チョコレート」がおっぱじまるというわけだ。

ぼくの最初の憧れのクルマはジープである。いい格好のクルマだなあと思った。スポーティに感じた。このジープの絵を何百枚描いたことか。いまでもジープの絵なら、写真や実物を見ないでも、スラスラ描けるほどだ。そうこうしているうちに、羽振りのいい戦争成金、闇成金たちがアメリカ車に乗り出し、水戸の街にもアメリカ車があふれだすこととなる。

国道を通るアメリカ車をいつもながめていた

ぼくの小学校時代はアメリカ車時代といっていい。

小学校四、五年のころ、ぼくは夏休みになるとよく水戸から横浜、葦名橋のばあちゃんの家に行った。おふくろの実家である。ここでよく美空ひばりのビウィックを見たものだ。ぼくが小学校四、五年生だから、彼女はまだ中学校に入学したかしないかで、人気絶頂になりかけのころだ。ばあちゃんの家から美空ひばりの家まであたりを間坂《まさか》といって、横浜では高級住宅地であった。横浜だから、ちょっと洋館ぽい家が建ち並び、当時はほとんど米軍の軍人、軍属に接収されていた。そしてどの家も前庭か後庭の広いのがついていて、そこにビウィック、オールズモビル、パッカード、スチュードベイカーといった錚々《そうそう》たるアメリカ車が並んでいた。

ばあちゃんが住んでいるのは庶民が住んでいる下のほうだが、美空ひばりのひばり御殿は坂の上。いまのプリンスホテルの敷地とほとんど同じ高さで、海に向かってドーンと開けた展望のよさそうな家であった。美空ひばりのビウィックはこの坂をダーッと上がってくる。ひばり御殿の前に着いたビウィックが「パン、パーン」とクラクションを鳴らすと、引込み式のドアがグーンと開いて、ビウィックはダーンと邸の中に吸い込まれていく。こいつはなかなか見ものであった。

葦名橋のばあちゃんの家に行くのは、美空ひばりだけが目的じゃなかった。ぼくは、ばあちゃんの家に着くと、夕方の四時から五時ごろ、葦名橋に出て、道路を通るクルマを見るのを楽しみにしていた。本牧《ほんもく》や横須賀には大きな米軍キャンプがあって、朝と夕方、そこの軍人、軍属が色とりどりのアメリカ車に乗って通るのである。古いモデルから最新型までさまざまなアメリカ車が通りすぎていく光景はまさにアナザー・ワールドであった。いかに当時の中流の家とはいいえ、祖母の家もなんだか薄よごれていたし、水戸に帰れば帰ったで、自分の家もそうだった。そんなみすぼらしい日本の現実のなかで、緑色と白のツートーンのオールズモビルがスーッと通過していく光景は、まさに超現実的世界だったのだ。

葦名橋の電車道を越えて一〇〇メートルも行くと、そこはすぐ海であった。ぼくはクルマを見るのに飽きると、そこで泳いだり、潮干狩りをして遊んだ。当時の横浜の海ではバカ貝やシャコなどが腐るほど採れ、お昼のおやつが来る日も来る日もゆでたシャコばかりで、うんざりさせられたものである。いまとなっては、ぜいたくな話ではあるのだが。

さて、葦名橋で一生懸命アメリカ車を見ていても、小学生のぼくにはそのクルマの名前が半分ぐらいしかわからない。当時は資料というものがない。自動車雑誌なんてものすらないのだ。いったいどうやったらクルマの名前がわかるのか、その方法はないだろうかと、ぼくは懸命に考えた。ぼくの興味の対象は、セミからクルマに移っていたのである。英語のできる伯父さんを頼りに、英語の辞書でローマ字読みにして考えてもみたのだが、伯父さんにしたって世界中のクルマの名前を知っているわけじゃない。やはりどうにもならなかった。

この問題が解決されたのは、ぼくが中学一年生になってからである。ちなみにぼくは茨城大学付属中学校で学んだ。ここは実験校的な色彩の強い国立中学校である。一学年一クラスのエリート教育で、先生も特別に大学の講師クラスの人が来て教えていた。生徒のことをあだこうだと、うるさくいわないきわめて自由な気風があった。

塀和さんの息子さんに、イサムちゃんという、ぼくより二つ年上の男の子がいた。このイサムちゃんがクルマの名前をよく知っていた。おやじに連れられて塀和さんの家に遊びに行ったら、偶然、クルマの話になった。するとイサムちゃんは「博愛、おまえ、自動車が好きなのか」ということでクルマの名前を教えてくれたのである。

そのうちぼくは「世界一の乗用車はなんだ」と聞きはじめる。すると、イサムちゃんはぼくより二つ年上で、友達もたくさんいたから、その友達のところに行って聞いてくる。塀和さんの家で待っていると、帰ってきて教えてくれるのだ。イサムちゃんは最初は、世界一のクルマはパッカードだといっていたが、そのつぎにはキャディラックになった。そして最後に、「いや、いままでいったのは全部違うんだ。本当の世界一はロールス・ロイスだよ」といった。なるほどそれは正解だった。かくしてぼくは、中学校で世界中のクルマの名前を知るようになった。

中学校に入ると、英語の読み書きが始まる。こうなると、葦名橋のばあちゃんのところに行くのが、また楽しみになってくる。なにせ今度は車名が読めるようになったのだ。さらにぼくは宮本晃男《てるお》さんという運輸省の技官が書いたクルマの本を買った。この本の見返しには一九四〇年代からその当時までのアメリカ車のラジエーターグリルの形がすべて描かれていた。このイラストレーションのおかげで、クルマの年式と名前がドンピシャでわかるようになった。かくして、この本は長らくぼくのバイブルとなる。

そうこうしているうちに、ぼくは実際にクルマを運転しはじめる。ぼくがおやじにクルマの運転を習いたいと頼むと、このころ水戸でタクシー会社を始めていたおやじは、簡単にオーケーしてくれた。最初はオレが教えてやるから、そのうち会社の運転手に教えてもらえというのである。練習に使ったのは、オンボロのB型フォードである。そのころ戦前のフォードがうちに三台あった。そのうちの一台をもっぱら練習用にあててもらった。そして、中学二、三年生のころには、ぼくはもう街中で普通にクルマを運転していた。制服の中学生がクルマを運転するというのもすごい話だが、おやじが公安委員長をやっていたものだから、警察署も大目に見てくれていたのである。なんとものんきな時代ではあった。

トヨタ初期にSAというすごいクルマがあった

こんな混乱期のただ中の一九四七年、トヨタは初めてトヨペットの名を冠した乗用車を世に問うている。トヨペットSAである。こいつはいまから見ると、とてもすごいクルマだった。ビートルをそのままフロントエンジンにしたようなボディデザインはともかく、新設計の1ℓ、サイドヴァルブ、4気筒エンジン、一本のパイプからなるバックボーン型フレーム、全輪独立サスペンションと、SAはこの時代の日本の設計水準をはるかに超えた超進歩的設計だった。

水戸にもクリーム色のSAが一台走っていた。当時の水戸は人口七万、お金持ちの人もいれば、物好きの人もいる。素封家《そほうか》の中には珍しい外国車などを所有している家もあって、こんな小さな都市でもそれはいろいろなクルマがあったのだ。ＳＡと街中で出会うたびに、ぼくは車内をのぞきこんだものだった。ＳＡは当時の国産車には珍しいコラムシフト仕様（ハンドルのすぐ横にシフトレバーがついているタイプ）で、ぼくは感激した。少年徳大寺有恒にとって、乗用車のよしあしはコラムシフトであるかなしかがすべてだった。

ＳＡはフォルクスワーゲンを範にとってデザインされたのだろうが、ＳＡが登場した一九四七年といえば、生産が始まったビートルがドイツ本国でようやく一部の顧客の手にわたりはじめたころ、まだ大部分の日本人はその存在すら知らなかった。ビートルがヤナセの手を通じて、正式に日本に輸入されはじめたのは一九五四年、それから七年後のことである。そんな情報のない当時、よくもまあこれだけのクルマを作れたものだと感心させられる。

トヨタはＳＡのボディをごくプリミティヴな金型《かながた》と職人の手仕事で叩き出し、総計二一五台を生産したという。このころはトヨタもまだ乗用車というものが、これからまっとうなビジネスに育つかどうか、皆目見当のつかぬ暗中模索の時代だった。にもかかわらずトヨタの経営者、技術者は自動車に大きな夢を抱き、こんな意欲的なクルマを作り出したのだ。

しかしこの意欲作SAも、そのわずかな生産台数が示すように、営業的にはからっきしだったらしい。バックボーン・フレーム、全輪独立サスペンションも、なにせ当時の苛酷な道路事情である。故障に悩まされたSAは評判芳しからず、すぐにその生涯を終え、一九五三年にはトヨペット・スーパーに取って代わられる。

トヨペット・スーパーはトラック・シャシーの上に乗用車ボディを載せただけのクルマだ。トヨタは当時、一トン積み程度の小型トラックを作っており、そのシャシーを流用したのである。トヨタはボディ架装を外注しており、スーパーにはボディが二種類あった。ゆるく曲がった一枚ガラスのフロントグラスを持つ関東自動車工業製ボディ、もうひとつが平面ガラスを二枚使った三菱中日本重工業製ボディである。どちらも実に不格好な「後進国スタイル」の最たるものであった。いま見れば、初代クラウンだって相当不格好なクルマだが、そのクラウンが新しく登場したとき、ものすごくカッコよく見えたのだから、スーパーがいかにカッコ悪かったかわかろうというものだ。

運転してみると、そのひどさは論外であった。トラック・シャシーだから乗り心地はガチガチ、トランスミッションはトラックそのもので、走り出すとカーッと高い金切り声をあげ、車内にはロードノイズが充満しと、とうてい当時の外国車とは比べものにならないクルマであった。

「外車」＝ガイシャという言葉が生まれたのは、このスーパーが登場する以前だったと思うが、当時はクルマは外車でなければダメだという風潮だった。実際、このころ一万田《いちまだ》日銀総裁は、日本に自動車工業などいらないと、「国産乗用車工業育成無用論」をぶって話題となったぐらいである。たしかに一九五〇年当時の状況では、自動車工業などに融資できないとするのは正論であった。飛行機、船舶ならそれまでの軍需産業時代につちかわれた工業的な基礎はある。しかし、乗用車となると、もうなんにもないといってよい状態だった。おそらくトヨタの技術者も日産の技術者も、歯をくいしばって「いまに見ていろ、オレたちは絶対に乗用車を作ってやるからな」と思っていたことだろう。

中学校の近くに、上水戸タクシーなるタクシー会社があった。上水戸タクシーはこのスーパーを何台か入れて使っていた。ぼくはそれを見て、変わったタクシー会社だなあと思ったものだ。当時の水戸でスーパーを何台も使っているというタクシー会社は珍しかったのである。当時のタクシーはアメリカ車のシヴォレーやダッジ、国産車ならプリンスというところが相場だったのだ。しかしそのうちわが家にもこのスーパーが営業車として入りはじめ、ギャーッ、ギャーッとギアを鳴らしながら、水戸の街を走りだすようになった。

のちにぼくが成城大学の学生となり、自動車部に入部したとき、なんとこの懐かしいスーパーに再会することになる。ライトブルーのポンコツで、部の一年坊主の専用車だった。ぼくはこのポンコツスーパーで世田谷区内をさんざん乗りまわした。おかげでぼくは自動車部の中で「やつはスーパーの運転がいちばんうまい」の評判をとったものである。

トラックと同じノンシンクロのミッションだから、シフトはすべてダブルクラッチでおこなうのはいいにしても、スティアリングの遊びがひどく、なんとスティアリングの円周上三分の一強もフラフラするのである。運転するときは、この遊びをスティアリングの左右どちらかに傾けてひっかけておく。そうして「あたり」のあるところで運転しないと危なくてしようがないのだ。「あたり」をつけておいた側と反対側に切らなければならないときは、大忙しでハンドル操作をしなければならない。なんともひどいスティアリングであった。

スーパーは当時、並行生産されていたオースチンやヒルマン、ルノーあたりと比べ、まるで勝負にならなかった。わが成城大学のスーパーは、自動車部員がアルバイトで買った廃車寸前のタク上げ（タクシー上がり）だったから、これをもってスーパーのすべてを語ってはトヨタに気の毒かもしれない。しかし、それを差し引いてもやはりひどかった。相手は乗用車のボディに軽なのだが、これに対してこちらはトラックに乗用車のボディを載せただけというのでは無理もないのだが。

当時、多くの国産車メーカーは乗用車を作るにあたり、こぞって外国メーカーの技術を導入した。日産のオースチン、いすゞのヒルマン、そして日野のルノーと、どこもさかんに外国メーカー詣でをした。ところがトヨタはひとり日本の自動車工業界で、外国の技術を導入せず、独立独歩で進んだのである。このスーパーも、そしてのちのクラウンもその成果である。

トヨタの外国嫌いにはものすごいものがあり、一時、株主総会で外国人役員を排除する定款《ていかん》を採択しようとして問題になったと聞く。このときは通産省から横やりが入って、その定款は成立しなかったというが、この国産純潔主義の理由は定かではない。豊田家の家訓ででもあったのだろうか。しかし、いまになってみると、このトヨタのあくまで外国の技術を導入しないという姿勢は、ひとつのポリシーであったことは確かである。そして、それは日本のユーザーの動向をよくとらえていたのかもしれない。日本のユーザーはオースチン、ヒルマン、ルノーをそこそこに評価はしたが、そこから派生した国産車を支持しようとはしなかった。ヒルマンの後継車たるベレルも不評、ルノーから生まれたコンテッサも不人気で、結局、いすゞも日野も、やがて乗用車部門からは消えていくことになったのだから。

一九五五年、クラウンは華々しく登場した

トヨペット・クラウンが登場した一九五五年、ぼくは十六歳、水戸第一高等学校の一年生だった。この年、ぼくは自動車免許を取得している。免許といっても、現在の普通免許とは違って、排気量１５００cc以下にかぎるという小型四輪自動車免許である。ひそかにわが家の営業車を無免許運転していたぼくだったが、十六歳の誕生日をひかえて、おやじに許しを得て、免許を取ることにしたのだった。

まずはとりあえず水戸市内の練習場に通った。当時はいまのような実地免除の教習所などなく、文字通りの運転練習場であった。ここで腕を磨いてから、自動車試験場に行って実地と学科の試験を受けるのだ。練習場には二、三週間通ったと思う。教習車は新しい一九五五年型のダットサン・トラックだった。乗用車のフロントパネルをそのまま使った「乗用車ベース」のトラックで、初めて二、三、四速にシンクロメッ

シュがついたクルマだ。こいつに乗れるのがうれしかった。

昔の実技試験はとても難しかった。右へ上がりながらスタートして、そこで鉤《かぎ》の手へ切り返して入るという難コースがあったが、ここは半クラッチの技術の見せどころである。エンジンのトルクだけを使って、スロットルを開かず、コトコトコトと走り、ツッツッツッツッとクルマを動かす。われながらうまいものだと思った。教官もうまいなアとほめてくれた。

教官もそろそろよかろうというので、十一月の誕生日を待って受験し、一発で合格した。当時の免許証はいまのようなカードと違って、模造革の黒いカバーを開くと三つ折になっているもので、それはそれは価値ある免許証であった。かくしてぼくは晴れてクルマを運転できる身分とあいなった。

この年の五月、第二回全日本自動車ショウ（のちの東京モーターショウ）が東京の日比谷公園で開催された。ぼくはおやじに連れられてそれを見に行ったことを覚えている。それまで、葦名橋の家に泊まりがけで、横浜でおこなわれていた小規模の自動車博覧会などを見に行ったことはあるが、これだけ多くのクルマが並んでいるショウは生まれて初めてだった。

その日は朝から雨だった。びじょびじょと雨が降るなか、おやじとぼくは一台ずつ新しい乗用車を見てまわった。そして、ぼくはその会場で初めて、この年発表された新しいトヨペット・クラウンとトヨペット・マスターをこの目で見たのである。

　そぼ降る雨の中でのぞきこんだクラウンの運転席には、ステアリングの横に神々《こうごう》しくコラムシフトのレバーが突き出していた。ぼくは「ああ、日本もいよいよコラムシフトの時代になったか」とえらく感動した。それまでの国産乗用車はどれもトラックと同じフロアシフトで、リモートコントロールのトランスミッションというのは存在しなかった。前にふれたトヨペットSAがコラムシフトを採用してはみたものの、それはごく短命に終わっていた。ところが大量生産とおぼしきクラウンとマスターがコラムシフトの三速ミッションで登場したのだ。そいつはなんだかとてもモダーンに見えた。

　ちなみにぼくは小学生のころから、駐車してあるクルマの室内をのぞきこむ、のぞき魔となっていた。とくにアメリカ車は外観以上にその内装が好きで、停めてあるアメリカ車は、かならず近寄って車内をのぞきこんだものだった。当時、日比谷の第一生命ビル、つまりGHQの前には色とりどりのアメリカ車が駐車していたが、ビルの入口正面にはいつも決まって同じクルマが駐車していた。それはナンバープレートの代わりに五つ星がついた真っ黒なキャディラック、マッカーサーの専用車である。たしか一九三八年か三九年のモデルだったが、ぼくはこのキャディラックをのぞきこんで、警備の警官にえらくしかられた思い出がある。

もうひとつ、この自動車ショウの日のことでよく覚えているのが、日比谷の有楽座で見た映画だ。この日、おやじはどういう風の吹きまわしか、ぼくに妙にサービスしてくれて、映画を見ようと日比谷の映画街に誘ってくれた。するとなんと運のいいことか、有楽座でカーク・ダグラスとヴェラ・ダーヴィが主演する『スピードに命を賭ける男』を上映していたのだ。

フェラーリ・チームを中心としたF1レースを舞台に、若手のレーサーが友人や恋人など、あらゆるものを犠牲にして自分がのし上がっていくという、カーク・ダグラスお得意のテーマである。ストーリーはきわめて凡庸、ぼくだってあのぐらいの脚本なら書けると思いたくなるぐらいくだらない映画なのだが、出てくる脇役がとにかくすごい。ランチア、アルファ・ロメオ、マゼラーティ、ロールス・ロイスといった、まず日本ではお目にかかれぬクルマばかりなのだ。

当時、ポルシェは登場したばかりだったし、メルツェデスといったら、歴史はあるがただの田舎紳士のクルマでしかなかった。そんな時代にアルファやランチアといった宝石がふんだんに画面に登場するのだ。いかにくだらなくとも、ぼくにとっては生涯最高の映画であった。ぼくはこの映画に夢中になり、その後二五回もくりかえし見て、あらゆるシーンあらゆる台詞《せりふ》を覚えてしまったほどだ。

この映画にはぼくのいちばん好きなランチア・アウレリアが登場する。アウレリアは自動車史上初めて生産型としてGTを名乗ったファストバック・クーペだが、それがなんとコラムシフトなのだ。アウレリアのドアが開き、助手席のほうからカメラがなめると、ドライバーの腕だけが見える。そしてその手がパッとコラムシフトをローに入れ、エンジンをふかして発進するというシーンが強烈にぼくの網膜に焼きついた。映画からの帰り、ぼくはえらく興奮して、さっき日比谷公園で見たクラウンもマスターも、きれいさっぱり忘れてしまっていた。

いまからもう四〇年近くも昔のことなのに、クラウンのデビューした年はなぜかほんとうにいろいろなエピソードを覚えている。当時、わが家は朝日新聞と茨城新聞を取っていたのだが、その朝日新聞に一面まるごとクラウンの広告が載ったことも強烈な印象として残っている。それはこのころの新聞広告では稀有のことであった。

当時の日本の自動車工業はきわめて貧弱なもので、オーナードライバーの時代など、いつ到来することやら、マイカーは夢のまた夢であった。普通の勤め人にとって自家用車は高嶺の花であり、トランスポーターとしてはオートバイが花ざかりだったのである。それでも人々の自動車に寄せる夢は高まるばかりで、フジキャビン、フライングフェザー、ニッケイタローといったミニカーが盛んに試作されていた。そんなところにクラウンとマスターは本格的な乗用車として発表されたのだった。

そのころのクルマは、タクシー用に頑丈であることが優先されていた

一九五四年、トヨタの乗用車生産は年産四二三五台と、四六五〇台を作ったトップの日産におくれをとっていた。そこで五五年、トヨタはクラウンとマスターを世に問うたのだが、ここでもっとも重要なことは、トヨタが外国車メーカーと提携しなかったということである。技術は外国から学ばずに自分たちで磨く――このことは、いまだにトヨタの大きなバックボーンとなっている。トヨタは戦後、一貫して自力で乗用車を作りつづけた。まずはいかにもトヨタらしくない〝意あって力足らず〟のSAを作り、その失敗から一転、トラック・シャシーのスーパーを作り、そしてこのクラウン、マスターに至ったのである。

クラウンは最初から自家用車を目指したクルマであった。当時、それはすごいことだった。このころ国内で生産される乗用車は、圧倒的にタクシー、ハイヤーに使われ

ており、その他は官公庁と企業の公用車であった。オーナードライバーというのは、お医者さんしかいなかった。その医者にしても町医者ではダメ、県庁所在地の大病院の院長クラスだ。あと自家用車を買える家といったら、地方の素封家ぐらいだったろう。そんななかでトヨタは将来の自家用車ユーザーを予見し、クラウンを作った。くりかえしていうが、こいつはほんとうにすごいことだったのである。

クラウンとマスターはそれぞれ異なるシャシーを持っていた。クラウンはフロントサスペンションがダブルウィッシュボーンの独立式、リアは抵抗が少なく、乗り心地のよい三枚リーフのリジッドアクスルだった。トヨタの本格的量産車としては初めての乗用車専用シャシーであった。

これに対してマスターは前後ともにリジッドアクスルである。これはこの時代の道路事情がきわめて劣悪だったことを反映している。

当時の国道は少し路面がいいなと思って飛ばしていると、いきなり巨大な穴ぼこに落ち込んで、クルマがぶっ壊れる、ひっくり返るというありさま。なにしろ国道一号線ですら、藤沢あたりにくると砂利道が残っていたのだ。水戸の六号線すなわち陸前浜街道に至っては、水戸市内も土浦市内も未舗装であった。日本全国がそういう道だらけだったから、長い距離を走るタクシー、ハイヤー用のマスターは、あくまで丈夫であることを第一に作られたのだ。

敗戦後しばらく日本全国のタクシー、ハイヤー業者の悲願は、とにかく一台でも多くの新車を手に入れることにあった。敗戦直後はタイヤを手に入れるのが至難のわざだったのだが、それから三～四年たつと、今度はクルマそのものが足りなくなった。この時期、タクシー業者はおそろしく儲かったから、とにかく一台でも多くのクルマを欲しがったのだ。当時ハイヤー業者だった、のちの国際興業の小佐野賢治氏など、ハワイに中古車の買い出しに出かけて大量に輸入したぐらいで、それもかなわぬ業者はどこも戦前のクルマをそのまま直して使っていた。

そんな事情だったから、当時、東京のタクシーは珍しい外国車のオンパレードだった。シトローエンの2CVが現役で走っていたぐらいだから、丈夫なフォルクスワーゲンだったら、たとえ2ドアでも天下を取ったようなものだった。モーリスや、ボルクワルト、ベンツ、そしてアメリカ車。さすがにキャディラックやビウィックはなかったが、マーキュリーやフォード、シヴォレーなどは、うじゃうじゃと走っていた。そしてそれを取り締まる警視庁のパトカーもまた、米軍払い下げのシヴォレーであった。

そんなところに登場したクラウン、マスターはそれまでの国産車の一〇倍ぐらい進歩したクルマだった。たとえば踏めばちゃんと効くオイルブレーキである。それまでの国産車は、どのクルマもブレーキを踏んで八〇メートルぐらいはまったく止まらないという恐るべきシロモノだった（ま、それはそれでよかった。どこへ行っても砂利道ばかりなので、下手にブレーキが効くと、即スピンして側溝に落ちるのが関の山だったのだから）。ぼくがこのころ乗っていたダルマ型のダットサンＤＢも一応オイルブレーキだったのだが、いかんせん技術レベルが低く、ちっとも効かなかった。しかし、このクラウン、マスターからは、踏めばピシッとブレーキが効くようになったのだ。

乗り心地もそれまでの国産車とは大違いで、ずっと柔らかく乗用車らしくなった。それまでの国産車はどれも乗り心地がひどく、新車のときから早くもボディがガタガタになってしまうほどだった。ウィンドウを閉めておいても、三〇分も走ると自然に半分ぐらい落ちてしまう始末なのだ。ミッションもシンクロメッシュなんて上等なものは、どのクルマにもついていなかった。しかし、クラウン、マスターからはシンクロがついたので、もうダブルクラッチを踏まなくてもシフトができた。ほんとうによくなったなあ、とつくづく思わされたものである。

トヨタというメーカーは、この当時からクルマ作りにある種のポリシーを持っており、マスターにマスターラインというなかなか魅力的なスタイルの商用ヴァンと、ピックアップを用意していた。この時代、ヴァンはよく売れた。商店主の親父さんがまず最初のオーナードライバーで、ちょっと羽振りのいい、洋品店の主人などが、よくこのマスターラインに乗っていたものである。

古いシヴォレーはクラウンに駆逐されはじめた

クラウンが登場してから二年後、いよいよわが家にも営業用のクラウンが一台入ってきた。カラーはライトブルーで、内装が紺のビニール張りというクルマだった。当初トヨタはマスターとクラウンを併売はしても、クラウンはタクシー業者には売らないという販売戦略だった。しかし、クラウンのほうが客づきがいいし、クルマ自体も丈夫だという定説も生まれ、クラウンはタクシー業界で、だんだんマスターを凌駕していく。当時のクルマはボディワークがまだまだ未熟で、ガタが出やすかったが、シャシーがソフトなクラウンはその点、救われていたのかもしれない。

かくて全国的にクラウンのタクシーが増えていくのを見て、ならばとばかりにトヨタはクラウン・デラックスなるモデルを登場させた。当時、水戸に映画館を何軒も持っている有名な興行屋さんがいたが、この社長が、そのクラウン・デラックスを買った。カラーは明るいキャンディグリーンのメタリックで、内装はモケットのシートであった。いまからすれば噴飯《ふんぱん》ものの色だが、このキャンディグリーンは当時のぼくにはものすごくカッコよく見えた。水戸の街中でそのクラウンを見かけるたびにぼくは立ち止まって、何度ものぞきこんだものである。よほどその色が気に入ったのだろう、ぼくはおやじからもらった中古のダットサンをわざわざそのキャンディグリーンに塗り替えたほどであった。

キャンディグリーンのクラウン・デラックスは、なにもかもが新しかった。フロントのワンピースウィンドウは、なんと少し濃いめのブルーが入った色つきガラスだった。これも当時の国産車では珍しく、いかにも高級に見えた。当時ビウィックなどの高級アメリカ車は、フロントグラスの上部が濃いブルーのグラデーションになっていたが、当時のトヨタの技術では、それはまだ無理だったのだろう、クラウンのそれは全面的な色ガラスであった。

エンジンは１５００cc、４気筒、ＯＨＶのＲ型。一九六〇年にはその拡大版の１９００ccが加わり、さらにオートマチック仕様が加わった。同時にパワーステアリングも用意された。かくしてクラウンは、その初代の五年間で現在の国産車の基礎を築きあげてしまう。トヨタの、いや日本の自動車技術はこのクラウンを作ったことで一気に向上したのである。

トヨタはクラウンを作るにあたって、どんなクルマを作りたかったのだろう。ぼくはおそらくそれはシヴォレーだったのだろうと思う。戦前からトヨタのGMへの傾倒ぶりにはすごいものがあったからだ。外国技術は直接導入しないといっても、やはり模範となるのが外国車であるのはトヨタも例外ではない。当時はまた、敗戦と同時に大量のアメリカ車がなだれこんだ。日本全体が食うや食わずの生活をしているところに、赤や黄色、紫や青といった派手なカラーで登場した巨大なアメリカ車たちは、きっと誰の目にもおそろしく素晴らしく見えたはずである。

当時、朝日新聞の朝刊には『ブロンディ』が連載されていたが、あのブロンディのマンガと、ぜいたくで大きなアメリカ車は、ぼくの記憶のなかでしっかりイメージが重なっている。『ブロンディ』では夜中、亭主のダグウッドが、腹が減ると冷蔵庫を開けて、例のダグウッドサンドイッチを作るシーンがよく出てきた。あの自分の背より高い巨大な冷蔵庫。そしてブロンディがいつも使っていた、手元に大きな袋のついているフーヴァーの電気掃除機。日本人の大部分が電気冷蔵庫や掃除機などさわったこともない時代である。ブロンディの世界はアメリカでは、ごく普通の中流サラリーマン家庭なのだが、当時の日本人にとって想像もつかない別世界であった。そして同時に憧れの的であった。日本中がそうなのだから、日本のデザイナーや自動車屋がアメリカ車に憧れないはずはなかったのだ。

クラウンの登場から一〇年以上の長きにわたって、日本のクルマはアメリカ車に傾倒しつづけた。日本車がアメリカ車の軛《くびき》を逃れるようになったのは一九七三年の石油危機からで、そこに至ってようやく日本のメーカーはヨーロッパを向いたのだが、ま、それも無理はない。当時のエンジニアたちはぼくより十五も二十も年上の人たちだ。その世代がアメリカ車から離れられなかったのは当然なのだ。

わが家に入ってきたライトブルーのクラウンは、もちろんスタンダードであった。たしかヒーターがデンソーのダルマヒーターだったと記憶している。これはデラックス版でも同じで、当時、ビルトイン型のヒーターはまだ登場していなかった。ダルマ型の逆観音開きのふたがついたヒーターで、助手席の足元に置かれ、そこから温風が出るというものであった。当時、わが家にあった五〇年、五一年、五二年型のシヴォレーは、どれもビルトイン型ヒーターであった。デフロスターもスウィッチひとつでフロントグラスに温かい空気を吹きつけるようになっていた。

しかし、おやじはそのクラウンを使ってみて、これはいいと思ったのだろう、それからだんだん営業車をクラウン主体へと変えていく。ここにきて、長いあいだ日本の道路を占領してきた古いシヴォレーは、国産車のクラウンに駆逐されはじめたのである。

ぼくは新しく入ったクラウン第一号車に乗りたくて乗りたくてしようがなかった。古手の運転手さんが乗っているので、ぼくが乗るチャンスはなかなかなかったが、それでも営業のあいまを見てはときどきこのクラウンを水戸近郊に連れ出した。

乗ってみると、いつも自分が乗っていたダットサンとは大違いのクルマだった。わずか五年ほどで、天と地ほどの違いとなっているのに驚いた。ぼくがメーター上で100km／hを出したのも、このクラウンが初めてである。出した場所もよく覚えている。六号線が水戸から勝田を通り、東海村を通って日立へ行く途中に石名坂《いしなざか》というところがある。現在、メルツェデスのPDI工場のあるところだ。当時、この近辺から東海村のあたりにかけて五キロほど、素晴らしいコンクリート舗装がなされていた。この東海村の近くでぼくは100km／hに挑戦したのである。

わずか1500ccだから、70km／hぐらいまではいくが、100km／hにはなかなか届かない。少しずつ加速はするのだが、そのうちに舗装路が途切れてしまいそうで不安になる。しかし、もうあきらめようかな、あきらめようかなと思いつつ、アクセルを踏みつづけて、とうとうメーター上の100㎞／hに達した。やったと思ったのもつかのま、目の前にノロノロ動いているトラックのテールが急速に迫ってきた。ぼくはあわてて急ブレーキを踏み、ぶつかりそうになりながらスティアリングを切ってあやういところでトラックをよけた。クラウンは側溝に落ちそうになりながらも、ようやく停止した。

買ったばかりの新車をぶつけたりでもしようものなら、おやじのカミナリが落ちる。なんとか事なきを得てほっとしながらも、「ああ、このクルマは100㎞／h出るんだなあ」と、実感したものだった。

当時のぼくは、クルマは絶対的に外国車のほうがいいと確信していたが、それでも国産車も100㎞／h出るのだということが、このクラウンのおかげでわかった。それまでぼくが乗っていたダットサンはいいとこ80㎞／h、それも、そこまで出すと必ずどこかが壊れたものである。現代のクルマと比べれば、クラウンはブレーキも効かないし、ハンドリングもフラフラだったが、当時のぼくはそんなことはまったく意識しなかった。それよりも、とうとう国産車も100㎞／h出るようになったことのほうが、大きな感激であった。ぼくの自動車談義のたった一人の相手であるおやじに、国産車はよくなったと話したものである。

それからクラウンは急速に日本中にはびこり出した。そして雑多な外国車のタクシーはその姿を消していった。当時、ぼくがよく遊びに行った日光にはおやじの知り合いのタクシー会社があった。この会社ではフォードのV8以外のクルマは使っていなかった。なぜなら日光にはいろは坂があり、V8でないと登れないからである。しかし、この会社もやがてはクラウンに変わっていった。

クラウンにはいろいろと個人的な思い出が多い。高校三年生の夏休み、ぼくはこのクラウンで友達と旅行に出たことがある。数人でテントを積んで日光まで行って、キャンプをしようというのである。しかし、ぼくの家から日光まではわずか二時間ぐらいで着いてしまう。それではつまらない。そこで東京経由で四号線を走ってみようということになった。なぜ四号線かというと、当時の自動車専門誌「モーターマガジン」に、キャッツアイ（道路に埋め込まれる反射鋲）のことが出てきたからだ。日本で初めてのキャッツアイは、四号線の草加あたりに登場した。なんでもドイツ製だったそうだが、ヘッドライトに光るキャッツアイを初めて見たときはおおいに感動したものである。

クラウンは日光のいろは坂を、途中休みもせずオーバーヒートもなしに、セカンドで軽く上り切った。中禅寺湖に上がり、華厳の滝を見て、奥日光まで行って二日ほどキャンプをした。飯盒炊さんでカレーライスもつくった。それにしても、ぼくらはなんと生意気な高校生だったことか。当時、クルマでキャンプに来るなんて奴はどこにもいなかった。他のキャンパーたちが、「ふざけた奴だ、どこの道楽息子だ」という顔をしてぼくらをにらんでいたものである。

わが家の初代クラウンは信頼性が高く、ほんとうによく走った。いかにも丈夫で、通常タクシーが走る三〇万キロを最後まで元気に走りきった。

翌年、ぼくが成城大学に通うようになった夏休み、おやじは二台目のクラウンを入れた。少しグレーがかったモスグリーンのメタリックという妙な色で、これもスタンダードだった。登場してから三年後のクラウンは、細かなところが次々と改良されていた。まずはブレーキが素晴らしく向上していた。水戸の近くで試運転をしているとき、自転車が目の前に飛び出してきて、思わず急ブレーキを踏んだのだが、キュッととてもよく効いた。わずか三年のあいだにトヨタはオイルポンプやマスターシリンダーなどをせっせと改良したのだろう。また、初代ではグラグラしていたシフトも今度はピシッと決まるようになっていた。

それでもクラウンを五一年型シヴォレーと比べてみると、やはり低速トルクが不足気味だったのは否《いな》めない。といっても、かたや3600cc、こちらは1500cc、あたりまえといえばあたりまえなのだが。また、これも当然だが、6気筒と4気筒では静けさが決定的に違っていた。クルマ全体の作りはシヴォレーの敵ではなかった。シヴォレーはドアを閉めるときは「バスッ」と決まる。対するクラウンは「パシャッ」であった。乗り心地もシヴォレーのほうが圧倒的によかった。まあこれも、ボディが重いシヴォレーは相対的にバネ下荷重が軽くなるわけで、当然といえば当然なのだが。

そんなわけで、ぼくはやっぱりシヴォレーのほうがいいなとは思っていたが、このころからだんだん、わが家から一台、一台とシヴォレーが消え、クラウンに代わっていった。そして六二年から六三年にかけ、ぼくが大学を卒業したころには、わが家のタクシーはすべてクラウンが占めるようになった。シヴォレーに最後まで固執していた運転手も、クラウンに乗るようになってしまい、もはや古いシヴォレーは一台も残っていなかった。

自動車会社への義理もあって、一部にはセドリックも入れはしたが、わが家の営業車は圧倒的にクラウンが占めた。おやじの説によると、クラウンはセドリックより若干丈夫であり、またパーツの価格が安い点もセドリックより有利だった。タクシーは営業車だから、すごくシビアなランニングコストの計算をする。この計算によると、クラウンのほうがずっと儲かるのだとおやじはいっていた。トヨタの真骨頂は、おそらくここにあったのだろう。

運転手の控え室でも、クラウンの人気は高かった。なぜならシヴォレーよりも圧倒的にトラブルが少ないからだ。彼ら運転手にとってクルマが動けないというのは、スペアカーに乗るということを意味しているのだが、運転手にとって慣れないスペアカーに乗るのはいやなものなのである。クラウンというクルマは一年三六五日、車検のとき以外はつねに稼働しているクルマだった。それまでの国産車のウィークポイントだったトランスミッションや、エンジンが壊れないからである。

クラウンのいちばん最初のモデルはデラックス一二二万円、スタンダードが一〇一万円であった。そのとき、輸入規制されていたシヴォレーの新車は四〇〇万円強だったが、アメリカ現地では三〇〇〇ドル弱、すなわちクラウンとほぼ同じ値段で売られていた（当時は一ドル＝三六〇円）。ぼくは外国の自動車雑誌を読むたびに、外国ではクルマは安いものだなあとため息をつかされたものだったが、それが日本の自動車工業とアメリカの自動車工業の実力の差だったのである。

アメリカは大量生産によって、あらゆるものを大衆化するというシステムで成長してきた。戦後の日本もまったく同じであるが、クラウンはその先頭を切った大量生産の製品だったのではなかろうか。当時の大卒の初任給は一万円少々、クラウンはその一〇〇カ月ぶんである。かりにいまの大卒の初任給を二〇万円とすると、クラウンの価格はいまのお金にして二〇〇〇万円ということになる。これをみると、いかにクラウンがそれ以後、安くなってきたかよくわかろう。

当時、自動車の持つ意味はクルマが大衆化した現代とは大きく異なっていた。映画スターや人気歌手はこぞって高級な外国車を乗りまわし、大衆の羨望を誘ったものである。松竹の人気スターだった高橋貞二は、酔っ払い運転で横浜の市電にぶつかって事故死したが、そのときのクルマは日本でたった一台のメルツェデスだった。石原裕次郎の乗っていた300SLは、ぼくのような自動車マニアからすれば、個人所有のスペースシャトルみたいなものだった。当時の価格は五〇〇万円、いまだったら一億円近い価格だ。いや、そこには二億などという数値では表せない、測り知れない価値があった。

たとえば、例の美空ひばりのビウィックだ。このクルマは一般庶民には、いったいいくらするのか想像もつかなかった。いまの普通の人にボーイング747がいくらするかと聞いても、即座に答えられる人は少なかろう。そういう存在だったのである。

そんな時代に登場したクラウンは、日本のモータリゼーションの大事な節目となった。戦後の日本の自動車はクラウン抜きには語れない。クラウンを語れば、すべてが語り尽くされたようなものである。イージードライブ、フルアクセサリー、人が見て「いいな」と思わせるフィーリング、そして耐久性。いまの国産車の思想は、すべてこのクラウンで作られたといっていい。といってぼくはクラウンをけっして誉めているわけではないのだが。

いまから思えば、クラウンというクルマはなによりも「自動車」らしい自動車であった。トヨタの成功の秘密のひとつはそこにあったと思う。トヨタはこのクラウンを日本の基準、いやトヨタの基準とすることで、それからの偉大なる成功を得たのである。ばかな想像だが、もしクラウンがこういう姿で登場しなかったら、その後、日本車はこんなにまで世界を席巻することはできなかったかもしれない。かほどクラウンは大量生産商品としての第一ページを飾るのにいい位置にいた。クラウンはとにかく日本人のすべてが理解しやすいクルマだったのだ。日本人が理解するということは、真底、日本人の価値観に裏付けられているということだ。のちのあらゆる日本製品は、テレビもカメラも、すべてこのクラウン的なものをベースにして作られていったのではなかろうか。その原点にクラウンはあるとぼくは思っている。

ぼくの最初の愛車はDB型ダットサン

免許を取得したぼくは、とにかくクルマに乗りたがった。スキあらば、会社の営業車を持ち出して、あちこちと走りまわった。おやじにしてみれば、ぼくに新しいクルマに乗られるのは危なくてしかたない。そこで、おやじは営業車として使っていた一九五二年製のダットサン・デラックス・セダンDB型を、空《あ》いているときにかぎってぼくが乗ってもいいということにした。紺のボディにグレーのモケットのこのDB型ダットサンを買ったころ、おやじは材木商売に手を出していて、けっこう羽振りがよかったのだ。

DB型はダットサン・トラックのシャシーの上に、乗用車ボディを架装した、いわゆるダルマ型というやつで、エンジンもシャシーも戦前のダットサンからの流用であった。ボディの鋼板の厚みが二ミリ近くあり、えらく重かった。全長3・5m、全幅1・3mという小さなクルマなのに、車重は720kgもある。その重いボディに対して、非力な722ccのサイドヴァルブ・エンジンである。とにかく走らない。いまの軽自動車と比べても低性能なクルマだった。ミッションは3速のノンシンクロ、フロアシフトである。日産としては初めてのオイルブレーキを装備していたが、これがいくら踏んでも止まらないし、よく壊れるしと、なんとも具合が悪かった。

ダットサンには三つのボディがあった。ひとつはスリフトという、妙に角張った、しゃれたセダンである。当時イギリスにトライアンフ・メイフラワーという角張ったクルマがあったが、ぼくの想像では、おそらくこのトライアンフの真似だと思う。もうひとつはまん丸い、ダルマのような形をした、このデラックスで、もっとも乗用車らしいスタイルである。さらにもうひとつワゴネットというワゴンボディがあった。デラックスとワゴネットの原型はおそらくアメリカのクロスレーだと思う。爆撃機B29のスターターエンジンを使った、小さなクルマである。

前にも述べたように、ぼくはこのDB型ダットサンを水戸の興行屋のクラウンと同じ、キャンディグリーンに塗り替えてさんざん乗りまわした。どこにでもこのクルマで出かけていった。おやじも自分のクルマを持っていたが、鉄砲を撃ちに行くときは、たいてい「おまえのクルマで行くか」と、ぼくを誘って田舎のあぜ道をトコトコと行ったものだ。なんだかんだで五万キロぐらいは乗ったと思う。

ぼくの家は水戸市内から少し離れたところにあったので、ぼくはダットサンにおふくろと六つ違いの妹を乗せて、よく水戸市内まで行ったものである。ところが、悲しいかなこのダットサンは電気系統がダメで、少し走るとかならず壊れてしまった。そうなるとぼくはたちまち不機嫌になる。直せることは直せるのだが、エンジンルームに手を突っ込むと、手が真っ黒になってしまうのがイヤだったのだ。

ダットサンがぐずって止まってしまうと、ぼくはきまって妹に「おまえ、降りろ」などとえらくあたりちらした。おふくろはぼくに気をつかって、乗っているあいだじゅうオドオドしている。おふくろも妹もハラハラしたくないから、ダットサンに乗るのをいやがった。だが、それでも自動車は便利なものだから、二人ともよく乗ったものである。そんなこんなでぼくはこのダットサンから、自動車がどうやって動くのかを実地に学んだ。

それにしても、このダットサンはほんとうによく壊れた。あるとき、走っているうちにガタンとクルマがかしいだと思うと、パタッと止まってしまい、リアタイヤがツーとぼくを追い越していったことがあった。リアのシャフトが折れて、タイヤがはずれてしまったのだ。これはいかように努力してもその場で直せる故障ではない。途方に暮れてしまうとはこのことだ。人家とてない田舎道を、電話のあるところまで、延々何キロ歩かされたことか。

高校に登校するには、朝七時四分の汽車に乗らなければならなかった。それに遅れると、あとは九時まで列車は来ないから完全に遅刻である。不本意にも寝坊して、七時四分の汽車に間に合わないときはぼくはいつもこのダットサンで学校に乗りつけた。そして校門の横へちょこんと停めておくのである。実はおやじは、ぼくに学校へはクルマで行ってはいけないと固く禁じていたのだが、遅刻しそうになるたびにおやじには黙って乗って行ってしまうのだった。日本の家庭に、おそらくは一万軒に一台ぐらいしか乗用車がないときに、学生服姿の少年が自動車通学というのである。なんと生意気で軟派な高校生であったことか。ただし、軟派といっても残念ながら当時の女の子はこわがって自動車には乗らなかった。クルマがこわいというのではない。自動車を運転しているような高校生はなんだかアメリカ映画の高校生のようで、理解不能もしくは不気味に見えたのだろう。

水戸第一高等学校、通称「水戸高」は長い歴史のある学校で、バンカラの気風があった。一年生、二年生はすべて坊主刈り、三年生になってようやく長髪にしてよろしいという不文律があった。ぼくはそれに反抗して一年生のときから長髪で通したから、「おまえの生活態度を矯正してやる」などと理由もなしにやたら殴られた。ところが左翼グループの先輩だけは、ぼくのことを殴らずにかばってくれたものだから、ぼくはすっかり影響されて「カチューシャ」ばかり歌っていた。ノータリンがマルクスに凝るとロクなことはない。そのころ、ぼくはほんとうに反抗的だった。

水戸高には修学旅行、運動会というものがなかった。修学旅行はすでに戦前から廃止されていた。あまりにも生徒たちのイタズラがひどかったからである。旧制水戸中学、のちの水戸第一高校というのはこの地方のエリートコースであった。戦前の名門校の生徒というのは甘やかされていて、何をやっても許されたのだろう。貴重な国宝の仏像に彫刻刀で「水戸中」などと彫刻をほどこしたりしたものだから、学校も、そんな危険な修学旅行はやめざるをえなかったのである。

それに代えて学校当局が考え出したのが八〇キロ行軍である。一年に一回、二四時間、昼夜をついて八〇キロを徒歩行軍するという、一種のクロスカントリーである。勿来《なこそ》から水戸、小山から水戸、矢祭山から水戸という三つのコースを三年間でそれぞれ一回ずつこなすのだが、ぼくは一年生のときに土砂降りの雨の中を歩かされて、もううんざりしてしまった。六〇キロ歩いたら、あとの二〇キロは自由走行となるのだが、なんと野球部や陸上部などの連中は、バカ正直にその二〇キロをせっせと駆けていく。ぼくなんか、足をマメだらけにして歩いているというのにバカじゃないかと思った。

こんな連中とはとうていつきあえないと思ったぼくは、一計を案じ、二年生の行軍のときに学校側に緊急医療班なるものを作ることを提唱した。ぼくが医療班員を乗せて、愛車ダットサンで行軍についていき、落伍者を救援しようというのだ。早い話、合法的に行軍をサボろうというわけだ。ぼくの目論見《もくろみ》は見事に成功して、二年、三年の行軍は愛車ダットサンでの参加となった。PTAの役員をやっていたぼくのおやじは、この八〇キロ行軍となると、家の前を通る参加者に豚汁の炊き出しをやるなどして張りきっていたのだが、息子が自動車というのでは体裁が悪いと、怒ったものである。

日産は、なんとこのダットサンをベースにスポーツカーを作っている。一九五二年に登場したダットサン・スポーツである。おそらくダットサン・スポーツは日本のクルマで初めてスポーツと名乗ったクルマだが、スポーツとは名ばかりの、MG－TDをコピーしたセントラルチェンジ3速の4座フェートンであった。ダッシュボードがMGのように丸く湾曲しているところがミソであった。おもしろいことに、このダットサン・スポーツは水戸にもあった。そのクルマはぼくの中学校の近くにあり、ぼくは学校が終わるとかならずそこまで歩いて行って、それを見てから帰ったものである。

なんといってもDB型ダットサンはぼくの自動車人生のスタートにあったクルマである。ぼくの青春はそのダットサンとともにあった。ぼくにとってこんなに懐かしいクルマはない。

一日がかりで、クルマを見に東京へ行く

この当時、ぼくは学割で東京へ遊びに行くことを覚えた。なにをしに行くのかといえば、クルマを見に行くのである。常磐線で上野まで行き、上野から山手線に乗って新橋へ行く。そして新橋駅から虎ノ門、さらにそこから青山通りまでのコースを、延々歩いて行くのである。

当時、このコースを行くと、まず最初にニューエンパイア自動車にぶつかる。いまのアメックスビルのあたりである。ニューエンパイア自動車はフォードやリンカーンのニューカーをずらりと並べていた。中にはサンダーバードもあった。そこを渡っていくと、東京自動車という中古車屋さんがあって、ここにもけっこうおもしろいクルマが並べてあった。

さらに先に進むと、東京日産の赤坂営業所がある。そこを渡ると、クライスラー、プリムスの八重洲自動車だ。そこを横切って、いま、ガソリンスタンドになっているあたりが、日英自動車だった。この日英自動車がぼくのいちばん好きなところであっ

た。当時のぼくは、小林彰太郎氏の熱烈な愛読者だったから、小林氏がアメリカ車より英国車がいいというと、すっかりその気になって、英国車びいきになっていたのだ。その実、本心はアメリカ車に魅かれていたから、アメリカ車が通ると、オッといってつい見てしまうのだが。無理やり心を英国車にねじ向けていたのである。

ここにはいろいろな英国車があったが、なかんずくMGが大好きだった。とくにMG－TDが好きで、世の中にこんないいクルマはほかにないと思っていた。当時、すでに自動車の年鑑が、誠文堂新光社、モーターマガジン社、朝日新聞社の三社から出ていたが、その三つの年鑑を見ると、TFは残っていたものの、TDはもはや生産されていなかった。当時、ぼくは日英自動車で生まれて初めて、アストン・マーチンのDB2／4を見ているのだが、すごいとは思ってもあまり感動しなかった。MGのほうがずっと好きだったのである。

自分が作ったわけでも、所有していたわけでもないのだが、こうした年鑑を見ると、いつもプライドを傷つけられたのは、TDの最高速度が125km／hぐらいにしか書いてないことであった。このクルマ、180km／hぐらい出てもいいんじゃないかと、ぼくは思っていたのだ。いまの自動車評論家、徳大寺有恒は「クルマは最高速度なんか問題じゃない」と偉そうなことをいっているが、当時の少年徳大寺有恒は「ぼくのいちばん好きなMGが最高速度125㎞／hというのは許せない。クラウンだって110㎞／hは出るじゃないか」と、がっかりしていたのである。

どこに行ってしまったか、もうなくしてしまったが、当時、ぼくはクルマの写真をせっせと撮ってはキャプションをつけて、アルバムを作っていた。ぼくは水戸高で写真部もやっていたから、東京で撮ってきたクルマのフィルムを自分で現像、焼付していたのである。カメラはスーパーセミイコンタというツァイス製の高級カメラで、おやじがぼくにくれたものである。スプリングカメラながら、距離計連動という素晴らしいものだった。このイコンタで撮った写真の一枚一枚に、小林彰太郎もどきの文章で、下手糞な字で長いキャプションをつけた。ぼくが自動車について書いた初めての原稿である。ところが、ぼくはこのキャプションでウソを書いている。MGのスペックを最高速度160㎞／hとしたのだ。誰に見せるわけでもないのに。

雑誌「ベストカー」で、ぼくのところに来た投書を読んでいると、ある中学生の少年が「徳大寺さんが、なぜスープラがダメだというのかわかりません」と書いていた。少年は、徳大寺有恒が偉そうに、「トヨタの考える幸せな社会というのに、私は賛成できない」とかいってスープラを認めないのが気に入らないのである。この中学生の気持ちはよくわかる。なぜならかつてのぼくだって、MGが125㎞／hというのは許せないなどと、ろくに勉強もしないでどのクルマがいちばん速いか、といったことばっかり考えていたのだから。

日英自動車の見物が終わると、その隣の山王ホテルの駐車場に行く。ここはアメリカの軍人の将校クラブだったから、オースチン・ヒーレーなど、すごいクルマがずらりと並んでいた。アメリカ人の中には趣味のいい奴がいて、ライレーの2・5もあったりしたし、また、もともとぼくの好きなアメリカ車もぞろぞろ停まっている。とりわけぼくが好きだったのは、一九五七年のインペリアルであった。とくにオースチン・ヒーレーはアメリカ人らしく、後ろのリーフスプリングを一枚はずしてあった。こうすると、車体の後部がぐんと下がる。そしてスタート時にさらにテールが下がるから、テールパイプが地面を擦って、ジャジャジャジャッと火花を散らすのである。そいつがなんともまあ、カッコよいのであった。だからまあ、スープラだっていいといえばいいのである。

山王ホテルを過ぎると、その向こうに国際興業のランチアが置いてあり、さらに先に行くとオペルの東邦モーターズがあった。さらに現在のベルビー赤坂あたりには、伊藤忠自動車があって、ここにはルーツ・グループのサンビームとか、アルファ・ロメオがあった。ここの裏には間口三間ぐらいの小さな修理工場があって、そこがポルシェの三和《みつわ》自動車だった。ポルシェを初めて見たときには、なんとまあヘンなクルマだろうとぼくは思った。ここの工場にはいつも一台くらいポルシェが入っていたのだが、ビウィックやクライスラーを見慣れた目から見ると、なんともヌペッとした妙なクルマだった。そこから赤坂の交差点を過ぎ、青山通りの坂を上がっていくと、その坂の上に新東洋企業があった。ここにはジャグァーのXK120、140が置いてあった。

こうしてひととおりクルマを見ると、今度もまた、もと来た道を道路を横断しながら、ジグザグに歩いて新橋駅まで帰る。そして午後四時ごろの汽車で水戸まで帰るというわけだ。フィルムを二本買えるだけのお小遣いがたまると、ぼくはこの東京遠征を何度もくりかえしていた。

ダットサン210はクラウンより気に入った

ぼくが東京遠征に凝っていた一九五五年、日産はまったく新しいダットサンを登場させた。サイドヴァルブのエンジンだけはそのままに、シャシーもボディも一新した110型である。この時期、日産はすでにオースチンA40の生産を開始していた。オースチンは高価だったから、日産としてはマーケティング上、もっと安いクルマが必要だったのだろう。

110型のボディはDB型に比べてひとまわり大きく、全長3・86m、全幅1・46mに拡大された。ミッションは4速で、2速以上にシンクロメッシュが与えられていた。ぼくの乗っていたDB型は3速ノンシンクロだから、これだけ見ても大きな進歩だったが、残念なことに110はフロアシフトであった。当時の日産関係者の話によると、当時、日産はこの110をコラムシフトにしたかったそうだ。しかし、有名な大争議でコラムシフトの設計が遅れ、間に合わなかったのである。ダットサンがコラムシフトを採用するのは、110にのちにオースチンで学んだOHVエンジンを載せて210型となったときで、ようやくコラム4速となるのである。

ダットサン110と210は、大量にタクシー業界で使われた。クラウンがそうであったように、日産にとってもこのクルマが本当の意味で初めての量産車であった。大学何年のときだったか、わが家にもこの210型がやってきた。お客さんのあいだで小型タクシーの要望があり、また、ぼくが入れろ入れろと勧めたもので、おやじが一台入れたのである。

このライトブルーの210は、とてもいいクルマだった。ぼくはクラウンより断然この210のほうが好きだった。エンジンにパワーがあり、サードで80km／hから100km／hぐらいまで上がるし、セカンドでもけっこう伸びがあったのだ。タイヤは細かったが、スティアリングがとてもしっかりしていて、それまでのクラウンなどとは大違いだった。当時、速く走りさえすればなんでもスポーツカーだと思い込んでいたぼくは、これぞスポーツカーだと思った。ぼくはこの210でさんざん飛ばしまくったものである。しかし、おやじの会社ではあまり210は使わなかった。その後、ブルーバードを少し入れはしたものの、タクシーの主力は圧倒的にクラウンとなっていく。

数年後、ぼくが入学した成城大学のOBに神田の志乃多《しのだ》寿司のおやじさんがいて、よく自動車部の連中をアルバイトで雇ってくれた。仕事は、煮上がった信田《しのだ》（油揚げ）と海苔と米をデパートに運ぶことである。志乃多ではフォルクスワーゲンのビートルと、210のヴァンを使っていた。ぼくはワーゲンに乗るときは、当時のワーゲン神話をうのみにして、スタート以外はクラッチを踏まずにシフトしては、ときどき失敗してギャーッとギア鳴りをさせていた。対する210はサードで100km／hまで伸びるので、ぼくと仲間たちは、淡路町を出てからは、もはやレースみたいにして走った。こんな暴走族まがいのドライブを当時は平気でしていたものだが、いまとなってはただひたすら懺悔《ざんげ》するばかりである。ぼくは210を走らせながら、このエンジンはもはや外国車並みではないかと思った。それはオースチンのエンジンそのままなのだから外国車みたいであたりまえなのだが、それにしても素晴らしいエンジンだった。

トヨペットSA（SA）
①1947年、②3800×1590×1530mm、③2400mm、④1170kg、⑤水冷直列4気筒サイドヴァルブ、⑥995cc、⑦27ps／4000rpm、⑧5・9kgm／2400rpm、⑨91万円

トヨペット・スーパー（RHN）
①1953年、②4280×1590×1600mm、③2500mm、④1315kg、⑤水冷直列4気筒OHV、⑥1453cc、⑦48ps／4000rpm、⑧10・0kgm／2400rpm、⑨103万円

トヨペット・マスター（RR）
①1955年、②4275×1670×1550mm、③2530mm、④1210kg、⑤水冷直列4気筒OHV、⑥1453cc、⑦48ps／4000rpm、⑧10・0kgm／2400rpm、⑨91・4万円

トヨペット・クラウン（RS）
①1955年、②4285×1680×1525㎜、③2530㎜、④1210kg、⑤水冷直列4気筒OHV、⑥1453cc、⑦48ps／4000rpm、⑧10・0kgm／2400rpm、⑨101・4万円

トヨペット・クラウン・デラックス（RSD）①1955年、②4285×1680×1525㎜、③2530㎜、④1240kg、⑤水冷直列4気筒OHV、⑥1453cc、⑦48ps／4000rpm、⑧10・0kgm／2400rpm、⑨121・9万円

トヨペット・クラウン・デラックス（当時のカタログより）

ダットサン・デラックス・セダンDB型　①1948年、②3500×1340×1530㎜、③2005㎜、④720kg、⑤水冷直列4気筒サイドヴァルブ、⑥722cc、⑦15ps／3600rpm、⑧3・8kgm／2000rpm、⑨26・5万円（写真は50年式のDB2型）

ダットサン110型（A113）①1955年、②3860×1466×1540㎜、③2220㎜、④890kg、⑤水冷直列4気筒サイドヴァルブ、⑥860cc、⑦25ps／4000rpm、⑧5・1kgm／2400rpm、⑨80万円

ダットサン210型（211）①1958年、②3860×1466×1540㎜、③2220㎜、④925kg、⑤水冷直列4気筒OHV、⑥988cc、⑦34ps／4400rpm、⑧6・6kgm／2400rpm、⑨67・5万円

第2章

国産車の方向は決定された

大学で自動車部に入り、ますますクルマ好きに

クルマに夢中だったぼくは、大学入試のための勉強らしい勉強などは、ほとんどしていなかった。当然、どこの大学もおいそれとは入れてくれそうにはない。それでも一人前に入ろうと決めたのは、慶応大学だった。進学指導の先生は、おまえさん、いったいどんなところへ入るんだいと聞いた。先生のほうも、ぼくのような生徒はいったいどういうつもりでいるのか、ぜんぜん理解できないでいたのである。で、ぼくが慶応の経済か商学部に入りますというと、先生はせせら笑った。

水戸高というのは、一に東大、二に東工大、三に横浜国大、四が一橋、五が東北大、六が茨城大学と、なにがなんでも国立以外は相手にしないという気風であった。教師の側にしたら、早稲田、慶応なんてのは最初から滑り止めだと思っているから、慶応

を受けるなどというと、せせら笑ってしまうのである。ところがぼくはここで愕然《がくぜん》たることを聞いた。なんと慶応の経済も商学部も、数学があるというではないか。ぼくは高校三年間、数学はまったく勉強しなかったのである。

「早稲田なら数学がないから、早稲田を受けたらどうだ」

「早稲田は大嫌いです」

「それなら、明治か法政を狙ったらどうだ」

「ああいうでかい学校は好きじゃありません」

先生に相談してもラチがあかないと思った。そこで、旺文社の入試要覧という分厚い本を買ってきて、東京の大学を研究すると、青山学院と立教に社会学部というのがある。ひとつこれも受けてやろう。ということで、慶応を本命に、三つの大学を受けることにした。慶応は数学が零点なものだから、これはダメ。青学はらくちんな試験でパス、次の立教も合格した。さて、青学と立教、どちらにしようかと思っていたところに、世田谷に成城大学というのがあるということを知った。

なにはともあれ、どんな大学か見てみないとわからないということで、ぼくは世田谷まで成城大学を見に行った。行ってみて、ぼくはすっかりこの大学に入りたくなった。雰囲気がとてもよくて、もっとまずいことにキャンパスにビウィックが駐車してあり、おまけに自動車部もあったのだ。ぼくは絶対にこの大学に入りたいと決めた。そこであわてて、入学願書の申し込みをすると、すでに第一次試験は終わっているという。二次試験で若干名を募集するからそれを受けろと、成城大学から指示された。

成城の第二次募集というのは、わりかし難しいという評判だった。当時の成城の第二次募集には、一橋や慶応を落ちた受験生が受けにくるというのだ。ところが、いざ受けてみると、まあ、簡単であった。筆記試験を終えると面接があった。ぼくはいまだに、この面接のときに学生部長の橋本さんがいったことを覚えている。

「君は水戸第一高等学校だね」

「はい」

「ああいう堅い学校の生徒の君が、どうしてここを選んだんだ?」

どう答えたかは忘れてしまったが、この質問はいまだに忘れられない。

結局、ぼくは成城大学に合格した。もうすっかりここに入学する決意である。おやじはもう、やたらもったいながった。成城みたいな無名の大学はよせ、せっかく立教に合格しているじゃないかというのである。ぼくはどうしても、ここに入りたいからお願いしますといって、すでに払いこんだ立教の入学金をムダにして、晴れて成城大学に入学した。一九五八年のことだった。

クルマ好きのぼくにとって成城大学というのはけっして悪くない環境だった。お坊ちゃん大学だった成城には、すでに当時からマイカーで通学する学生がけっこう多かったのである。校門の前にはいつも一〇台ぐらい、学生が乗ってくるクルマが並んでいたが、それはどれも外車であった。ぼくを可愛がってくれた中村さんのフォード・コンヴァーティブル、稲山さんのフォード・コンサルのニューカー、ミッキー・カーチスの真っ赤なポンティアックなど、当時としてはどえらいクルマばかりだった。

さらに校門の中に入ると、松林の下に砂利道があって、そこにはもっと凄いクルマがズラリと並んでいた。理事長の乗っている真っ黒なキャディラック60スペシャル、英会話の女性講師が乗ってくるなんとランチェスター、学長のオペル・カピタンと、錚々《そうそう》たるものであった。そんなクルマを見て、「ああ、いつかぼくもあの松の木の下に自分のクルマを駐車してやるんだ」と、大それた願いを抱いたものである。

成城は自由な校風で、制服もアカ抜けしていた。ブルーの背広で、その下には赤いセーターだろうが黄色いベストだろうが、何を着てもいいのである。大学生といえば黒の学生服があたりまえという時代である。明治大学に高校時代の友人がいて、一度、明治の学生食堂に行ったことがあったが、ぼくは気持ちが悪くなって帰ってきてしまった。どの学生もすべて学生服を着ているので、学食《がくしょく》全体が真っ黒でゾッとしてしまったのだ。

ぼくはさっそく自動車部に入った。すでに当時、東京の六大学にはそれぞれ自動車部があったが、それはどれも体育会系のクラブであった。ところが成城の自動車部だけは文化系だったので、六大学の自動車部の連合には入れてもらえなかった。まあ、ぼくらとしては体育会のノリはごめんで、女の子を入れて楽しくやろうよという軟派路線だったから、そのほうがよかったのだが。

この自動車部で知り合ったのが式場壮吉君である。この男がまあ、めちゃめちゃクルマが好きで、ぼくは彼に会うともう授業なんかに出ないでクルマの話ばかりしていた。授業に出てもクルマの話である。ドイツ語の授業なんてチンプンカンプンで、もうなにもわからないから、結局、クルマの話になるしかないのである。すると、当時の成城の校風というのは、中学校、高校の延長みたいなところがあって、授業中話をしている学生には「○○君、教室から出て行きたまえ」と、教授がのたまうのである。一〇日も学校を休んでいると、すぐ学生部から親のところに電話がいくというしだいである。こんな学校も珍しい。まあ、いい学校といえばいえるんだろうが。

式場君だけでなく、ほかにも多くのクルマ好きの友人ができた。ぼくは少々クルマのことを知っていたし、昔から講釈師のようなところがあったので、みんなぼくの話を聞きたがって集まってきた。すぐにたくさん仲のいい友達ができた。このとき知り合ったミッキー・カーチスとはいまだに付き合っている。頭のいい素晴らしい男で、大好きだった。彼はぼくにいろんなことを教えてくれた。

ぼくのヒルマン・ミンクスは炎上してしまった

ぼくは大学二年生のときに、生まれて初めてマイカーを持った。冬休みと夏休み、松屋の配送のアルバイトでせっせと貯めたお金で、中古のヒルマンを買ったのである。ヒルマンといっても当時いすゞが生産していた二代目ではない。一九五二年型のヒルマン・ミンクスMKⅡである。１３００cc、サイドヴァルブ、４気筒、４速コラムシフト仕様、ボディカラーは黒、内装は暗褐色のビニールシートだった。ぼくの自慢はそれが英国製であったことだ。いすゞがノックダウン生産したモデルではなく、ルーツ・グループが生産した、生粋の英国製だったのである。明大前の自動車教習所の教官が持っていたクルマで、おそらくそれまで都内でタクシーとして酷使され、まわりまわって来たのだろう。ぼくのところに来たときにはすでにガタガタの状態だった。

黒い塗装はちょうど厚化粧の女が笑うとファンデーションが落ちるように、いたるところでポロポロと剝離した。パテで修正してあるところがヒビ割れて、そこらじゅうにパテの灰色が露出していた。ぼくは最初、はげたところに墨汁を塗ってごまかしていたが、雨が降ればすぐにダメになる。そこでパテを塗り直して、サンドペーパーでシュッシュッと磨いたものである。

このヒルマンはありとあらゆるところが壊れたが、いちばん困ったのはアポロ式の方向指示器だ。このタイプのヒルマンはセンターピラーの中に方向指示器が収納されており、それをスティアリングのホーンボタンの中にあるコントローラーで操作していた。こいつが不具合で作動しないのである。ぼくが世話になっていた目黒の修理工場のおやじさんは、「坊や、こんなクルマはボロなんだから、国産のをつけなよ」というう。国産の方向指示器をAピラーに取りつけて、ケーブルで引っ張れば簡単だというのである。しかし、ぼくはどうしてもオリジナルをそのまま維持したかった。

まず、ホーンボタンの中のスウィッチをばらしてみると、めちゃめちゃな修繕がしてあった。組み立て直すには純正のパーツが必要だったが、手には入らない。そこで、溶接工場のおやじさんに頼んで、なんとかオリジナルのパーツに近いものを作ってもらった。そのさい無知なぼくは、電気溶接の火花を色眼鏡もせずにじーっと見つめていたものだから、翌日は涙ボロボロで何も見えず、えらい目にあった。それでも、なんとかおかげさまで、スウィッチのほうは解決した。

今度はセンターピラーの本体である。これは実にエレガントな形をした方向指示器だったが、オレンジ色のプラスチックが長いあいだに熱で膨張、変形しており、スッと出ないのである。これまたパーツが見つからない。たとえ新品を見つけたとしても、おそろしく高価で買えなかっただろう。そこでぼくはそれをそっとはずして、セルロイドの下敷きをその形に切り抜いてはめこんだ。オレンジ色のセルロイドがなかったので、オレンジ色のセロファンをセメダインで張りつけておいた。この修繕はけっこううまくいって、それから方向指示器は調子よく動いてくれた。しかし、肝心のトランスミッションはガチャガチャだったし、ディファレンシャルもゴーゴーと騒音を立てている始末。こればかりはぼくの力ではいかんともしがたかった。

ぼくはこのヒルマンで、女の酷薄さと男の友情の浅さとを身をもって知ることになる。その点、ぼくはわがヒルマンにいたく感謝している。

ヒルマンを得た当時、ぼくはあるパーティでいまの女房と知り合った。当時、彼女はなかなかの美人であった。いまの若い女性はずいぶん可愛くなったものだが、当時は、美人というものは、まずいないというのが相場で、美人を求めるなら鉦《かね》と太鼓でさがさなければならない時代だった。若気のいたりというべきか、ぼくはたちまち彼女に夢中になってしまった。ところが、彼女のほうは全然ぼくを相手にしてくれず、デートに誘うのもひと苦労だった。すっぽかされて、西銀座の喫茶店で四時間も待ちぼうけなんてこともあった。それが、ある日ようやくデートの誘いに応じてくれた。それも銀座に用があるから、あなたのクルマの横に乗ってあげましょうという、ありがたいおぼしめしである。ぼくはいそいそと世田谷は奥沢の彼女の家まで、わがヒルマンで迎えに行ったしだいである。

いまになってもそうだが、自動車というやつはここぞというときに不思議に壊れるものである。二四六号を通って渋谷の道玄坂を下ってくるところまでは、わがヒルマンは快調に走っていた。ところがハチ公前の信号の手前、ちょうど大盛堂書店の前あたりで、いきなりパタンとエンジンが止まってしまったのである。いつも壊れる場所は同じだったから、どこが壊れたかはすぐわかった。燃料系である。フューエルポンプへ向かうガソリンのパイプが、どこかで空気を吸ってしまっているのだ。エンジンが温まってくると、すぐにこうなるのである。

しかたなくクルマを押して交差点の横に停め、ボンネットを開いてゴソゴソやっていると、彼女は「あたし急ぎますから」と、さっさと地下鉄に乗って行ってしまった。あとで聞けば、銀座で他の男とデートの約束をしていたんだそうだ。こいつにはぼくも参った。ぼくは女というものは、真底そういう存在なのだということを、このヒルマンのおかげで深く認識することができたのである。

わがヒルマンの最期は悲劇的だった。その日は三学期の期末試験の前で、女の子に借りたノートを仲間で写していた。すると、悪友の一人が「おい、杉江のクルマで、ちょっとドライブしようじゃないか」といいだした。ぼくはガソリンがもったいないから、「いやだよ」と断わったのだが、仲間は「おまえ、ケチんなよ」と許してくれない。結局、多摩川あたりを走ってみようということになり、真底ケチになりきれなかったぼくは、しぶしぶヒルマンにみんなを乗せて走りだした。

田園調布の下のあたりから二子玉川へかけて、多摩川の川べりを通る道がある。ぼくらはそれを多摩川パークウェイと呼んでいたが、パークウェイとは名ばかり、ドシンバタンと穴ぼこだらけの悪路である。そのドシンバタンが悪かったのか、燃量ポンプからキャブレターに行くビニールホースが、突然はずれてしまった。これはふだんから銅の針金で二重巻きにして、しっかり締めておいたのだが、その日にかぎってはずれたのである。

運転しているぼくの足元に、いきなりふわっと炎が吹き込んだ。すぐにクルマを停めたが、そのときの友人たちの薄情さといったらない。みんな蜘蛛の子を散らすようにヒルマンから飛び出した。ぼくは果敢にもエンジンフッドを開けて、着ていた上着を炎の上にかぶせて火を消そうとした。とても気に入っていた一張羅《いっちょうら》のヘリンボーンのジャケットである。すると、散っていた友人たちが集まってきて、やめてくれというのにエンジンルームに砂利を手ですくってはバサバサかけるのである。火を消そうというのだろうが、それではエンジンルームはメチャクチャになってしまう。

結局、お気に入りのジャケットもダメになったし、ヒルマンも全焼してしまった。レッカー移動させるお金もなかったので、焼けこげたヒルマンはそのまま道の横に放置した。玉川警察署から「あのクルマをなんとかせい」と、何度も呼び出しを受けたが、直せる見込みもない。結局、警察に書類を渡して、撤去してもらった。それでヒルマンは一巻の終わり。わずか一年半の命だった。

しかし、ぼくはこのヒルマンのおかげで、それまでの望みをいろいろとかなえることができた。女の子とデートもしたし、成城の松の木の下にクルマを停めたいという念願も実現したのである。

このヒルマンは、まったくブレーキの効かないクルマだった。その当時、横浜新道で90㎞／h出したのはいいが、スピードを落とそうとブレーキを踏んだらまったく効かず、冷汗をかいたこともある。それでも、いかにもイギリス車らしいなと思ったのは、その4速のシフターである。ふつうオースチンなどは、シフターをニュートラルにすると、スプリングの力で押さえつけられるのだが、ルーツ・グループのクルマは、シフターのサード、トップ側にスプリングが入っていなかった。そのためスポーティにチャッチャッと操作することができたのである。その後、いすゞ製のヒルマンはスプリングを入れるようになるのだが、このスプリングなしのコラムシフトというのは、実にいいタッチであった。スティアリングはコンヴェンショナルなウォーム・アンド・ローラーだったが、これぞ遊びの塊とでもいうべきスティアリングで、これまたトヨペット・スーパーのごとく、円周上三分の一は遊びであった。

ぼくのヒルマンはエンジンのリングギアがえらく磨耗していたため、スターターボタンを押してもエンジンがかからなかった。エンジンをかけるときは、リングギアにスターターのギアが飛び込んで回すのだが、一カ所リングギアが磨滅しているところがあるので飛び込めず、スターターはビューンとカラ回りするばかりで、エンジンがかからないのだ。

そういうときは、エンジンフッドを開けてファンベルトを動かしてやる。すでにエンジンにはコンプレッションがなくなって、スコスコになっているので、ファンベルトをいじればクランクシャフトが回ってしまうのだ。そうするとリングギアが移動して、磨滅している位置がずれるので、どーんとかかるわけである。ちなみにリングギアはエンジンを切るといつも同じ位置で停止するため、どうしても一カ所だけが磨滅してしまうものなのである。

ぼくはいちいちエンジンフッドを開けてエンジンをかけるのが面倒だったから、いつもクルマを停める前にサードへ入れ、エンジンを切ってから、スコスコスコッとクルマを動かしておいて停めた。こうすればリングギアが移動しているから、あとでエンジンは一発でかかるというわけだ。ほんとうならトランスミッションを全部下ろして、リングギアの位置を少しずらしてやれば、それで解決する問題だったのだが、修理工場に頼むだけのお金もないので、いつもそうしていたのである。

ヒルマンでもうひとつ特別な思い出はガソリンである。当時、慢性的にお金のなかったぼくには、〝満タン〟という言葉が憧れであった。ぼくのヒルマンは満タンになったことがないのだ。友人のおふくろさんをデパートまで乗せていき、一〇リッター。友人たちを麻雀屋まで運んで、一人五〇円ずつもらって五リッターという調子で、少しずつしかガソリンを入れることができなかった。そのころのガソリンは一リッター四二～四三円だったが、当時の物価水準から考えたら、とんでもなく高かったのである。

新型ヒルマンのスクリーンウォッシャーには、しびれた

いすゞが英国のルーツ・グループと提携して、ヒルマンのノックダウン生産に乗り出したのは、一九五三年の十月だが、いすゞが生産契約に調印したのは、同じ年の二月である。つまりわずか八カ月で、いすゞは第一号車をラインから送り出したことになる。すでにパーツはすべて英国本国で用意されており、いすゞは組み立てただけだったのだが、それにしてもなんとも素早いものであった。

しかし、考えてみれば、本来、自動車などというのはそんなものなのだろう。現代のように何百億という資金を投入し、四年も五年もかけて仕込むというのが、そもそもおかしいのかもしれない。板金工のおじさんが、ハンマーと木型でチョンチョンと叩いて、はい出来上がり。この感覚に戻れば、現代のあまりに巨大化、複雑化した自動車のパラダイムも変わるかもしれぬ。

ともあれ、いすゞはこのヒルマンをものにした。そして、それからわずか四年後の五七年には、完全な国産化を達成した。この年、英国本国ではヒルマンのフルモデルチェンジがおこなわれ、エンジン、ボディを一新して登場。いすゞもその年のうちに、

新しいヒルマンの生産に入っていた。

ぼくはこの新しいヒルマンに、大学一年生のときのドライブ会で乗る機会を得た。それは一五台ぐらいのクルマが参加したドライブ会で、いろいろなクルマが来ていたのだが、そのなかに、ぼくより二つ年上の西川さんという先輩の乗っていた新しいヒルマン・ミンクスがあった。ぼくは西川さんの許しを得て、このヒルマンのハンドルを握らせてもらったのである。

西川さんのヒルマンはえんじとクリームのツートーンで、なかなかしゃれたクルマだったが、ぼくが覚えているのは、スクリーンウォッシャーがついていたことだ。それは電動モーターではなく、手動式であった。ダッシュボードにレバーがあって、それをチュッ、チュッと動かしてやると、洗浄液がツッツッツッとフロントグラスに出てくるというものだった。当時、スクリーンウォッシャーのついているクルマはまれだった。水戸の家にあった五一年式のシヴォレーにはすでについていたが、ぼくの乗れるダットサンやクラウンには、そんなものはなかった。西川さんはお金持ちなので、ウォッシャー液には水ではなくちゃんと洗浄液を入れていたから、フロントグラスがほんとうにきれいになった。なるほどいいものだなあとぼくは思わされた。

いすゞはこのヒルマンを作ったことで、以後のクルマ作りの方向を決定した。いすゞの乗用車は国産車にはきわめて珍しく、都会的でしゃれた雰囲気があったが、その基礎はこのヒルマンでつちかわれたのだろう。ヒルマンのデザイナーは、あの有名なレイモンド・ローウィである。ぼくの愛車MKⅡも、この新しいヒルマンも、彼の手になるものなのだ。そういえば二代目のヒルマンは、アメリカのスチュードベイカーによく似ているではないか。

ヒルマンは当時のヨーロッパ車がみなそうであったように、アメリカ的なものに憧れながら、同時にイギリスの伝統を守りたいという、過渡的なスタイルであった。悪くいえば中途半端ともいえる。しかし、ぼくは中途半端で過渡的なスタイルのクルマがとても好きなのだ。

当時、ぼくら自動車マニアのあいだでは、国産車ではヒルマンがもっともスポーティなクルマだという認識であった。ルーツ・グループには、サンビーム・レピアというクルマがあった。このサンビームはヒルマンのボディをそのまま2ドアクーペにしたような、スポーツヴァージョンだった。フロアシフトの4速ミッション、バケットシートで、ダッシュボードにはタコメーターがつき、すでに当時の段階でディスクブレーキを奢《おご》っていた。ぼくらマニアはそのサンビーム・レピアに憧れたのである。このクルマは伊藤忠が輸入しており、何台かが東京の街を走っていた。いすゞもそのパーツをヒルマンに組み込んだモデルを作ろうとしたらしいが、残念ながらそれは実現には至らなかった。

ヒルマンに薫陶《くんとう》を受けたぼくは、それからルーツ・グループのクルマが大好きになった。映画『泥棒成金』の中に、グレース・ケリーがサンビーム・アルパインという2座スポーツで飛ばすシーンがあるが、それを見て「ああ、いいなあ」と心底思ったものである。

のちにぼくは『間違いだらけのクルマ選び』の印税が少々入り、アルフェッタを買ったのだが、同じころ千葉の市川の人が、中古のサンビーム・タルボ90を売りに出した。これはぼくが乗っていたヒルマンと同じ、五〇年代初期のクルマで、ヒルマンのスポーティ版ともいうべきクルマである。市川に行って実車を見ると相当ヤレてはいたが、ぼくは一も二もなくそいつを買った。ぼくがヒルマンで苦労した例の方向指示器も、シフターもオリジナルのままであった。残念ながらそのサンビームはのちに手放してしまったが。

ヒルマンは当時のカーマニアを満足させる、スポーティなフィールを持ったクルマだった。同じノックダウン生産の英国車でも、オースチンはヒルマンに比べて少々硬派である。官公庁あたりが公用車として使っていてもおかしくない感じだ。だが、ヒルマンは公用車ではちょっとおかしい。やはり地方の素封家とか、クルマ好きのお医者さんあたりが、ブルーとクリーム、あるいはグリーンとクリーム、えんじとクリームなどといったツートーンで乗るのにふさわしかった。

一九六三年には第一回日本グランプリが開催され、1500ccクラスの乗用車のツーリングカー・レースにこのヒルマンが登場した。マニアは誰しもスポーティな4速ミッションを持ったヒルマンが圧勝するだろうと思った。ところが期待にあい反してヒルマンはどん尻、勝ったのはコロナであった。すでにこのころ、いすゞは古くなったヒルマンに見切りをつけ、次期小型乗用車のベレットを作りあげていたのである。

二代目クラウンは劇的な変身をとげた

登場してから七年後の一九六二年、クラウンは二代目となって、ボディを一新した。これは劇的な変化だった。当時の世界の水準からすれば、それまでのRS系は「中共カー」とでもいうべきダサグルマであった。これが一挙にアメリカ車あるいは新しいヨーロッパ車と遜色ないというところまで変身したのだ。これほど劇的な国産車のモデルチェンジをいまだかつてぼくは知らない。

クラウンの思想はその初代で形成されたが、クラウンの技術はこのRS40系で確立されたといっていい。さらにクラウンは、この二代目で初めてM型という6気筒のOHCエンジンを得てMS40系となる。そしてボディはフルサイズボディとなり、5ナンバーの枠に目いっぱい近づいた。そして、そのデザインはもはや後進国の自動車ではなかった。

RS40を作るにあたって、トヨタは大量のフォード・ファルコンを買い込み、それを徹底的に研究することで、クルマの設計のノウハウと生産のノウハウを同時に得たという。当時アメリカにはコンパクトカーブームが訪れていた。アメリカのクルマは五〇年代を通じて、恐竜のように巨大化し、そのためマーケットではVWビートルのような小型車が大量に売れ出すという現象を生じていた。ユーザーはコンパクトなセカンドカーを欲していたのである。そこでGMはリアエンジンのシヴォレー・コルベアを、クライスラーは天才バージル・エグズナーの手によるクライスラー・ヴァリアントという非常に不思議なデザインのクルマを、そしてフォードはもっともオーソドックスなファルコンを作った。そして、この三車がコンパクトカー・マーケットを争った結果、圧勝したのは、もっともつまらないファルコンであった。トヨタはそれを選んだのである。

この日本版ファルコンともいうべきＲＳ40のクラウンは、トヨタ流にいえば、トヨタが王道を歩みだした原点ともいえるクルマであった。このＲＳ40からクラウンはパワーウィンドウ、パワーステァリングがつき、エアコンもビルトインとなって、問題のヒーターも足元からシューッと温風が出るようになった。パワーシート以外、快適装備はすべてこのＲＳ40から実用化されたのである。ちなみに二代目クラウンにはフロアシフト４速、バケットシートの〝Ｓ〟なるモデルが用意されたが、これは当時のユーザーにはあまり理解されず、さして売れなかったらしい。

このころのある夏、水戸に帰ると、おやじの会社にはこのＲＳ40のクラウンがたくさん並んでいた。ぼくは夏になるとたいてい水戸の家に帰って、おふくろにわがままをいってはゴロゴロしていたのだが、旧盆のあいだだけは、このＲＳ40で真面目に家業のタクシーを手伝った。この一〇日間、タクシー会社は猫の手も借りたいくらいなのだ。戦後は終わったなどといっても、まだ日本全体に自家用車の普及していない時代である。国鉄の列車だって、冷房など入っていない。満員の列車にゆられて、家族連れ、荷物を抱えて汗だくで駅まで着くと、誰だって家までタクシーに乗らざるを得ない。だからこの時期、地方のタクシーはひっきりなしに客がつき、ものすごく忙しくなるのである。

当時、一日走ると、おやじの会社の運転手さんの中では、ぼくがいちばん稼ぎをあげた。なんとなれば、ぼくは他の運転手さんより三割方は速かったからである。砂利道ではすべてのコーナーで四輪ドリフトして、ラリードライバー並みのスピードで走った。そのためどのお客さんも、降りるとヘナヘナとなってしまう。えらい神風タクシーぶりであった。

タクシーには予約というものがある。それはたいていぼくの街から七〜八キロ離れたところから、何時の汽車に間に合うようにクルマをまわしてくださいというものだった。会社の事務所には、電話番の女の子が二人いて、予約を受け付け、黒板に書きつけておくのだが、ときたまそれを書き忘れることがあった。忘れられたお客さんから、「クルマが来ない」と電話がかかってくると、女の子の顔色がみるみる青ざめるので事情はすぐにわかる。

こんなとき、おおかたの運転手さんは行きたがらない。飛ばせば危ないし、間に合わなければ客にしかられるからだ。そこでぼくの出番となる。六キロ地点のところにいる客を、あと一〇分で駅まで連れていかなければならないといった場合、ぼくが行くと絶対に間に合ってしまう。ぼくは田舎の砂利道を１２０㎞／ｈぐらいで飛ばしたからだ。

ぼくは自分の運転の基礎をこのRS40で作ったように思う。若いころというのは、何事にも集中できるものである。ぼくはこのRS40のスティアリングを握ると、三〇分や一時間はほとんど集中しっぱなしで乗っていた。そしてセナでもあるまいし、サーキットを走っているわけでもないのに、強烈な横Gを受けながら砂利道のコーナーを駆け抜けて行った。

後年、ぼくはトヨタのワークスドライバーになってグランプリにも出場したが、たいした成績をあげることはできなかった。そこでグランプリはやめてラリーに転向したところ、こいつは嘘のように勝ちつづけた。そのときのテクニックは、この水戸のタクシー時代に学んだものである。実際、ぼくの生涯であれほど飛ばした時期はこのときをおいてほかにない。よくもまあ、人もあやめず、自分も死なず、ここまで来られたものだ。

クラウンはRS40になってから、エンジンをはじめ全体のバランスがよくなったので、とても飛ばしやすくなっていた。しかも、まだ当時の地方のタクシーはLPG化されておらず、ガソリン仕様だったからとても速かった。おそらく最高速度130㎞／hから140㎞／hは出たのではなかろうか。

おやじのところには、ぼくの運転についてお客さんから苦情が絶えなかったらしい。

ぼくはなるべくおやじと二人きりにならないようにはしていたが、ときどき、やむをえずおやじと二人きりになってしまうときがあった。すると、おやじは「おまえ、あんまり飛ばすなよ。俺のところに文句が来てうるさくてしょうがないよ」というのである。そこで「すみません。そんなに飛ばしていないんだけど」といいわけすると、「嘘つけッ」と怒鳴られたものである。

それから数年後、社会に出たぼくは六六年型のＭＳ40を買う。カラーはグレー、オーナースペシャルというグレードだった。2ℓの6気筒、バケットシート、コラム3速で、ブレーキはまだドラムだった。当時、ちょっと気のきいたやつは国産車なんかには乗らなかった。クルマ好きの連中はアルファ・ロメオとかローバー、トライアンフ、さもなければ、もう輸入が始まっていたミニ、あるいはＡＤＯ16などに乗っていたものだが、当時のぼくはなぜか妙にトヨタ車に親しんでいたのだ。

トヨタのデラックス戦略は三代目クラウンで確立された

五年後の一九六七年、ＲＳ40／ＭＳ40は正常進化して、ＭＳ50系となる。この代は最初からＭエンジンが載せられていた。このＭＳ50のスーパーデラックスのインテリアはすごかった。フロントシートにもアームレストがつくなど、絢爛豪華そのもので、冷房もより完全なものとなった。しかし、何より重要なのはクラウンはこのＭＳ50になって初めてディスクブレーキがついたということだろう。

もうひとつ大事なことは、トヨタはこのクラウンで初めて例のペリメターフレームを採用したことだ。ボディ・フロアのまわりだけにフレームを付けるこのペリメターフレームは、現在のクラウンにも継承されている。クラウンに遅れて登場したライバルのセドリックは、最初からモノコックボディで作られた。それは日産がオースチンでモノコックボディを学んだからだが、トヨタは若干、ボディの耐久性を杞憂したのだろう、ペリメターフレームを持つセミモノコックで行った。しかし、それはのちにクラウンがセドリックとのあいだに販売台数上で大きな差をつけた原因となった。ペリメターフレームを持つクラウンのほうが、モノコックのセドリックよりも静かなクルマとすることができたのだ。

クラウンはＭＳ50になってから、２ドアハードトップをそのラインナップに追加してくる。これはとてもカッコいいデザインで、いま乗ってもなかなかいい感じのクルマだ。フロアシフトの３速オートマチック、シート地はシルキーなクリアカットで、両脇がビニールだった。たしかぼくの記憶では、この型からラジオにＦＭバンドが入るようになった。

このクラウンのハードトップは、日本のオーナードライバーの心の琴線《きんせん》に触れた。誰もが欲しがったクルマである。こうしてクラウンは、この三代目で、2ドアハードトップ、4ドアセダン、ワゴンというアメリカ車と同じようなボディヴァリエーションを成立させるのである。

「白いクラウン」なるキャッチフレーズが成り立つのもこのMS50からである。それはクラウンがこの代から高級オーナーカーになり、トヨタのグレード戦略が確立したことを意味していた。ぼくが買ったMS40のオーナースペシャルはデラックスの下、スタンダードの上に位置していた。すなわち、スタンダード、オーナースペシャル、デラックス、スーパーデラックスという序列であった。そしてスーパーデラックスではとどまらず、のちのMS60ではスーパーサルーンなるものも登場する。それでも満足しないトヨタは、さらにその上にロイヤルサルーンなるグレードを追加して現在に至るのである。

かくして、やがてデラックスはもっとも下位モデルとなってしまう。なんというパラドックスだろう。「経済的なデラックス」「お買い物上手なデラックス」という妙ちくりんなキャッチフレーズができそうだ。しかし、よく考えてみれば、日本のデラックスなる思想は、すべてそんな程度のものではなかったか。家にしても家具にしても、ベニヤ板に毛が生えたようなのが日本でいうところのデラックスなのだ。それはいまだに変わっていない。

クラウンは、そうした日本の自動車の思想を形作ってきたクルマである。一九五五年、最初ツーピースウィンドウのスタンダードが発表されると、その一年後にワンピースウィンドウのデラックスが登場する。そしてデラックスからは、ラジオやらなにやらが付き、さらにモデルチェンジが進むたびに、オーナーデラックスが登場し、スーパーデラックス、スーパーサルーン、ロイヤルサルーンとなっていく。クラウンは、日本人のクルマのパラダイムを作ってきた。そして、そのパラダイムは何人《なんぴと》たりとも疑い得ぬものであった。日本のクルマをリードするクラウンがこうだからして、他のメーカーもいっせいにワイドヴァリエーション路線を突っ走りはじめた。そして、そのことがのちにぼくをして『間違いだらけのクルマ選び』を書かせる大きなきっかけとなったのである。

ときはカー、クーラー、カラーテレビの三C時代であった。この時代になって、ようやくクラウンは一般のユーザーに買われはじめた。一般といっても大部分は一部上場企業の重役クラスだったのであるが、それでも人々の目の前にはオーナーカーというものが現実味を帯びて登場してきたのである。ぼくの友人がこのＭＳ50の中古を八〇万円ぐらいで買って乗っていた。ぼくはそれを借りて乗ってみたが、トヨグライドの3速オートマチック付きで、なかなからくちんなクルマだった。この時代からトヨタは、オートマチックの開発に対してきわめて熱心でありつづけた。その点でも、トヨタは先見の明のあったメーカーであった。

四代目クラウンはトヨタ痛恨の失敗作だった

一九七一年に登場した四代目クラウンは、トヨタ痛恨の失敗作であった。このＭＳ60系に至ってクラウンは、初めてセドリック／グロリアに販売台数を逆転されるという痛い目にあう。原因はスピンドルシェイプなる、きわめて斬新なボディデザインにあった。ぼくは当時、このデザインが嫌いだった。とくにフロントの造型にはどうにもなじめなかったのである。今となってみると、このＭＳ60のクラウンのデザインは実に革新的だと思う。とくにクォーターパネルあたりの処理はいかにも新しい。しかし、いずれにせよ、それはいままでのクラウンとは、あまりにも脈絡のないデザインであった。

マーケティングに絶対の自信を持っていたはずのトヨタも、この時代、過信に近い自信を抱いていたのだろうか。あまりにも熾烈な販売戦線にあって、ときに自動車メーカーというものは突出したものにゴーサインを出してしまうことがある。おそらくトヨタは日産を一気に踏みつぶすことを考えてこの斬新なデザインで押してきたのだろう。

六〇年代が終わって、日本ではアメリカン・デザインの絶対的な優位というものが徐々に崩れはじめていた。七一年ごろといえば、トヨタもグランプリを経験し、レーシングカーのトヨタ7などを手がけていたころだ。日本の自動車工業も、ブレーキ性能とか、直進安定性、コーナリング性能といった、ヨーロッパのクルマの重視してきたものが、なるほど大事なのだと気づきはじめた時期でもある。そして同時にこの時期は、戦後、大学を卒業した第二世代のエンジニアたちが、トヨタ、日産のエンジニアとして、実力をつけはじめた時期でもある。クルマがきわめて変化しやすい時期だった。その結果が、このＭＳ60に表れてもいたのである。だが、クラウンのユーザーはきわめて保守的である。したがって、ＭＳ60は従来のユーザーからソッポを向かれてしまう。そして、このころからトヨタのデラックス路線には、ますます拍車がかかっていくことになる。

ぼくはクラウンが誕生してからの三八年間というもの、ずっとこのクルマを注目してきたのだが、結果的に、その路線はいろいろな意味で正しかったように思う。

トヨタにはランドクルーザーという本格的な四輪駆動車がある。CNNのニュースなどを見ていると、地域紛争などでかならず登場する普遍的なヘヴィデューティカーだ。このランクルに乗ると、ぼくはいつも、このクルマの設計者はきっとクラウンを作りたかったのだろうなあと思わされる。また280km／hも出るスーパースポーツカーのスープラに乗っても、ぼくはクラウンを思ってしまう。要するにトヨタというメーカーは何を作ってもクラウンなのだ。カローラしかり、コロナしかり、マークⅡしかり、トヨタのクルマはすべてクラウンがスタンダードなのである。

おそらくトヨタのクルマが好きなユーザーは、きっとそれが好きなのだろう。それが安心なのだろう。そして、それがまたトヨタのクルマがここまでシェアを広げてきた理由なのだろう。クラウンはついにトヨタというメーカーのアイデンティティたりえたクルマなのだ。

トヨタのライバル日産は、ついにこのクラウンのように、自らのアイデンティティたりうるクルマを作ることができなかった。それはこの二つの自動車会社の命運を大きく分けてしまった。自動車会社にとって、それはとても大切なことなのだ。たとえばGMでは、シヴォレーとキャディラックが彼らのクルマ作りのスタンダードの両翼となっていることがわかるし、かたやダイムラーの作るメルツェデスは190からSLまですべて同じアイデンティティで作られている。メーターからスティアリングまで、メルツェデスはどれに乗ってもみな同じである。

日産というメーカーはつねに表面的なメカニズムやスタイルなどで、トヨタに対抗しようとしてきた。しかし、それはあるときはトヨタ的になろうと願い、またあるときはトヨタ的ではない方向に行こうとするくりかえしにすぎず、結局トヨタに運命をリードされるだけの話だった。日産が気づかねばならなかったのは、彼らのスタンダード、すなわち彼らの自動車の思想を鍛えることだったのだ。

トヨタはしぶといメーカーである。日産の歴史を振り返ると、手がけては放り出すのくりかえしだが、トヨタは一度手をつけたものはなかなかやめようとしない。それを好むか好まないかは別として、たしかにクラウンには、初代以来一貫してトヨタのある種の理念が流れている。クラウンはごくごくオーソドックスな、なんでもないクルマである。しかし、世界の自動車の歴史を見ると、この「なんでもない」ということは、きわめて大事なことなのだ。リアエンジンの意欲作のコルベアと、アヴァンギャルドなスタイルのヴァリアント、そしてごくごく平凡なファルコンの戦いは、結局もっともなんでもないクルマ、ファルコンの勝利に終わったではないか。

クラウンは好むと好まざるとにかかわらず、その出発からある種の思想を確立していた製品である。そして、その根底にあるのは、おそらく初代クラウンを作ったときに、ヨーロッパの影響を受けずに行こうとした、トヨタ経営陣の決定ではなかったか。前にもふれたようにトヨタはルノーやオースチンなど、海外のメーカーとはあくまで業務提携しようとしなかった。そして、そのことが以後、現在にまで至るトヨタのクルマ作りの方向を大きく決定づけたのである。

日産の伝統はオースチンでかたち作られた

一九五二年、日産がオースチンと技術提携して、翌年からオースチンA40を作りはじめたのは、戦前からダットサンを作ってきた日産のイメージから考えると、ごく自然に見える。当時はダットサンならオースチンがぴったりというイメージだった。オースチンはイギリスで、第一次世界大戦前から続く由緒あるブランドである。戦前のオースチンは、オースチン卿が世に問うた大衆車、オースチン・セブンで一躍有名となった。このオースチン・セブンはイギリスのみならず全ヨーロッパにブームを巻き起こし、日本でも戦前のダットサンに少なからぬ影響を与えたクルマなのである。

オースチンは第二次世界大戦後、イギリス経済の疲弊とともに民族資本の合併に次ぐ合併の渦に巻き込まれ、もはやその名前はどこにも残っていない。しかし、戦後すぐの時期にはなかなか元気で、アメリカあたりでは〝ヨーロッパのベストカー〟として、かなり評価の高かったメーカーだった。のちにオースチンは、他のメーカーとともにブリティッシュ・レイランド（BL）に統合され、モーリスとともにオースチン・ブランドでミニを出していたが、いまやそのモーリスもオースチンも、ともに名前は残っていない。いまやミニの正式名はローバー・ミニだ。変われば変わるものである。

その元気だったころのオースチンは戦後早々に6ライトのA40デボンというサルーンを作る。そして、そのデボンから生まれたのが、A40サマセット・サルーンである。これが日産が作ったオースチンA40で、当時、日本のファンのあいだではダルマと愛称されていた。A40は内装が革張りのとてもいい雰囲気を持ったクルマだった。当時、イギリスの高級車は内装にウールモケットなどを使い、大衆車は丈夫で安価という理由から革を使ったものである。

日産がA40のノックダウン生産を開始したのは、一九五三年四月のことだが、その翌五四年、イギリス本国ではＡ40はＡ50ケンブリッジにフルモデルチェンジされ、日産でも同年の暮れからこのＡ50を生産することになる。Ａ50は新しい１５００ccのＯＨＶエンジンもさることながら、そのモノコックボディが最大の特徴だった。当時モノコックボディは自動車工学の最先端技術だった。クルマはモノコックだと軽くて丈夫なうえ、剛性もとれ、生産性も高くなる。日産はトヨタに比べてモノコック化がきわめて早かったが、それはこのＡ50でモノコックボディの生産・設計技術を学んだからである。

当時の国産車の水準に比して、Ａ50は素晴らしいクルマだった。塗色はきわめてイギリス的なカラーリングで、下半分が濃紺、上がクリーム、あるいは下半分が赤に上がクリーム、さらに下半分がグリーンに上がクリームといったツートーンがお得意だった。一色なら、濃紺、赤、クリームという色をよく使ったもので、現代のようなシルバーやらガンメタリックなどはなかった。内装は同系の色を使ったもので、この時期のトヨタ車と比べると、きわめてぜいたくなものだった。

日産は、このＡ50の前のドアを大きくえぐって、シート幅を稼ぎ、無理やり六人乗りにして、タクシー用に提供したりもしたが、Ａ50はその登場時には一一七万円と、クラウンよりも高価なオーナーカーだった。それも当然、総合性能からすれば、Ａ50

はクラウンなどとは比較にならないクルマだった。当時、地方のちょっと立派な家のガレージには、たいてい濃紺のA50があったものだ。いまや地方の素封家はすべてクラウンだが、当時は日産が押さえていたのである。

しかし、日産はこのオースチンからは、オートマチック・トランスミッションやらパワーステアリング、パワーウィンドウといった、現代に通じる快適装備を学ぶことができなかった。クラウンは登場するや、すぐにオートマチック・トランスミッションを搭載して、どんどんイージードライブの方向に進んでいく。しかしオースチンは、エアコンだけは後づけで装備することはできたものの、クラウンのようにパワーステアリングもパワーウィンドウも、最後までつかなかった。そういう意味でのアクセサリーはきわめてさびしかったのである。それに対してクラウンは、モデルチェンジのたびに次々と快適装備を改良していったのだが。

日野のルノー4CVはとてもしゃれたクルマだった

初めてぼくがルノーを運転したのは、大学時代の先輩である西川さんの愛車のルノーに乗せてもらったときだ。フロアシフトの3速であった。自動車部の一年生坊主だったぼくは、よく部車のトヨペット・スーパーのエンジンやミッションをばらしては組み立てるということを、さんざん汗だくになってやっていた。そんなところに西川さんが遊びにきて、「おう、飲みに行くか」と、ぼくらを飲みに連れて行ってくれたものである。その日も、ルノーで現れた西川さんが、ぼくにルノーを運転させてくれたのだ。

ぼくがシフトダウンということを初めて知ったのが、このときだった。西川さんはぼくが運転するのを見て、「おまえ、運転下手だなあ」と笑った。ぼくは運転が下手だなどといわれたのは生まれて初めてなので、ムッとしていると、「ブレーキで減速するんじゃなくて、シフトダウンでスピードを殺すんだ」と、お手本を見せてくれた。西川さんはダーッとトップで走ると、ポンとセカンドに放り込んで、あざやかにルノーをグーッと減速させた。なるほど、これはカッコいいもんだなあと、腹が立ったのも忘れて、以後、ぼくはシフトダウンの技術をマスターするようになる。

4CVはクラッチもブレーキも、どれも直径四センチぐらいの丸いペダルである。スロットルペダルはとても小さく、フロントホイールが室内に張り出しているため、ペダル中央にぐっとオフセットされている。だからちょっとコバの出たような靴だと、ペダルに靴があたって運転しにくい。ヒルマンやオースチンから乗り換えると、最初は少々とまどったものである。

いかにもフランス車だなあと思わされたのは、そのスウィッチ類の位置である。まずライトのスウィッチがどこにあるのかわからない。ダッシュボードの左側にクルクルッと回すレバーがあって、それを回すとスウィッチがつくのだが、それがなかなか見つからない。そして、クラクションはそれをピッと押すと鳴るようになっている。そういうところがいかにもフランス車らしいのである。

シートはぼくがそれまで接したヒルマンやアメリカ車とはまるで違う、なんともいえない小さくて簡素なものだったが、座るとふわっとしていて、まるで羊水のように柔らかくぼくの身体を受けとめてくれた。エンジンは小さかったものの、ボディが軽いから、走り出せばセカンド多用でキビキビ走ったし、重心がきわめて低いので安定性も高く、なかなか気持ちのいいクルマであった。

最高速度は100㎞／hちょい、加速もいまふうに表現すれば、0―400mが二三～二四秒ぐらいと、現代の軽自動車の半分ぐらいの性能である。しかし、乗り心地は実に柔らかく、この小さなクルマを運転手さん付きで乗っていた人もいるぐらいだった。小さなボディではあったが、シートが小さくて薄いため、後部座席には意外と余裕があったのである。

それまで乗用車など作ったことのないトラックメーカーの日野は、どんな理由でルノーを提携先に選んだのだろう。いまとなってはそれはわからない。しかし、当時の日本でルノー4CVという小型経済車を選んだことは、なかなか優れた判断だったと思う。

ルノー兄弟の設立したルノーは周知のように、ダイムラー・ベンツ社同様、自動車の歴史とともに発展してきたきわめて古いメーカーだ。しかし、そのルノー家も第二次世界大戦中のナチスへの協力を指弾され、政府に工場を没収され、以後は国営企業となる。その戦後の混乱から生まれてきたのが、小さなリアエンジン車、ルノー4CVである。

この4CVが生まれてきた背景については、フォルクスワーゲンの設計者であるフェルディナント・ポルシェ博士がフランス抑留中に設計に協力させられたなどと諸説があるが、実際にはポルシェ博士は設計図を見せられて、アドバイスを求められた程度だったらしい。それはともかくルノー4CVは第二次世界大戦後、ヨーロッパの大衆車として不動の地位を築いている。ライバルのフォルクスワーゲンのように、遠くアメリカに渡ってそのマーケットを制覇したということはないが、それでもヨーロッパマーケットでは、フォルクスワーゲンと負けず劣らずシェアを競い合ったのである。

4CVは水冷4気筒、748ccのOHVエンジンをリアアクスルにオーバーハングさせて載せ、サスペンションは全輪独立、ボディはモノコックという、当時としてはきわめて進歩的なメカニズムを誇っていた。そして、この小さなボディを4ドアにしたところが、いかにもフランス車らしい。日野が4CVをノックダウン生産しはじめたのは一九五三年、その登場はとても新鮮であった。ところがこの4CV、なかなか水戸にまでやってこなかった。ぼくが初めて4CVを見たのは東京に出かけたとき、日比谷公園の近くでのことだった。とてもきれいなクルマだったことが印象に残っている。

ルノーを水戸であまり見かけなかった理由は、このクルマが悪路が苦手だったからだ。実際、タクシーの運転手さんのあいだでは、ルノーは悪路に弱いという評判だった。ところが、その定評にもかかわらず、ルノーは経済性を武器にタクシー業界に進出してくる。ルノーのタクシーといえば、ぼくはライトブルーのロビンス・タクシー、あるいは共進タクシーを思い出す。この二つの会社はルノー専門のタクシー会社だった。学生時代には共進やロビンスのルノーのタクシーにはずいぶん乗ったものである。なぜならルノーのタクシーは初乗り七〇円のダットサンなどに比べ、六〇円と一〇円安かったからだ。のちにその一〇円のアドヴァンテージもコンテッサが登場するとともに消えてしまうのだが。

ルノーは、当時ようやくマイカーなるものに手が出はじめた上の部類のサラリーマンたちの憧れの的だった。当時ルノーの中古車は、サラリーマンが生まれて初めてのマイカーとして、二〇万円とか一八万円で買うクルマの筆頭株だったのである。中古車といってもどれもすべて「タク上げ」（タクシー上がり）ばかり、「純自家《じゆんじか》」（純粋なる自家用車）など、ほとんど存在しなかった時代だ。しかし、そのガタガタのタク上げルノーに、人々は性悪女にでもひっかかったようにして、せっせと修理費を注ぎこんだものである。

そんなルノーでぼくがもっともよく覚えているのは、エスビー食品の〝ガーリックカー〟である。当時、エスビー食品が「ガーリックソルト」というニンニク味の調味料を売り出すさい、五〇台の黄色いルノーを用意して、そこにS＆Bのロゴを書き込み、宣伝代わりに一般ユーザーに公募で貸そうという企画を立てた。一年間貸与して、あとは安価に譲ってくれるというのである。ただ、その条件はなかなか厳しく、まずサラリーマンであること、車庫があってクルマをきちんと保管できること、というものであった。当然、学生は公募の対象外である。

もちろんぼくはその両方の条件からはずれていたのだが、それにもかかわらず要りもしないのにS&Bのガーリックソルトを何十個も買いこみ、応募の葉書を出しまくった。無情にも応募した葉書は一枚も当たらなかった。ありあまったガーリックはすべて下宿のおばさんにあげるしかなかった。

後年、新しくできたクルマ好きの友人にこの話をすると、「実はオレ、あれに乗っていたんだよ」という奴の一人や二人は、かならずいたものである。そして、その彼らによれば、このときのガーリックカーは、どれもタク上げの中古車だったということだ。

プリンスは戦前の航空機産業から生まれたエリート会社だ

プリンスの歴史は紆余曲折を経た複雑なものだ。もともとプリンスの源流は戦前・戦中の航空機産業にあった。ひとつは、「疾風《はやて》」「彩雲」などの傑作機や、当時世界最高クラスのエンジンといわれた「誉《ほまれ》」発動機を作った中島飛行機、もうひとつは長距離飛行で世界記録を達成した航空機「A26（キ77）」を製作した立川飛行機である。

戦後、中島飛行機はGHQの軍需産業解体政策にそって一二の会社に分割され、その中のひとつ、旧荻窪工場が富士精密工業となった（群馬県の太田工場はのちにスバルを作る富士重工となる)。富士精密はミシンや映写機からエンジンにいたるまで、さまざまな民需製品を手がけたが、一九五一年には1500cc、4気筒、OHVのガソリンエンジンを完成させる。このエンジンを搭載したのが、一九五二年にたま自動車から発売されたプリンス・セダンの第一号車である(実は当時の富士重工もこれと同じエンジンを買って、同社の試作車であるP型スバルに載せている)。

たま自動車の前身は立川飛行機である。立川飛行機もまた戦後の民需転換のなかで、民需生産に移行したが、終戦直後から電気自動車の開発に取り組み、一九四七年にはバッテリーカーの「たま号」を完成させている。これは当時のガソリンの供給事情の悪さに着目したものであった。たま号はそれなりの台数をさばいたらしく、ぼくも焼け跡、闇市の時代の東京で一、二度、このクルマが走っているところを目撃している。このころの社名は東京電気自動車であった。

しかし、このバッテリーカーも石油事情が好転してくると、たちまち需要が激減、東京電気自動車はたま自動車と名を変えて、本格的なガソリン自動車の開発にあたる。それが前述した一九五二年のプリンス・セダンなのである。このプリンスの登場と同時に、同社は社名をプリンス自動車工業と改名する。一九五四年にはプリンスは富士精密に吸収合併されるが、六一年にはその富士精密が社名をプリンス自動車工業へと戻す。ややこしいのである。

　初代プリンス・セダンはフロントウィンドウはまだ左右に分割された古いタイプのものだったが、ボディサイズは最初からのちのクラウン・クラスに近いものであり、はじめからコラムシフトを採用するなど、きわめて意欲的な設計であった。

　ぼくはこの初代プリンス・セダンを水戸で見ている。当時、水戸の駅前広場にはプリンスの販売店があり、そこで、プリンス・セダンの一九五二年型の発表会がおこなわれたのである。中学生のぼくは呼ばれもしないのに、紅白の幕で飾られたガラス張りのショウルームにわざわざ見に行ったのである。忘れもしない、ベージュとクリームのツートーンのプリンス・セダンだった。当時、プリンスのライバルといえばトラック上がりのトヨペット・スーパーに、ダルマ型のダットサンぐらいなもので、まだクラウンは登場していなかった。ベンチシート、コラムシフトのプリンスは、そんなみすぼらしい国産車に比べて月とスッポンの違いだった。

　はたしてプリンスがどこまで意図したかはわからないが、プリンスはその当初からメルツェデスやＢＭＷのようなプレミアム・メーカーとしてのスタートを切ったのである。戦後、日産もトヨタも、やがては大衆車メーカーを目指したスタートを切るのだが、プリンスはあくまで高級車メーカーとしてやっていこうとした。この初代プリンスには、その意図を感じさせるものがある。

実際、その後のプリンスはつねに国産メーカーの先頭を切って、高級、高度なメカニズムを採用しつづけてきた。そのため価格もライバルに比べてずっと高かったし、当然、販売面でもトヨタ、日産の後塵を拝することとなっていった。戦後の大衆化社会の中で、プリンスというメーカーが生き残っていけなかったのは、おそらくそれが最大の理由だったと思われる。

プリンスに乗ったプリンスに出くわす

スカイラインの発表は一九五七年、それから五年後のことになる。ぼくはこのスカイラインも水戸で見ている。またもや例の紅白の幕を引いた新車発表会で、その紅白の幕のあいだにライトブルーのまっさらなスカイラインがあった。

1500ccの4気筒エンジンに、クラウン・クラスの大きなボディを持ったクルマで、ボディデザインの特徴は、国産車で初めてテールフィンを持っていたことである。五〇年代の半ばから始まったアメリカのテールフィン・ブームは、このころ頂点に達しており、アメリカのビッグ3はこぞって巨大なテールフィンを競い合っていた。その後、二〜三年でアメリカのテールフィン・ブームは終焉してしまうのだが、スカイラインはそのテールフィンを急遽採用したのである。

こんなことが可能だったのも、当時のクルマは、ボディ・デザインは最後の最後まで融通がきいたからだ。現在のようにプレスの金型の発注は新車発表の四年前、などということはなかったのである。いま、このスカイラインを見ると、ボディサイドのクロームモールなど、当時のフォード・フェアレーンあたりにそっくりである。当時のデザイン担当者は、いったいどんな人だったのだろう。そして、何を考えてこういうアメリカ車的なデザインを採ったのだろう。考えると実におもろしい。

新しいスカイラインには、プリンスは販売では相当苦労したにちがいない。なぜならスカイラインは、日本のハイヤー・タクシー業界をほとんど無視したも同然のようなクルマだったからだ。このスカイラインは、当時の技術力では相当にがんばったOHVエンジンを載せていたが、それよりすごいのはリアサスペンションにドディオンアクスルを採用していたことだった。ドディオンアクスルは、戦前から戦後にかけてのメルツェデスのレーシングカーが採用していたもので、独立式ではないが、可動部分の多い複雑なメカニズムである。もちろん、当時の技術水準から見てもハイレベルの、乗り心地と操縦性の高いバランスを目指したものであった。

しかし、当時の日本にはドディオンアクスルを必要とするようなユーザーなど存在しなかったのである。クルマを使ったのはほとんどがハイヤー・タクシー業界だったから、ただひたすらに丈夫でさえあれば、乗り心地とかコーナリング性能など、二の次、三の次だったのだ。

実際、スカイラインは登場するとすぐに足回りが弱いという評判が蔓延《まんえん》してしまう。それはそうだろう。年がら年じゅう、割りカンのお客さんを四人も五人も乗せて悪路を走りまわるのだから、シンプルなリジッドアクスルではなく、可動部分の多いサスペンションを持ったクルマなんかではすぐに壊れてしまうのである。さすがに道路事情のまだよかった東京では、ライトブルーのスカイラインがタクシーとしてたくさん走っていたが、わが水戸の街ではほとんど見かけることがなかった。

しかし、プリンスはこのクルマの技術水準の高さに、そうとうのプライドを持っていたらしい。当時、成城大学のある先輩が、プリンスのエンジニアとして働いていたが、その人にプリンスの話を聞くと、「うちのクルマは、他のクルマと違うんだ」と、きわめて誇り高かったことを覚えている。

ただ、それほど誇り高いわりには、スカイラインのプレスワークは、クラウンよりも質が低かった。おそらくプレスが、トヨタのような一〇〇〇トンクラスの機械ではなかったのだろう。ドアの横のあたりを見ると、新車のうちからイニイニと波打っているのである。素人ながら、ぼくはその波打ちがずいぶん気になったものである。

プリンスという名の由来は、文字どおり皇太子である。プリンス・セダンが発表された一九五二年は、ちょうどいまの天皇が立太子の礼をおこなった年で、それにちなんでプリンスと名づけられたのだという。ぼくはのちに、皇太子が運転されていたスカイラインと鎌倉の路上でハチ合わせしたことがある。ぼくは鶴岡八幡宮へ海から向かう参道の真ん中をずっと通ろうとしたのだが、あいにく八幡宮のほうから一台のスカイラインがやって来た。どんなドライバーかと思って見ると、アッと驚いた。運転席に座っていたのはなんと皇太子殿下だったのである。

いつもなら、こういうときはフテくされてエンジンを切り、タバコでも吹かすようなぼくだが、さすがにこのときはおとなしくギアをバックに入れ、すれ違えるところまでずーっとバックして行った。殿下のスカイラインはそのままスーッと行ってしまわれた。いまのような異様にものものしい警備ではなく、警官も護衛のクルマもいなかった。当時の皇室はそのくらい開かれていたのである。

プリンスは五九年に、スカイラインのボディ、シャシーを基にしてグロリアという兄弟車を作る。グロリアはボディはスカイラインと同じだが、１９００ccのエンジンを載せた3ナンバー車であった。当時は小型車の枠は1500ccまでとされていたのである。それから一年後、小型車の枠が拡大されて2000ccまでになると、グロリアは5ナンバーとなった。

このグロリアが式場壮吉君のところにあった。伯父《おじ》さんの式場隆三郎さん（高名な精神科医で、病院を経営するほか出版もやっていた文化人。山下清の後援者としても有名）の運転手付き自家用車だったのである。当時、隆三郎さんはよく仕事で外国へ行ってらしたのだが、その隆三郎さんがいないときを見はからって、式場君がこのグロリアを乗り出してくる。それにぼくもよく乗せてもらった。

さすがドディオンアクスルだけあって、スポーツカーのようなクルマだった。当時、ぼくが水戸の田舎に帰ったときに乗っていたクラウンなどでは、乗り心地もコーナリング性能も比較にならなかった。1900ccのエンジンは80馬力とパワフルで、サードがとてもよく伸びた。

当時のプリンスのエンジニアはえらくカーマニアだったのか、あるいは技術至上主義だったのか、スカイラインは日本の交通事情をまったく無視したかのような、技術主導で作られたクルマだった。当時、ほとんどのクルマがショーファードリブン（運転手付きで後席にふんぞりかえるクルマ）だというのに、スカイラインには平然とクロスレシオの4速マニュアルミッションが与えられていた。そのへんに当時のプリンスの殿様商売ぶりがうかがえる。作り手とマーケットの意識があまりにも離れすぎているのである。自分たちの作ったクルマが売れないという厳然たる事実を前にしても、プリンスのエンジニアたちは「うちの製品はトヨタなんぞと比べものにならない、いいクルマなんだから、売れないのは営業の責任だ」と考えたにちがいない。

中島飛行機以来、この会社は民間の消費者相手に製品を売ったという経験がほとんどない。製品を買ってくれる相手は、つねに政府であり軍部であって、最初から予算が計上されており、所期の性能を満たしていれば、かならず買ってくれたのである。その〝親方日の丸〟の旧軍需産業が戦後始めたビジネスは、結局「武士の商法」であった。そのあたりはスバルの富士重工もまったく同じである。

素晴らしく速かったグロリアの6気筒エンジン

スカイラインでたいした成功を収めることのできなかったプリンスは、それでもその技術至上主義を捨てることなく、起死回生の一発を狙う。それが一九六二年に登場した二代目グロリアである。この二代目グロリアにはほどなく日本初の6気筒、ＯＨ

Cエンジンが搭載される。当時のプリンスはとことん〝エンジン命《いのち》〟という会社だったのだろう。このシングルOHC、ストレート6というメルツェデスのようなエンジンは、当時の日本車の水準からは考えられないような高性能だった。

グロリアがいかに高性能だったかは、第二回日本グランプリに登場した6気筒グロリアが同クラスの他車をまったく問題としなかったことでよくわかる。セドリックなど、おそらく最高速度で20㎞／h以上の差をつけられていたはずである。サーキット上のグロリアはどこでもいつでも、好きなようにライバルを抜き去ることができた。まさに「誉」ここに甦るというやつである。

さらに特徴的だったのは、そのボディのデザインコンセプトである。これは当時、一世を風靡したGMのコルベアのラインを採ったものである。コルベアに影響されたからといって、プリンスを非難することはできない。この時期、コルベアのスタイリングはほんとうに世界中のクルマに大きな影響を与えたのだ。たとえば現在でも名車の誉れ高いBMWの2002など、もろにこのコルベアン・ラインである。ドイツのNSUプリンツも小さなコルベアだったし、このあと登場する日本のファミリアもご同様だった。それにしてもこのグロリアのデザインを見ると、もはや日本の自動車工業も相当のところに来ていたことがわかる。たとえばリアウィンドウの形状なども、旧グロリアよりそうとう自由な造型を実現している。

　プリンスという会社は、ほんとうに日本のメーカーのなかでは、一種独特の個性を持ったメーカーであった。当時、すべての日本のメーカーがアメリカに注目しているなかで、プリンスのエンジニアたちはヨーロッパ車に注目し、とりわけメルツェデスを追っていたのだ。当時のメルツェデスは知る人ぞ知る存在ではあったが、まだまだ世界的な高級車としての認知は受けていなかった。世界の高級車といえば、キャディラックがナンバー1で、あとはロールス／ベントレーが別格の存在というところであった。そんななかでプリンスはメルツェデスの初代Sクラスあたりに注目していたのである。

　プリンスがグロリアのように6気筒、2000ccという大きなエンジンになっても、3速＋オーバードライブというかたちで、あくまで4速ミッションを手放そうとしなかったのは、そういう理由からだ。プリンスはタクシーやハイヤーの運転手の要望を聞いて、いちおう3速にはしたのだが、そのトップの向こうにさらにもう一段あるという妙なかたちを作ったのである。まだ当時、日本には本格的な高速道路は存在していなかったが、高速道路を走るときはそのオーバードライブに入れ、エンジンの回転を低くできるということなのである。そういうところはよくヨーロッパ車を見ていたと思う。

クラウン、セドリックがまだ4気筒の時代に、グロリアは歴然とクラウン、セドリックに対してのアドヴァンテージを持っていた。しかし、それが販売に結びつかなかったのが当時の日本のマーケットだった。グロリアは道路事情のよい東京では売れたが、やはり地方では悪路に弱いというスカイライン以来の定説が響いて、満足すべき販売結果を得ることはできなかった。ま、それはたしかに定説というだけでなく、実際にも弱かったのだろう。複雑なリアサスペンションは、それだけ可動部分が多くなり、壊れやすくなる。グロリアは道路というモータリゼーションの基本的なハードウェアが整っていなかったため、せっかくの高級なメカニズムも活かすことができなかったのだ。

ぼくはプリンスのクルマを見ると、このメーカーを現代に生かしておけば、どんなに素晴らしいクルマを作っただろうかと、いまさらながら惜しくてならない。もし、プリンスが生き残っていれば、おそらく彼らは日本のメルツェデスかＢＭＷのようなメーカーになったのではないか。実際、プリンスや富士重工は、一時、そうなりかけた時期もあった。しかし、結局はモータリゼーションの大衆化の中、トヨタと日産という巨大な土石流にあえなく押し流されていくことになるのである。

いすゞ・ヒルマン・ミンクスMKⅥ
①1953年、②4061×1575×1524㎜、③2362㎜、④962kg、⑤水冷直列4気筒サイドヴァルブ、⑥1265cc、⑦37・5ps／4200rpm（組立第1号車）

ニュー・いすゞ・ヒルマン・ミンクス（PH・50S）①1957年、②4140×1543×1510㎜、③2438㎜、④1065kg、⑤水冷直列4気筒OHV、⑥1494cc、⑦68ps／5000rpm、⑧10・8kgm／2200rpm

トヨタ・クラウン・エイト（VG10）①1964年、②4720×1845×1460㎜、③2740㎜、④1375kg、⑤水冷V型8気筒OHV、⑥2599cc、⑦115ps／5000rpm、⑧20・0kgm／3000rpm、⑨165万円

トヨペット・クラウンS（MS41-S）①1965年、②4635×1695×1460㎜、③2690㎜、④1280kg、⑤水冷直列6気筒OHC、⑥1988cc、⑦125ps／5800rpm、⑧16・5kgm／3800rpm、⑨105万円

トヨタ・クラウン・ハードトップ（MS51）①1968年、②4610×1690×1420㎜、③2690㎜、④1295kg、⑤水冷直列6気筒OHC、⑥1988cc、⑦125ps／5800rpm、⑧16・5kgm／3800rpm、⑨120万円

クラウン・スタンダード（MS60-Y）①1973年、②4670×1690×1425㎜、③2690㎜、④1250kg、⑤水冷直列6気筒OHC、⑥1988cc、⑦115ps／5600rpm、⑧16・5kgm／3800rpm、⑨83・7万円

オースチンＡ40サマーセット（Ａ40）①１９５３年、②４０５０×１６００×１６３０㎜、③２３５０㎜、④１０２０kg、⑤水冷直列４気筒ＯＨＶ、⑥１１９７cc、⑦42ps／４５００rpm、⑧８・６kgm／２２００rpm、⑨１１５万円

オースチンＡ50ケンブリッジ（Ａ50）①１９５５年、②４１１０×１５５０×１５５０㎜、③２５１０㎜、④１０２０kg、⑤水冷直列４気筒ＯＨＶ、⑥１４８９cc、⑦50ps／４４００rpm、⑧10・２kgm／２１００rpm、⑨１１７万円

日野ルノー４ＣＶ（ＰＡ）①１９５８年、②３８４５×１４３５×１４４０㎜、③２１００㎜、④６２５kg、⑤水冷直列４気筒ＯＨＶ、⑥７４８cc、⑦21ps／４０００rpm、⑨52・５万円

プリンス・セダン（AISH－I）①1952年、②4290×1596×1590mm、③2460mm、⑤水冷直列4気筒OHV、⑥1484cc、⑦45ps／4000rpm、⑧10・0kgm／2000rpm、⑨132万円

プリンス・スカイライン（ALSID－1）①1957年、②4280×1675×1535mm、③2535mm、④1310kg、⑤水冷直列4気筒OHV、⑥1484cc、⑦60ps／4400rpm、⑧10・75kgm／3200rpm、⑨120万円

プリンス・グロリア（S40D－1）①1962年、②4650×1695×1480mm、③2680mm、④1295kg、⑤水冷直列4気筒OHV、⑥1862cc、⑦94ps／4800rpm、⑧15・6kgm／3600rpm、⑨117万円

第3章

ＢＣ戦争の始まり

ブルーバードは初めてのオーナードライバーズ・カーだった

ここではブルーバードとコロナの販売合戦、世にいう〝BC戦争〟について述べよう。

ぼくが成城大学に入学した翌年の一九五九年、211型ダットサンはボディ、シャシーを一新して、ブルーバードに生まれ変わった。日産はここでアメリカ的な思想を採り入れ、それまでの4速ミッションを捨てて、3速のコラムシフトとする。サスペンションは前がダブルウィッシュボーンの独立式、後ろが薄くて乗り心地のよい三枚リーフのリジッドとなった。エンジンは旧210系に搭載されていた4気筒、OHV、988ccのものがそのまま使われたが、同時にそのストロークを伸ばした1189cc版も登場した。

ボディはまだモノコックではなかったが、佐藤章蔵氏のデザインになるまったく新しい4ドアボディが与えられた。カラーは1000のほうはモノトーンだったが、1200のほうにグリーン、濃紺、赤とクリームのツートーンが採用され、それまでの地味なダットサンのイメージを一新した。

初代ブルーバードが街を走っていた時代は、ちょうどぼくの大学時代にぴたりと重なる。

このころ、ぼくはよく式場壮吉君と新橋の「オスカ」という喫茶店に通ったものだ。オスカのおやじさんは成城大学の先輩で、MG‐TDに乗っていた。そいつはなかなかカッコよかった。オスカという名は、もちろん、マゼラーティ兄弟が作った有名なスポーツカー「オスカ」から取ったものだ。

オスカに行くと外国の自動車雑誌が置いてある。ぼくと式場君はそれを見ながらクルマ談義をして、おしゃべりにも飽きると、すぐ近くの「ステーションホビー」という模型店に行く。ここでプラモデルのキットを買うのである。もう自動車マニア一辺倒の生活に邁進していた。

そのころつき合っていたいまの女房は、嫁入り前にブラブラしているのもなんだということで、新橋の京浜デパートに勤めていた。だから、デートといえばこのオスカで待ち合わせをしたものである。ぼくはよく友人のブルーバードを借り出し、彼女を助手席に乗せて、日光や箱根など、いろいろなところに行った。サイズもコンセプトも違うのだから当然なのだが、ブルーバードの運転フィールは、それまでのアメリカ車的なクラウンとは異なり、きわめてスポーティかつシャープなものだった。当然、ブルーバードに乗るのは楽しくてしょうがなかった。

ぼくはブルーバードでえらい無茶をして、死にそうな目にあっている。国道一号線で小田原に向かっていたときのことだ。酒匂《さかわ》川の橋の手前で、前をトロトロ走っていた大型トラックに追い越しをかけた。ところが、ぼくが対向車線に出てトラックと並びかけると、そのトラックはいきなりガーンと加速しはじめた。抜かせまいというのである。いまでこそ多少おだやかになったが、当時の大型トラックは、乗用車と見るとよくこうした意地悪をしかけたものなのだ。

もちろん、はいわかりましたと引き下がるようなぼくじゃない。負けずに意地を張ってアクセルを踏みつづける。対向車がどんどん迫ってくる。それでもトラックはアクセルをゆるめない。ぼくのブルーバードはじりっじりっとトラックの鼻先に出て、対向車と正面衝突する寸前、スッともとの車線に戻り、その瞬間、対向車とブワーンとすれ違った。ぼくはこのとき、恐怖と同時に、ブルーバードはよくなったなあということを実感した。

３１０ブルーバードはそのデザインといい、性能といい、それまでのダットサンとは格段の違いであった。ブルーバードは営業車としてはもちろん、自家用車としてもよく売れた。現在、六十歳前後の年代のドライバーは、誰もがブルーバードに胸を熱くしたことと思う。クラウンは最初からハイヤー、タクシーなどプロの運転手から高い評価を得たが、ブルーバードは日本のオーナードライバーの先駆者たちに、高い支持を得たクルマなのである。

ブルーバードは登場からほどなく、大ベストセラーカーとなった。日産としては初めての大量生産車の経験である。そして、日産はこの成功によっておおいに自信をつけることとなる。それにしても当時の社長だった川又克二さんは、このクルマになぜブルーバードという名を付けたのだろうか。それはメーテルリンクの『青い鳥』から採られたというのだが、この戯曲では、青い鳥はたしかに幸福の象徴でもあるが、チルチルもミチルもそれを追っているうちは、ついに捕まえることはできないのであって、必ずしもハッピーエンドの結末とはいえないのである。

クラウンを登場させたトヨタは、このころから例のデラックス戦略を展開しはじめ、日産もそれに応戦した。それはファンシーデラックスという女性仕様車であった。薄いクリーム色にほとんど同色の内装という出で立ちのこのクルマは、軟弱ではあったが、いかにも都会的だった。当時の日産という会社はとても都会的だった。いまの日産はどうしてあの都会的なセンスのよさを失ってしまったのだろう。それは自動車が地方でより多く売れるものだからだといわれれば、そうですかと納得するしかないのだが。

このファンシーデラックスなる企画は、ブルーバードの410でも続けられる。ひとりよがりといえば、ほんとうにひとりよがり、日産はマーケットの動向を顧みず、自分の信じる道をひとり行ったのである。対するトヨタのほうは田舎路線に徹して、地方の人がいいナと思うクルマを忠実に作りつづけていたのだが。それにしても当時の日産にとって不幸だったのは、クルマを買えるだけの収入のある都会のユーザーは、国産車などに見向きもしなかったということであった。

410の素晴らしいスタイルは、ついに理解されず

ぼくが大学を卒業した翌年の一九六三年、ブルーバードは410型となる。それはイタリアの巨匠ピニン・ファリーナの手になる、意欲的なデザインのものであった。

一九六〇年代初頭は日産にかぎらず日本のメーカーがこぞってトリノ詣でをした時代である。たとえばダイハツのヴィニアーレ、マツダのベルトーネ、プリンスのスカリオーネといったぐあいだ。しかし、この当代きってのスタイリストの手になる４１０のボディは、その意に反して、日産希代の失敗作となってしまう。当時のユーザーからまったく理解されなかったのである。

当時、日産はいかなる理由によるのであろうか、４１０がピニン・ファリーナの手になるということを、ひた隠しに隠した。当時ピニン・ファリーナといったら、日本のスタイリストなど束になってもかなわないほどの名声を持っていたのに、それを明らかにしようとしなかったのである。当時、ちらちらとクルマ評を書き出していた駆け出しモータージャーナリストだったぼくは、日産の広報課長から「キミ、ピニン・ファリーナと書いたら承知しないよ」と、えらく脅されたことがある。

４１０のボディスタイルは、いま見てもなかなかのデザインである。当時の道路事情からロードクリアランスを大きく採らねばならず、車高がどうしても高くなること、またタイヤチェーンを巻いてもフェンダーにあたらないよう、タイヤとフェンダーの間に一定の間隔をあけなければならない法令など、さまざまな制約を受けて、さすがのピニン・ファリーナも縦横比的に少々苦しいプロポーションとはなっているが、それでも当時の他の国産車に比べると、群を抜いたスタイリングである。

おそらく輸出を想定してのことだろう、日産は410に2ドアボディを与えた。その2ドアボディに一九六四年の秋からSS、翌年には4ドアボディにSSS（スリー・エス）なるヴァージョンが追加される。スポーツ・セダンとスーパー・スポーツ・セダンの略称である。スポーツ・セダンというジャンルにまたしても日産が先鞭をつけたわけだ。SSは従来の1189cc、OHV、4気筒エンジンにSUツウィンキャブレターを与えたものだったが、SSSでは新しい1595ccのエンジンに、SUツウィンキャブレターが与えられた。これはフェアレディに搭載されていたエンジンである。

日産はこのSSSの試乗会を、茨城県に新装なった自動車高速試験場でおこなった。一周六キロのバンキングコースで、思うぞんぶん踏んでくださいというわけである。当時、ぼくは、現役のレーシングドライバーでもあったから、悠然として出かけたのだが、いざ試乗の前に広報担当者が「このクルマは速いから危ない」といって、延々と高速走行時の注意をしたのには閉口した。

当時日産のサファリ・ラリーの監督をしていた若林隆さんが登場して、自分が走ってみせるから、みんなよく見ておけという。そんなものを見てもしようがない。こっちは現役である。１６０㎞／ｈぐらいで恐れてたまるかと、ぼくはＳＳＳをフルスロットルで飛ばした。たしかに日産のいうとおり、ＳＳＳは１６０㎞／ｈを出すことができた。当時、１６０㎞／ｈという最高速度はスポーティカーの目標だったが、ＳＳはそれを見事にクリアしていたのである。

ＳＳＳで特筆すべきはポルシェパテントのサーボシンクロが導入されたことだ。これは非常に強力で、シフトがすばやくできる。ＳＵツウィンキャブレターとポルシェのサーボシンクロ、そして４速フロアシフトを備えた１６００ＳＳＳは、まさにスーパー・スポーツの名にふさわしいクルマであった。

しかし、４１０ブルーバードは販売上でコロナに手痛い打撃を受け、登場以来初めてその首位の座をコロナに明け渡してしまった。そのため４１０はモデル半ばで大幅な改良を強いられることになる。日産はピニン・ファリーナの尻下がりのボディに責任があるとして、ボディの手直しをおこなうのだが、それでも４１０はコロナの後塵を拝したままであった。

この４１０とセドリック以来、日産には「尻下がりのクルマはダメ」という不文律ができてしまった。九〇年代になってようやくシーマ、レパードＪ・フェリー、ブルーバードＳＳＳと、尻下がりのクルマを出すようになった日産だが、当時は尻下がりのボディを見ると、重役連は震えあがったという。

初代の「ダルマ」コロナは、とにかくひどかった

一九五五年、クラウンと同時にトヨペット・マスターを出して、増大するタクシー需要に応えようとしたトヨタだが、同じ年に出た日産のダットサン110型は、タクシー業界でマスター以上に好評だった。当時、タクシーの初乗り料金はクラウンクラスで八〇円、その下のダットサン・クラスで七〇円、さらにその下にルノーがあり、これが六〇円という料金体系だったが、ダットサンはこの七〇円クラスの小型タクシー用としてお客さんの需要が多かったのである。

その好調なダットサンに対抗して、急遽トヨタがぶつけてきたのが初代コロナだ。初代コロナはトヨペット・マスターのパーツをありったけ使い、大急ぎかつお手軽に作られた。他のクルマのエンジン、シャシーを使って別のクルマを作る手法はいまやトヨタの常套手段となっているが、コロナはその先駆けである。とはいえ、当時はその手法にはまだまだ磨きがかかっていなかった。お手軽に作られたこの初代コロナは、ものの見事な失敗作となってしまった。

ダットサンに対抗するには１０００ccのエンジンが必要だが、当時、トヨタは小さなエンジンを持っていなかった。そこで既存のエンジンに手を入れて１０００ccとした。そこまではいいのだが、このエンジンがまったくパワーがない。それに加えて、マスターのシャシーを切り詰めて作ったボディがいかんせん重いものだから、まったく走らないのである。

ぼくはこの「ダルマ」コロナに何回か乗ったことがあるが、ズドズド、ズドズド、ゴッゴッゴッという調子で、なんとも走らず、曲がらず、止まらずと、三拍子そろっていた。入魂のクラウンとは大違いの、気の抜けたクルマだった。もし、『間違いだらけのクルマ選び』が当時あったとしたら、初代コロナは格好の餌食となったはずである。

さすがにトヨタもこの失敗を反省したのだろう。一九六〇年にフルモデルチェンジされて登場した二代目コロナのＰＴ20型は、きわめて斬新な意欲作に生まれ変わっていた。

まずデザインがきわめて斬新だった。直線的なルーフを支えるピラーが、どれも後方に傾斜しているという、トヨタとしてはずいぶん思い切ったスタイルであった。メカニズム的にもフロントサスペンションはトーションバーを使った独立式、リアはリーフとコイルを組み合わせたカンチレバー式という意欲的な設計である。トヨタのエンジニアは乗り心地とハンドリングの性能を、高いレベルで両立させようとしたのだ。

ところが、このカンチレバー型のサスペンションが、例によってタクシー業界に不評となった。運転手さんたちのあいだでは、コロナは乗り心地はいいが、耐久性に欠ける、悪路に弱いと定評が立ってしまったのである。実際、初期のPT20はガタガタ路を走っていると、ドアのラッチがはずれてしまい、ハーフロックの状態になってしまうことがあった。そのためトヨタは一年後にこのPT型をRT型にマイナーチェンジするさい、リアサスペンションをすべてリーフ／リジッドに変えてしまう。

当時、クルマに関心のある人は自分が乗ったタクシーの運転手さんに「このクルマ、どうですか」とたずねることが多かった。そして、ときに運転手さんにチップをあげると、「お客さん、乗ってみますか」と、運転させてくれたりしたものである。一般人がクルマを運転する機会の少なかったこの時代は、クルマのことはプロの運転手さんに聞くのがいちばんいいということになっていたのである。そのプロの運転手さんのあいだでコロナは弱いという定評が立つことは、コロナにとっては致命的なことだった。

日産同様、当時のトヨタも、将来のお客さんは、少しずつ増えつつあるオーナードライバー層であることは確信していた。しかし、いま厳然と存在するタクシー需要を無視するわけにはいかなかった。背に腹は代えられない。４速ミッションや独立式サスペンションは先の課題として、とりあえずはタクシー需要に応じて、コラムシフト３速のミッション、ベンチシート、リジッドアクスルに固執せざるをえなかった。この点、自動車メーカーはどこも苦労したのである。途中でリーフ／リジッドに変更されたコロナのカンチレバー式サスペンションはその象徴的な例といえよう。

このカンチレバーをリーフスプリングへと変更したときにまつわるおもしろい挿話がある。このサスペンションを設計したトヨタのエンジニアは、自分の設計に絶大な自信を持っていた。とうてい設計の変更など許そうはずもない。そこで、トヨタの上層部はこのエンジニアを海外へ出張させ、彼が日本にいないあいだに、サスペンションを作り変えてしまったという。当時はいわゆる「販売のトヨタ」でさえ、かほどエンジニアの権威は高かったのである。

斬新なスタイル、メカニズムで登場した二代目コロナだったが、このクラスでは前の年に先発したブルーバードが圧倒的な人気を得ていた。当時の高給サラリーマンの共通の願いは「ブルーバードが買えればな」というものであった。彼らはまだクラウンに憧れるほどの経済力は持っていなかったが、ブルーバードにはもう少しで手が届きそうなところにいたのである。そこでトヨタは思い切って、コロナにOHVの1500ccエンジンを載せて、1200ccのブルーバードにぶつけてくる。それがRT20である。

以後、トヨタは徹底的にエンジンのスケールアップ作戦で日産を追いつづける。対するブルーバードは高効率の小さなエンジンに固執し、410、510となってもその戦略を捨てない。やがてブルーバードはエンジンをOHVからOHCへと進化させるが、コロナはOHVのまま、排気量アップで押しまくるのである。1500ccのRT20はそうしたスタートラインに立ったクルマである。

ともあれ、1500ccエンジンに3速ミッションという組み合わせは、おとなしかったコロナをどえらく速いものにした。トヨタはこの1500のコロナで、ラリーにレースにと積極的に参加していく。

ぼくの書いた『スポーツカーワールド』は、いま思い出しても恥ずかしい

一九六二年の秋、本田宗一郎さんの肝煎《きもい》りで作られつつあった鈴鹿サーキットがついに落成した。日本初めての本格的なクローズドサーキットである。当時、ポンコツ

のポルシェ１５００スーパーを持っていた式場君は、すぐさま鈴鹿に行って、そのポルシェで走ってくる。そのポルシェでの走りを見込まれて、式場君はトヨタの契約ドライバーとなり、翌六三年の第一回日本グランプリで見事１３００～１６００cc部門で優勝する。これが伏線となって、翌六四年、ぼくは式場君の紹介でトヨタの契約ドライバーとなり、第二回日本グランプリに出場することになるのである。

この第一回日本グランプリで、トヨタはコロナの他にもパブリカ、クラウンでそれぞれクラス優勝をはたし、三階級を制覇する。この結果、トヨタは一気に売り上げを伸ばしていく。こうなると日本のメーカーは一斉にレース熱にわき立ち、同時にクルマの高速性能の重要性を初めて理解していく。このころ日本の高速道路がつぎつぎと開通していった。六三年の名神高速一部開通に始まって、六五年の名神全線開通、六七年の中央高速一部開通と、日本は初めての高速時代を迎えていた。

この鈴鹿サーキットの完成前後は、日本のモータリゼーションにおいても、ぼくの人生においても、ほんとうにいろいろなことがあった。このころ、まだ学生だったぼくは生まれて初めて本を出している。それは『スポーツカーワールド』というタイトルで青山の本流《ほんりゅう》書店から出版されたものだ。

本流は当時、自動車関係の洋書をたくさん輸入していた書店兼出版社で、現在の島田洋書の前身である。本流を教えてくれたのは式場君だ。彼の紹介で本流でバイトをしているうちに、ぼくがえらいクルマ好きであることが知れ、出版部の人が、ひとつ本を書いてみないかという。そこで、ぼくは世界中の自動車メーカーにエッチラオッチラと手紙を書いてはスポーツカーの写真を送ってもらい、その解説を書いた。それが『スポーツカーワールド』である。

いまこれを読み返すと、ひどい原稿で顔から火が出る思いがする。誰が見ても小林彰太郎のヘタクソな亜流で、人に見せられたシロモノじゃない。いまでもぼくの家の押入れの奥深くにはこの本があると思うが、そいつは門外秘だ。女房にも見せないようにしている。

ぼくの最初の公に人々の目に触れた原稿である『スポーツカーワールド』はみごとに売れなかった。同じころ、小林彰太郎さんも、ハードカバーで『スポーツカー』という本を出している。これも売れなかった。しかし、売れないということでは同じでも、その内容は相当違う。

当時、新進の自動車評論家だった小林彰太郎さんは、それは飛ぶ鳥を落とす勢いで、バンバンとクルマの記事を書いていた。一九六二年には、小林さんが編集長となって、「カーグラフィック」が発刊される。熱狂的な小林ファンだったぼくは、小林さんに

第１回日本グランプリ自動車レース会場、鈴鹿サーキットにて。右端が著者。（1963年）

あてて、せっせと手紙を書いた。返事は一通もこなかった。「カーグラフィック」の創刊記念で「私の愛するクルマ」というテーマで原稿募集があり、ぼくは三本書いて郵送したが、これまたどれも入選しなかった。応募原稿の発表されたカーグラフィックには、「杉江博愛さんの原稿はクルマが好きすぎて、対象がしぼれていない。散漫である」といった批評が載っていましたなあ。ちなみに自動車雑誌でそれ以前に出ていたのは、「モーターファン」「月刊自家用車」「モーターマガジン」などで、ほかには「スピードライフ」なんていうのがあった。これは誠文堂新光社から出ていて、紙質のよくない、マニアックな雑誌だった。

この年、ぼくは成城大学を卒業した。クルマ、クルマに明け暮れて、ロクに就職活動もしていなかったぼくは、それまでバイトで勤めていた本流書店にそのまま就職することとなった。

本流の経営者の居村《いむら》さんは、早稲田の文学部を出た人で、あくなきエロ本追求型の出版人であった。居村さんはヘンリー・ミラーが大好きで、ヘンリー・ミラーが発禁となっていたときに、『北回帰線』などをどんどん売ったりした。好き嫌いの次元を超えて、もはやポリシーとして警察権力と戦うことを使命としていたようである。しかし、その片方で『スポーツカーワールド』などという本を出版しているわけで、かなり変わった経営者だったのである。

本流は洋書の輸入販売がメインの仕事だから、毎日のように海外からカタログが来る。それを見て、お客さんの注文に応じて、本を取り寄せるのがぼくの仕事だった。もちろん本もたくさん置いてあるから、いろいろなお客さんがやってくる。石津謙介さんの息子さんである石津祐介さんと親しくなったのも、この本流のおかげである。石津さんだけでなく、本流にはいろいろな人が来た。本田宗一郎さんの息子さんの博俊君もそうだった。本田君が来ると、ぼくはよく店をほったらかして、一時間ぐらいどこかに行ってしまった。彼はジャグァー・マークⅡ、ロータス・エリートといった、おやじさんのクルマに乗ってやってくる。そこで、二人して表参道へ行ったものだ。当時のガラガラに空いていた表参道は絶好のテストコースで、１００㎞／ｈぐらいは軽く出せたのである。

生沢徹君もＭＧ－ＴＦに乗ってよくやってきたし、マンガ家の佃公彦さんもポルシェに乗ってやってきた。また、松田コレクションで知られる、松田芳穂《よしお》さんもちょくちょく顔を出した。当時はまだ慶応大学の学生で、初々しい丸帽に学生服姿であった。

本流は海外の技術書も取り寄せていたから、お客さんには自動車メーカーの人々も多かった。忘れもしないのは、ある日産の部長クラスの技師の人だ。彼はぼくのようなクルマ小僧の素人談義を本気で聞いてくれたのだ。その四十歳ぐらいの紳士は本流に来るたびに、ぼくがスポーツカーを作れ、作れというものだから、ある日「いったい、スポーツカーとはどんなものなのでしょう」とぼくに聞いてきた。ぼくはわが意を得たりとばかりに、スポーツカーというのは、オースチン・ヒーレーみたいなものだとかトライアンフみたいなものだとか、素人くさい意見を偉そうに延々と開陳したものである。

のちの自動車評論家、徳大寺有恒は、「ベストカー」誌の読者コーナーで、「なぜ、日本ではフェラーリがつくれないんでしょう」といった中学生の意見にお答えしなければならないのだが、当時のぼくも、その意見と大差ないのであった。

当時、日本の自動車工業はこれからというときで、きわめて重大な時期にさしかかっていた。ぼくはおそらく、本流の店先でものすごい人たちとすれ違っていたはずだ。ところが、不勉強でノータリンのクルマ青年だったぼくはその人たちから相手にされていなかった。だって、口を開けば、やれトライアンフだMGだとばかりいっていたのだもの。五十歳を過ぎたいまになってつくづく思うが、男は若いうちから勉強していないとダメだ。勉強とは大事なことなのだ。

書店回りで本の配送もやった。毎週木曜日、世田谷付近を通って、池上線沿線を回り、横浜へ行くというコースである。配って回ったのは「セブンティーン」などのファッション誌ばかりだった。よく印象に残っているのは、田園調布駅前にある小さな書店、玉泉堂だ。ここは本流の自動車の本を全部置いてくれていて、ぼくはよく店の主人と自動車の話をしたものだ。

ここで返品を受け取り、新刊を置いてから、最後に横浜、元町の高橋書店へ行くのがコースだった。高橋書店の隣には、憧れの洋服店、ポピーがあった。ポピーを見つけたぼくは、そのますぐに入ろうと思ったが、その日は配送スタイルで、Ｇパンに汚いシャツ姿だった。よし、次の週、身支度を整えて来てやれと、次の木曜日に一張羅のブレザー姿でやってきた。そして書店の仕事は助手に全部やらせておいて、ポピーに入った。

ポピーの店内はとてもしゃれていて、梁のところに小さなクラシックカーのイラストが、ずっと飾ってあった。とにかく品《ひん》のいい店であった。この日、ぼくは茶と紺とグリーンのクラブタイを買った。このタイはぼくのお気に入りで、いまでも大事にとってある。

それからもぼくは何度かポピーを訪れたが、あるとき店内で、俳優の山村聡さんに会ったことがある。その日、ポピーの店の前にはアームストロング・シドレー・サファイアが停まっていた。ライトグリーンとさらに薄いグリーンのツートーンで、すごくシックなクルマだった。「あ、アームストロングだ」と思って店内に入ったら、和服にステッキ姿の山村さんがいらした。カッコいい人だった。

本流には結局、一年間勤めた。ぼくのサラリーマン体験はその一年だけである。

本流を辞めたぼくは自分で商売を始めた。当時、ようやく売れはじめていたカー用品に目をつけたのだ。

ぼくは、第一回日本グランプリの鈴鹿に行って、記念のペナント、キーホルダー、プラッグ（ペタンとくっつくカーバッジのようなもの）などを、ファンに売ろうと考えた。そこでコネを頼って、当時のお金で一〇〇万円ぐらいの製品を町工場に発注し、そいつを鈴鹿に持ち込んだのである。ところが、鈴鹿サーキット側は委託でなければダメといって、一個も買い取ってくれない。しかたなく委託したところ、これが飛ぶように売れたのである。一〇〇万円で発注した小物はすべて売り切れ、二〇〇万円の現金が手元に残った。当時のガキンチョというのは、まあ、勇気があったのだ。

このときデザインをやってくれたのが、何を隠そう本田博俊君であった。二回目には鈴鹿側もこれが売れるということがわかったので、最初から買い取ってくれた。二回目のデザインをしてくれたのは生沢徹君であった。ぼくの見方では、どうやらそういうグラフィックデザインの力は本田君のほうが上だったようだ。たしかに生沢君はオリジナリティに富んではいたが。

銀輪部隊を蹴散らし、ラリーで優勝する

この第二回日本グランプリが開催された六四年に、ぼくはトヨタの契約ドライバーとなる。前にも書いたように、一年前にトヨタと契約してコロナクラスで優勝した式場君が紹介してくれたのである。給料は手取りで月五万円、移動は飛行機、鉄道の場合は一等車。その他の待遇は部長待遇に準ずるという素晴らしいものであった。そして、ぼくはＲＴ20のコロナ１５００で、晴れて第二回日本グランプリに出場する。

結果は惨憺《さんたん》たるものであった。三〇台出場中の一六等賞であった。若干、いいわけがましいことをいわせてもらえば、同じコロナで出場したチームで、最高位はようやっと一一位。それから一三位、そしてその次にぼくがいて、その後ろに他メーカーのクルマが七台いるというありさまだった。このレースでは一位から七位までをスカイライン１５００が独占した。そして七位のスカイラインとコロナのあいだには、コルチナ・ロータスやベレットがぽつ、ぽつ、ぽつと挟まっていた。

サーキットでは弱かったコロナだが、これがラリーとなると絶大な強さを発揮したのだからおもしろい。トヨタはぼくに銀色のコロナ1500を一台預けてくれたので、ぼくはそのコロナを足に使ったり、何度もラリーに出場したりと、一〇万キロほど乗りまくった。

この一〇万キロを乗ってぼくがひとつだけわかったのは、コロナというクルマは恐ろしく丈夫なこと、信頼性が高いということだった。登場してから二年少々のうちに、コロナは大幅に進化していたのだ。ぼくはこのコロナでアルペンラリーに参加し、岩だらけの路をガンガン飛ばしたが、途中、トランクが一回開いたぐらいで、ボディにはなんのトラブルも生じなかった。おそらく、当時のコルチナあたりだと、あっさりと壊れて動けなくなってしまっただろう。エンジンはガチャガチャとうるさく、やたらとオイルを喰ったが、これまたタフでまったく壊れない。乗鞍《のりくら》越えをしたときは、ロー、セカンド、ロー、セカンドと高回転ギリギリで走ったが、まったくなんともなかった。

当時、トヨタはコロナが弱いという定評をくつがえすべく、ものすごいTVコマーシャルを作っている。コロナがドラム缶をけちらしながら、岩場を驀進《ばくしん》していくというもので、シートベルトも普及していない当時、これを撮ったドライバーはさぞかし怖かったことだろう。しかし、あながちそのコマーシャルが嘘とは思えないほど、RT20は丈夫なクルマであった。

ぼくはこのコロナRT20を駆って、いくつかのラリーで優勝している。そのなかでも思い出深いのが、東京オリンピックを前にして開催された日の丸ラリーである。日刊スポーツ新聞の主催で、吉田茂さんを大会会長に仰ぎ、聖火コースをすべて走ろうという趣旨であった。総計四〇台のクルマが一〇台ずつに分かれ、鹿児島、長崎、札幌、青森からの四つのコースをそれぞれに東京を目指すのだが、ぼくはそのうち青森コースを選んで出場した。

スタート地点の青森までの往路、四号線の栃木あたりでのことである。ぼくはナヴィゲーターの女の子に運転をまかせ、助手席でウトウト仮眠していたのだが、いきなり女の子のキャーッという悲鳴でたたき起こされた。酔っ払い運転のクルマが横から迫ってきて、ぶつけられてしまったのである。見ればフェンダーがえらくつぶれてしまっていた。

血気盛んだったぼくは、その酔っ払いの運転手をこっぴどくぶん殴ってやったのはいいが、いくら相手に鼻血を出させたところで、クルマが直るわけではない。とにかくこれではラリーに出場できない。東京のトヨタ本社に電話を入れると、塗装はできないが、フェンダーのパーツが福島トヨタにあるから、そこへ行って直してもらえという。さすがはトヨタで、到着するや一時間で直してもらい、スタート六時間前には青森に着くことができた。

翌日、スタートしてからは、数えきれないほどの峠道を越え、日本には、いかに峠が多いかを実感した。峠に入ると全開、全開で飛ばさないと、とうてい指定タイム通りには走ることはできない。だから誰も法定速度など守っちゃいなかった。当時の峠道は九九・九パーセント砂利道である。それが峠を越えて新潟やら秋田、山形といった地方都市に近づくと、ようやく舗装路が現れるといったぐあいであった。

いまでもよく覚えているのは最後の宿泊地、新潟に入ったときのことである。ちょうど会社のひけどきだった新潟市内の道路は、何千という自転車、自転車、自転車の洪水であった。まるでいまの中国みたいな光景だ。しかし、ここを飛ばしていかないと指定時間に間に合わない。ぼくはクラクションを鳴らしっぱなし、ビームをつけっぱなしで、銀輪部隊の中にフルスピードで突っ込んで行った。あわてて二つに割れる銀輪部隊をけちらし、けちらし進み、県庁のクルマ寄せにオンタイムで到着した。指定時間内にゴールしたのはぼくだけであった。

その翌日、越後湯沢から三国峠を越えて前橋が事実上のゴールだった。この時点で、

マウントフジ・ラリーにて。左端が著者。中央のクルマは410型ブルーバード。
（1965年）

ぼくの優勝は確定し、そこからは東京まで悠々の優勝パレードをおこなったのである。賞金は一〇万円、副賞にお米を二俵、そしてコーラを一年ぶんの三六五本と、ありとあらゆる物資が与えられた。優勝カップも立派なもので、そいつはいまでもぼくの家の押入れに残っているはずである。そして華々しくも、翌日の日刊スポーツに区間優勝、総合優勝なにがしと、大々的に報道された。当時の日刊スポーツを見ればぼくの誇らしげな写真が紙面を飾っているはずである。

ぼくがいただいた優勝トロフィーは、しばらくトヨタの社内で飾られていた。トヨタからおあしをもらっている身としては、少々大きな顔ができたしだいである。それもこれも、悪路をものともせぬトラックのように丈夫なコロナのおかげというわけである。

コロナ、ついにブルーバードの牙城を奪う

トヨタはこの時代から、けっしてあきらめないのが身上であった。コロナはブルーバードの牙城をなんとか突き崩すべく、虎視《こし》眈々《たんたん》とそのマーケットを狙っていた。一九六三年、トヨタは次のＲＴ40型で、その悲願を実現する。ＲＴ40、いわゆる〝電気

カミソリ〟とあだ名されたモデルである。登場してからわずか五カ月で、RT40のコロナは一〇万二三九九台と、八万六九五〇台の410ブルーバードを販売実績で追い越し、ついに国内販売一位の座を勝ち取る。

RT40型の登場あたりから、日本のクルマはようやく国際的になりはじめる。トヨタは輸出マインドの強いメーカーで、かつて初代クラウンでアメリカ・マーケットに挑戦したことがあるが、それは屈辱的な敗北に終わった。当時のアメリカのカー雑誌「ロード・アンド・トラック」は、日の出とともにハイウェイにやってきたクラウンが、進入路で立ち往生したまま本線の速い流れに入ることができず、日没とともにすごすごと帰っていくというカートゥーンを掲載して、日本車の性能をあざ笑ったものである。このカートゥーンを描いたマンガ家がまだ生きていたら、いまの日本車の洪水をどう思っていることだろうか。

けっしてあきらめないトヨタは、ランドクルーザーでアメリカ市場に細々ながら橋頭堡《きょうとうほ》を確保していく。そして、〝ティアラ〟名で輸出していたPT20を、新たに1900ccのエンジンを載せたRT40へと切り替えて、ふたたびアメリカ・マーケットに挑戦する。今度は進入路で待つ必要のない加速力があった。現在から見れば軽自動車程度の加速ではあったが、それでもティアラはようやくアメリカ・マーケットに通用するようになったのである。そしてライバルのブルーバードにも輸出ドライブがかかっていく。

日本の自動車工業の名誉のためにいっておくが、当時の日産もトヨタも、ほんのわずかな数のクルマを輸出するために、それと同数ぐらいのエンジニアをアメリカに送りこんでいる。現在、トヨタや日産の専務となっている人々は、皆アメリカに行って現地のインターステート道路をクルマで走り回り、ディーラーに直接、足を運んで話を聴いたりした。現在、アメリカのマーケットで日本車が大きなシェアを得るに至ったのは、こうした努力があってのことなのである。

この当時の国産車メーカーに比べれば、メルツェデス、BMWといった現在のドイツのメーカーなどの日本マーケットに対する態度はちゃんちゃらおかしい。ビッグ3など論外である。ま、アメリカのメーカーには輸出マインドがないのだから、それはしかたがないかもしれないが、ドイツ以外でもイタリアにせよ、フランスにせよ、ヨーロッパのメーカーの態度は日本のメーカーに比べて、お話にならない。日本のメーカーはクルマを売るために実に真摯な努力を重ねてきたのである。

少々反省をこめていわせてもらえば、いつも国産車メーカーに毒舌ばかり吐いているぼくが、こうしてホテルのスイートルームで原稿などを書いていられるのも、このころのメーカーの人びとの血のにじむような努力のおかげである。安くていいクルマを大量に作り、どかどかアメリカに輸出する。そして外貨を稼ぐ――それでよかったのかといわれれば、そうとばかりはいい切れないという問題はあるにしても。

ドライバーをクビになり、カー用品会社を始める

第二回日本グランプリで惨敗を喫したトヨタは、翌六五年、チームをリストラしようと考えた。二〇人ぐらいいたドライバーを五、六人に整理したのである。ぼくもあっさりクビになった。ぼくはクルマにくわしいし、文章も書くなど、いっちょうまえの理屈をこねるものだから、トヨタ自動車関係の事務局をやらないかという話もあったが、ぼくはそれを断わった。例の鈴鹿でひと儲けしたステッカーとか、ペナントのことが頭にあったからである。

この年、ぼくはいまの女房と結婚する。なんの収入源もないのに、よくもまあ結婚したものだが、結婚するとぼくはさっそく「レーシングメイト」というカー用品の会社を旗揚げした。二十五歳の青年実業家である。最初、青山の六畳間でスタートしたレーシングメイトは、あっというまに大きくなり、二〇人ぐらいの従業員を抱えるよ

うになる。なにしろ作るもの作るものが飛ぶように売れるのだ。ドライビング・グラブスなど、ぼくの考えて作るものが新鮮だったのだろう。

いまでは常識になったが、当時、ぼくはバックミラーをリモートコントロールするシステムを作りたいと、真剣に考えた。当時はケーブルでやろうとしたのだが、これはなかなかうまくいかなかった。また、ぼくなりにこれはなかなか早かったなと思うのは、リアウィンドウの肩、すなわち目の位置にブレーキランプとウィンカーを持ってこようとしたことである。いまのハイマウント・ストップランプのようなもので、このほうが安全だと思ったからだ。残念ながら、そいつはそうは売れなかったが。

会社は急成長し、六畳間ではとうてい間に合わず、すぐに恵比寿に引っ越した。ビンボウ・ダナオが住んでいた家だった。そうこうするうちにさらに社員の数がふくらみ、今度は千石《せんごく》に家を借り換えてと、拡大の一途であった。もう仕事一本やりの毎日であった。そもそもクルマが好きで好きでしかたがないのだから、仕事も楽しくてならないのであった。

ぼくは急激に金回りがよくなって、青年実業家気どりで、銀座に毎日のように飲みに行ったりした。クルマもいろいろと買い換えた。トライアンフ2000というスポーティな4ドアセダン、前にもふれたクラウン、それから永遠の恋人、ローバー20

00。とくにこのローバー2000はとてもいいクルマだった。当時、九州にレーシングメイトの代理店があり、そこに出張しているとき、中古屋の店先で見つけたクルマである。一目で見そめてしまったぼくは、その場でこのクルマを買って東京まで転がして帰ってきた。ローバー2000、形式名はP6、のちにレインジ・ローバーを手がけたスペン・キングの設計になる名車である。4気筒エンジンは少々アンダーパワーではあったが、なるほどイギリス車はいいものだと思ったものである。

レーシングメイトが拡大につぐ拡大をとげていた一九六七年、日産は不評の410ブルーバードに代えて、新しく510を登場させた。旧410と比べてビス一本たりとも古い部品はないという入魂《にゅうこん》のフルモデルチェンジであった。エンジンは新しく開発された4気筒のOHCで、シャシーは前マクファーソンストラット、後トレーリングアームの全輪独立式という、当時の国産車の水準を大きく抜いた意欲的な設計である。スーパーソニックラインを称するそのボディラインは、それほどのものとも思えなかったが、それでもごくオーソドックスにスッキリとまとまっており、きわめて装飾性の少ないシンプルな仕上がりには好感が持てた。

ぼくは、すぐにブルーバードを買った。1600SSの4ドアセダンである。買ってすぐに当時開通したばかりの富士スバルラインへ持ち込んだが、510は実によく走った。ほんとうにいいクルマだなあと思った。

しかし、当時のぼくには510というクルマの真の意義が、ほんとうに理解できていたとはいえない。当時、510よりすぐれたクルマは世界中に数多く存在した。たとえばBMWやメルツェデスである。しかし、それらはプレミアムクラスだ。ブルーバードのように大量生産を前提として設計された大衆車とは違うのだ。大量生産の大衆車としてこれだけの性能を持っていたクルマは、そうザラにはなかった。ドイツのオペルやフォードも510より下だった。これだけ大衆的な値段で大衆的なマーケットを狙うクルマが、これだけのメカニズムを引っ提げて登場したということを考えたら、当時のブルーバードは、誰が見ても世界のトップクラスのクルマだった。

そういう意味でブルーバードは日本の自動車史上に燦然《さんぜん》と輝くクルマであった。ところが悲しいかな、駆け出し自動車評論家のぼくには、そのことがよくわかっていなかった。けっして低く評価していたわけではなかったが、510は、たとえライバルといってもコロナとは月とスッポンなのだという認識がぼくにはなかった。ぼくはコロナの派手なダッシュボード・デザインや、室内の豪華さ、タイヤの太さに目を奪われていた。いいわけがましいことをいわせてもらえば、それはぼくだけでなく他の自動車評論家連中も同じであった。当時、多くの自動車評論家たちの評価は日本グランプリで「ポルシェを制した」スカイラインに集中していたのである。

当時のブルーバードは、コロナなどとは比べるも愚かなクルマである。ぼくにしてそう思うのだから、当時日産のエンジニアはなおさらそう確信していたはずだ。そこで日産はこの510ブルーバードで、首位を奪ったコロナを一気に踏みつぶそうと試みた。対するコロナは旧態依然たる古いシャシーに、太いタイヤを与えただけにすぎず、ブルーバードに一歩も二歩も先を許していた。当然、ブルーバードが圧勝するはずであった。

ところが、このコロナに510ブルーバードは返り討ちにあってしまうのである。510ブルーバードが登場してから一年目の一九六八年、一七万台売れたコロナに対して、ブルーバードの販売台数は一三万台、とうてい圧勝どころではなかった。このときの日産が受けたショックはいかばかりであったろう。誰もが心底《しんそこ》がっかりしたと思う。そして、ここまでの力作をもってしてもトヨタを圧倒できなかったというところに、のちの日産のおおいなる迷いが始まるのである。

ぼくをはじめ、多くのユーザーはコロナのゴテゴテアクセサリーと、太いタイヤにだまされてしまったのだ。日産の技術陣はタイヤはそうそう太くある必要などないことをわかっていたから、ブルーバードに細身のタイヤを与えていた。細いタイヤはバネ下荷重が軽くなるので乗り心地がよくなるし、また、幅広タイヤより直進安定性も増すのである。ところが多くの素人ユーザーには、必要以上に太いタイヤのほうが、なんとなく安定して、力強く見えたのだ。トヨタはそこを見逃さなかった。

おそらくブルーバードの生産コストは、コロナよりずっと高かったろう。そして、それはBC戦争の販売戦で、コロナに有利に働いたはずである。ユーザーがどちらのクルマにするかを決定するときの値引きの叩き合いとなると、コロナのほうが大幅の値引きを可能とするからである。

このときの日産の自信喪失は、その後のブルーバードに顕著に表れている。このあと登場するU610、810と、ブルーバードはどうしようもないクルマになってく。そして、コロナに見倣《みなら》ったゴテゴテの装飾過剰路線はその後、八年間も続くことになる。

510の失敗は、日本の自動車界全体にとって大きな分かれ道となった。以後、日本の自動車は510的なクルマ作りよりも、クラウン、コロナ的な方向を選ぶようになっていくからだ。いまから歴史をかえりみれば、たしかにビジネス上ではコロナ路線のほうが正しかったのだろう。安くて、信頼性があって、アクセサリー満載という路線に大衆は満足したのだ。ブルーバードも安くて、信頼性があってというところまでは同じだが、アクセサリー満載ではなく、ヨーロッパ車的でより本格派だという点で違っていた。しかし、多くのユーザーはその本格派路線を認めなかったのだ。

いま思えば、日産の落ち目はこの５１０から始まっている。この時代からぼくが「頑張れ日産」のコマーシャルに登場するまでに、日産は一〇パーセントのシェアを落とし、そのぶんをそっくりトヨタが喰ってしまったのである。

もし、この５１０の失敗を日産が全社的に考え直して、もう一度、この路線でクルマを作ろうと決意していたら、おそらく日産のクルマ作りは大きく違っていたはずである。しかし悲しいかな、そうした決意をするには、５１０はユーザーの支持というしかるべき後ろ楯を欠いていた。そうであるがゆえに、以後のブルーバードはＵ６１０、８１０と続けて、コロナの後を追う路線を行くしかなかったのである。

ついにクラウンを抜けなかったセドリック

話はだいぶ前に戻るが、一九六〇年、クラウンが二代目に代わりつつあるとき、日産はそれまでライセンス生産してきたオースチンに代わる中型車、セドリックを世に問うた。セドリックとは『小公子』に登場するセドリック侯爵から採った名前で、当時の日産のイギリス趣味を連想させると同時に旧オースチンの地位をそっくり受け継いで生まれてきた、このクルマの成り立ちをもよく表している。

セドリックのスタイルで特徴的なのは、ラップラウンド・ウィンドウシールドである。これはフロントピラーやリアピラーにウィンドウがまわり込む様式で、アメリカ車がテールフィンと同時に一九五五年ごろから始めたものである。一時はすべてのアメリカ車がこぞって右にならえ式にこの様式を採用したが、結局、ボディにひずみが出やすいということで、しだいに消えていった。しかし、日産のデザイナーたちはそれに憧れ、自分でもやってみたかったのだろう。セドリックではあえてそれを採用したのである。また縦目《たてめ》の四灯式ランプにもリンカーンなど、この時代のアメリカ車への憧れがそこはかとなく感じられる。

このいかにもアメリカ車的なスタイリングを除くと、あとはイギリスのオースチンそのものだった。ミッションはコラムシフトの4速、1500ccの4気筒、OHVエンジン、前輪独立懸架、後輪リジッドの後輪駆動と、セドリックはオースチンの遺産で成り立っているクルマだったのである。

初期のセドリックのスタンダード仕様はいまでは考えられないようなカラーで売り出された。それはピンク、薄竹色、薄いブルーの三色である。のちに1900cc版が追加されると、シルバーや紺なども登場するのだが、六〇年代初頭の東京の街には、ピンクや薄竹色の縦目のセドリックがたくさん走っていたものである。当初、日産はセドリックにタクシー需要を見込んだのだと思うが、それ以上に大きかったのは、やはり開放的なカラーのアメリカ車の影響だったのだろう。

ぼくはこの縦目のセドリックを初めて見たとき、べつだん深い根拠はなかったのだが、直感的にクラウンよりはいいなと思った。セドリックはスタイリングはアメリカ車だが、エンジン、トランスミッションはオースチンというように、アメリカ車とヨーロッパ車の混淆《こんこう》的な成り立ちだった。当時はそれを明確に意識したわけではなかったが、徹頭徹尾アメリカ車のコピーだったクラウンに対してセドリックがよく見えたのは、そのへんのおもしろさからきたのかもしれない。

当時、このクラスのビッグ3はトヨタのクラウン、プリンスのグロリア、そしてこのセドリックだったが、おもしろいことに当時のグロリアもまた、やたらにアメリカ車っぽいボディスタイルとヨーロッパ車的なシャシーというアンビバレンツによって成立しているクルマだった。そして、その二車に対して、クラウンは〝アメリカ車命《いのち》〟の一本やりで徹底していた。後年、クラウンが日本マーケットで大成功を収めていったのは、そのあたりにも大きな理由があったのだろう。

ぼくの印象とは正反対に、おやじの会社ではセドリックは運転手さんのあいだでひどく嫌われていた。4速コラムシフトが面倒だというのである。3速と4速ではシフトが一回多いだけのことで、そんなことはどうでもいいと思うのだが、やはりプロの運転手にとっては、トップギアがねばるクルマというのが、もっとも乗りやすいということだったのだろう。当時のプロの運転手がやたらトップを愛用したのは、おそらく彼らが免許を取るさい、トラックで運転を習ったためだと思われる。トラックはそのギア比の性質上、どうしてもシフトアップが極端に早くなる。ローでひところがし、セカンドで三ころがし、そしてあとはトップに入れて、どこまでも走るといった感じの運転なのだ。本来セドリックは乗用車なのだから、ロー、セカンドでグーッと引っ張ってから、サード、トップにポンと入れる走りができるのだが、おやじの会社の運転手さんたちは、セドリックを相変わらず〝セカンド三ころがし〟で運転していたのである。

もうひとつ、セドリックがプロに嫌われた理由には、おそらくそのモノコックボディがあったのではなかろうか。当時、登場したばかりのモノコックボディはまだ完成されたものではなく、事故を起こして、ボディの一部をぶつけたりすると、箱全体すなわちボディ全体にひずみが出やすかった。とくにこの時代はクラッシャブルボディではなかったから、その傾向は強かったはずである。事故は営業車にはつきもので、修理費の高い安いは重大な問題なのだ。その点でもセドリックは、ペリメターフレームを持つ丈夫なクラウンにリードされることになる。

セドリックは登場してから二年後の一九六二年に、ラップラウンド・ウィンドウシールドのボディはそのままに、細部を変更され、横目《よこめ》の四灯式にマイナーチェンジされた。そしてすぐあと、日産はプレジデントの原型とでもいうべき、セドリック・スペシャルというクルマを作った。セドリックのホイールベースを延長して、2800ccの6気筒エンジンを載せた、なかなかよく走る、いいクルマだった。

ぼくの友人に、おやじさんがこのセドリック・スペシャルを持っている女の子がいた。ぼくは女の子からそのスペシャルを借り出して、内緒でラリーに出場したことがある。一晩中走りまわって、三等賞をとった。翌日、なに食わぬ顔をしてそのクルマを返したのだが、数日後、彼女から「いったいどこを走ってきたの」と不審そうに問いただされた。彼女は家の運転手から「ボディの下に砂利がいっぱい詰まっていましたが、いったいどうしたんですか」と聞かれたのだという。

セドリック・スペシャルはホイールベースが長いため、田舎道を飛ばすと、腹をガリガリッと擦るのである。当時の地方路は穴ぼこだらけ、わだちだらけで、そんなところを80㎞／hぐらいで突っ走れば、たちまちギャーッ、カンカンカンと、お腹をぶつけるのは当たり前だったのだ。それにしても若気のいたりとはいえ、他人のクルマでなんとも乱暴なことをしたもので、いまとなっては、これまた懺悔、懺悔の心境である。

このセドリック・スペシャルは日産最初のショーファードリブン・カーといえるものだが、間もなくトヨタも、クラウン・エイトというV8エンジン搭載車を出してきた。この両車、セドリックがホイールベースを伸ばし、クラウンは横幅を広げるという考え方の違いであったが、ぼくは日産のほうが正解だったと思う。ショーファードリブンでは幅など広げてもしようがない。ショーファードリブンに必要なのはレッグルームである。その点、セドリックは理にかなっていた。

当時のトヨタはアクセサリーの電化路線を突っ走っており、クラウン・エイトには随所にそれが表れていた。たとえばドアの電磁ロックシステムである。ぼくは大学を卒業した翌々年、このクラウン・エイトに乗ったことがあるが、このシステムに強い疑問を感じたものだ。この電磁ロックはいったんロックすると、中の乗客が自分でドアを開けることができなくなってしまうのだ。まるでパトカーのような恐ろしいシステムだが、日産もこのスペシャルでそれを試している。

二代目セドリックはデザインがよすぎて売れなかった

セドリックは登場してから五年後の一九六五年、フルモデルチェンジされ、痛恨のピニン・ファリーナボディに変わっていく。なぜかこのボディは日本のユーザーからソッポを向かれてしまったが、いまでもぼくは二代目のセドリックのスタイルをとてもかっこいいと思っている。

当時、おやじの自家用車はすべて国産車になっていたが、おやじはこの二代目セドリックのスペシャルを持っていた。薄いシャンペンゴールドのメタリックで、当時、始めたばかりのレーシングメイトの仕事のあいまに水戸に帰ると、よくおやじから借りて乗ったものである。

スペシャルは内装がとくに素晴らしかった。ライバルのクラウンやグロリアがベンチシートでセンターアームレストが落ちる形式だったのに対し、おやじのスペシャルはリクライニングが可能なバケットシートだった。バケットシートといっても、スポーツカー的なものではなく、ジャグァーのようなイギリス車を意識したものだった。本物の革はさすがに使っていなかったが、革に似たビニールレザー仕様でなかなか雰囲気があった。ところが、このバケットシートも、当時のマーケットではまったく受け入れられなかった。当時のこのクラスのクルマのユーザーは、誰もがアメリカ車のようなセンターアームレストが降りる形式のベンチシートをよしとしたのである。

日産はこの時期、プリンスを吸収合併したため、そのエンジンのラインナップが一時的に混乱していた。旧プリンスはG型という6気筒エンジンを持っていた。これはクロスフローヴァルブを持つ高性能エンジンだったが、生産性が悪く、儲からないエンジンであった。日産が独自に開発していたのは、L型というブルーバードに載せられたOHCの4気筒をベースにした6気筒エンジンである。当時の日産は、旧プリンス系の技術者の顔を立てなければならないこともあるし、また組合対策ということもあって、このL型と旧プリンスのG型の混合でクルマを作っていた。

プリンス系のエンジンは、いつも自社の生産能力をかえりみず、性能重視で作られたようなところがあり、絶対性能には素晴らしいものがあった。そいつはおそらく「誉」発動機以来の伝統であろう。

実際、一九六四年の第二回日本グランプリで、プリンスは圧勝し、そのポテンシャルの高さを自ら実証している。このときのレースはクラウン、セドリック、グロリアはそろってスタートラインに並ぶという前代未聞の椿事であった。さすがクラウンとグロリアはフロアシフトに改造してあったが、セドリックはコラムシフトそのままで出場したのだからなんともすごい。このとき、各車のエンジンはグロリアだけが６気筒のＯＨＣで、あとはクラウンもセドリックも４気筒のＯＨＶ。そのメカニズムの違いは性能上の歴然たる差として表れた。おそらくクラウン、セドリックと、グロリアの最高速度は20㎞／ｈぐらいは違っていただろう。クラウンが走っていく横をグロリアは、シューッとらくらく抜いて行った。ぼくはメカニズムの違いというものは、こんなにはっきりと性能上の差になって表れるものかと、心底驚かされたものである。

エンジンはともかく、当時のこのクラスのクルマのシャシーは、セドリックもクラウンも大差ないものであった。一言でいえば、いわゆるフワフワシャシーというやつである。クラウンもセドリックもようやくパワーステアリングを実用化してきた時代だが、そのフィールたるや、フィールなんて言葉を使うのもおこがましいものだった。それでも初代セドリックのスペシャルに採用されたパワーステアリングは比較的節度があってましだったが、これまた少々重いところが運転手さんたちには嫌われていた。しかし、それもこの型になるとクラウン同様、フワンフワンのフラフラという代物になってしまった。

それにしても、なぜこの素晴らしいピニン・ファリーナのデザインは日本のユーザーに認知されなかったのだろう。当時のピニン・ファリーナは各国一社ずつの契約を結んでクルマのデザインにあたっていた。フランスはお馴染みのプジョー、ドイツはメルツェデス、アメリカはGM、イギリスはBMCで、当時のMGBやADO16などを手がけている。まさにピニン・ファリーナの絶頂期であった。そこにわが日産がセドリック、ブルーバードのデザインを依頼したのだが、その販売結果は、けっしてかんばしいものではなかったのだ。それはこのモデルが登場して三年後、その原型をとどめないほどの大胆なマイナーチェンジがおこなわれたことからもよくわかる。

以後、セドリックというクルマは右に左へと揺れつづける。そして、かたやクラウンが〝なんとなく上品〟というイメージを獲得し、自らの地位を定めていくのに対して、つねにクラウンに対するナンバー2の座に甘んじるようになっていく。あたかもBMWがつねにメルツェデスの対抗馬としてしか成立しえないように、セドリックもクラウンなしでは成立しないという立場に自らを追い込んでいくのだ。

初期のセドリックを作っていた時代、おそらく日産はオースチンと親しく交流していたエンジニアを大勢抱えていたはずだ。その彼らがイギリスへ行くと、当時のロンドンの街にはジャグァーあり、ベントレーありで、中級車のモーリスやオースチンですら、素晴らしい革張りシートであった。そして、そんないいクルマからサッと降りてくる、オースチン側のビジネスマンたちは彼ら日産のエンジニアたちより、歴然と質のいい洋服を着ていたにちがいない。それは今日の韓国、中国のビジネスマンたちと、われわれ日本のビジネスマンとの間にある差よりはるかに大きなものだったはずである。

こうした情景をいたく目に焼きつけた彼らエンジニアは、日本に帰ってから、会議の席上、「アメリカ車がなんだ、あんなものは安物じゃないか、おれたちが研修に行ったイギリスを見ろ。ライレーやジャグァーを見ろ。本当の高級車とは、ああいうものなのだ」と発言したのかどうか、それはわからない。だが、初期のセドリックには、日産のそうした葛藤がよく表れているように思えるのである。当時の日産は精いっぱい〝イギリス〟をやってみたかったのだ。

しかし、当時の日本のマーケットは、こと日産のエンジニアたちの憧れとは異なり、クルマはクラウンのようにアメリカン一本やりでなければ売れない時代に入っていく。ボディサイズは5ナンバー枠いっぱい、OHCのストレート6エンジンで静かさとスムーズさを追求するという日本独特のこのクラスのクルマが形成されていくのはこのころからだ。このクラスのクルマはこの時期からだんだん増えはじめ、とくにセドリックとクラウンはカンパニーカー、各企業が使うクルマとして定着し、東京の街から外国車を駆逐していく。

パブリカはトヨタの社史に燦然と輝いている

パブリカがこの世に生まれてきたのは一九六一年、池田内閣が誕生し、所得倍増計画を打ち出した翌年のことだ。周知のようにパブリカは一九五五年に通産省が打ち出した「国民車構想」にそって生まれてきたクルマである。その「国民車の条件」とは、排気量350〜500cc、4人乗りで、時速100㎞／hが出せ、燃費は1ℓあたり30㎞以上、そして価格は二五万円以下、といったものであった。戦前ヒトラーの打ち上げた「国民車」、いわゆるフォルクス・ワーゲン構想とどこが違うのかといいたいが、とにかくお上は、われわれ下々《しもじも》を自動車に乗せてやろうと考えてくださったわけである。

この通産省構想に対して、スズキやスバルなどの軽自動車メーカーたちは「軽自動車でいいじゃないか」とだんまりを決め込み、日産もその後ブルーバードという通産省構想とまったく異なる回答を出して黙殺。通産省からのお達しに正面から応えたのはトヨタだけであった。

トヨタは通産省構想が発表された翌年の一九五六年に早くも「うちはやっていますヨ」と、お上に向けてアドバルーンを上げた。トヨタ国民車の第一号試作車を発表したのである。それは空冷、水平対向の７００cc エンジン、可能なかぎり軽量化したシンプルなボディ、前輪駆動と、ものすごく斬新な成り立ちとデザインのクルマだった。陣頭指揮を執ったのはのちの専務である長谷川龍雄《たつお》さんだ。長谷川さんは、かつて立川飛行機で高高度戦闘機の設計にたずさわった人である。この試作車は、いかにも飛行機屋さんらしい軽量、高効率を追求したクルマだった。

それから五年後、パブリカが市販車として生まれてきたときには当初の構想はだいぶ変えられ、前輪駆動は後輪駆動となっていた。しかし、７００cc の空冷、水平対向２気筒エンジンはそのままだったし、ボディスタイルこそ新しくなったものの、徹底的な軽量化というコンセプトもそのままだった。かくしてパブリカは華々しく登場した。

実をいえば、このパブリカには下敷きがないわけじゃなかった。ＢＭＷの７００というクルマである。これは戦後のＢＭＷの傑作車で、同社のオートバイに使っていた７００cc、空冷、水平対向２気筒エンジンをリアに載せて、後輪を駆動するというものだった。まったく異なるのはそのボディスタイルで、ＢＭＷ７００のほうはコンテッサのクーペにちょっぴり似ていた。なんとなれば、デザイナーはどちらもイタリアのミケロッティだからである。

ぼくがトヨタの専属ドライバーだったころ、トヨタにはこのＢＭＷ７００が何台も置いてあった。ぼくは何度かこのクルマに乗ってみて、その性能の高さ、ハンドリングのよさに驚いた。それはごく普通の乗用車なのだが、ぼくはこいつをスポーツカーだと思ったほどである。カッコよくて、速いＢＭＷ７００をぼくはとても欲しかったが、なにせ当時の価格が一五〇万円、おそらくいまの一五〇〇万円ぐらいに相当するだろう。専属ドライバーとしての月給が五万円、交通費などすべて部長待遇といっても、とてもとても買えるようなものじゃなかった。

一九六二年ごろだったか、ぼくは友人の兄貴が買ったパブリカを借り出して、当時できたばかりの首都高速を、銀座から浜松町方面に向けて走ったことがある。

内外装だけを見れば、えらく安っぽかった。スティアリングホイールは小さなグレーのプラスチックの練り物でできており、ホーンリングなどペナペナで、なにかの拍子にペロッと取れてしまいそうだった。窓ガラスを上げ下げするハンドルのボタンなど、そのへんのものを適当に拾って付けておいたという感じである。シートは安物のビニール張りだが、悲しいかな当時の国産車だから形状が平板で、座り心地はお世辞にもいいとはいえなかった。しかし、2ドアだからバックレストが倒れないと後部座席に乗れないから、これはこれでしかたなかったのだろう。

しかし、運転してみるとハンドリングが気持ちよく、スポーティでなかなか楽しいクルマだった。ブレーキの効きは若干悪かったが、ボディが軽いので救われていた。専属ドライバーとしてコロナに乗っていたぼくは、ときおりこのパブリカに乗ると、そのハンドリングのよさ、気持ちのよさにたまげたものである。難点はエンジンが空冷のためヒーターが効かないことだった。冬になると膝小僧から足元がヤケに冷えてくるのだ。これは後にデラックスが登場したときのマイナーチェンジで、燃焼式のヒーターを加えてようやく温かくなった。

その名称を公募するなど、トヨタとしてはかなり力を入れたパブリカであったが、いざ登場してみると、トヨタの思惑ほどには売れなかった。ユーザーはパブリカを買うぐらいなら頑張ってお金を貯めて、より本格的なブルーバードを買おうと思ったのだ。当時のユーザーは、軽便で安価な実用車よりも、より自動車らしく見えるクルマに憧れていたのである。

この失敗はパブリカだけではなかった。パブリカの少し前に出た三菱の意欲作、三菱500も、同様に一敗地にまみれている。そして唯一、税法上の優遇措置を得た軽自動車が「国民の足」として伸びていく結果になる。700ccのエンジンでかろうじて4人を乗せ、小さなガソリンタンクでも燃費がいいので、充分に遠くまで行けるという、ヨーロッパ車そのもののパブリカがヒットしていれば、日本のモータリゼーションは、いわゆるヨーロッパに近い形の自動車を好むユーザーが増えていたはずだ。もしパブリカが爆発的な人気を得ていたら、以後のトヨタの自動車は大きく変わっていたと思う。ほんとうに惜しいことだった。

ぼくが大学を卒業した当時は、大卒の初任給が一万二〇〇〇円前後。それから数年後のパブリカの登場時には一万七〜八〇〇〇円だったように記憶している。高度成長期の当時、給与は急上昇中だったのである。そこに登場したパブリカの価格は、三八万九〇〇〇円だから、だいたい給料の二〇倍だ。クラウンの一〇〇倍という価格と比べると、クルマはぐっと大衆の身近なところに近づいてきた。しかし、いかに身近になったとはいえ、大衆はパブリカを拒絶した。

当時は近所の家がクルマを買ったとなると、隣近所の人がみな「〇〇さんのお宅が自動車を買ったんだって」と、ゲタばきで自転車に乗ってわざわざ見にきた時代である。その人々が思い描く「自動車」とは、小さくてペナペナのパブリカなんぞではなく、がっちりした鉄の塊であるダットサンやらクラウンだったのだ。大衆はトヨタがパブリカで示した理想主義に向かって、自動車というものはいくら小さくても、自動車らしくなければダメ、期待を裏切ってはダメと宣告したのである。

パブリカが嫌われた理由は、ひとつには、前に書いたような徹底した合理主義的なクルマ作りからくるボディまわりの安っぽさ、そしてもうひとつはこれまた合理主義的な発想から与えられた空冷エンジンのパタパタ音ではなかったのか。パブリカのエンジンは4サイクルとはいえ2シリンダーのためにひどいヴァイブレーションだった。信号待ちをしているとギギン、ギギン、ギギンとうなりをあげ、スタートして高回転になると、ビーッと回りながらふたたびブルブルと震えるのである。その点、ご本家のＢＭＷのほうは同じ2気筒でもきわめてスムーズで、まったく問題がなかった。

パブリカが登場した当時の日本のユーザーの意識は、ひと昔前の韓国のユーザーと変わるところがなかった。韓国のユーザーはいまやしっかり成熟しているが、ちょっと前までは、ＦＦ車の何たるかも知らないほどのレベルだった。パブリカを与えられた当時の日本のユーザーのクルマに対する意識は、ことによるとそれよりずっと低いものだったのかもしれない。

のちにトヨタの屋台骨を支えることになるカローラの登場は、このパブリカから五年後のことだが、トヨタはこのパブリカの失敗から得た教訓をカローラにすべて活かしている。カローラはいかにも自動車らしく見えるボディスタイル、4気筒の水冷エンジン、そして見た人にしっかりした印象を与える太めのタイヤなどで、ガッチリ武装して登場した。つまりトヨタは自動車というものは、どんなに小さくても、自動車らしくなければダメだということをパブリカから学んだのである。

ネヴァー・ギブ・アップが信条のトヨタは、それでもこのパブリカをそうかんたんにあきらめようとはしなかった。登場してから二年後、トヨタはすでにお得意となりつつあったデラックス手法を駆使して、パブリカ・デラックスを登場させる。ビニールのシートはファブリックに張り替えられ、ラジオなどのアクセサリーを与えられたデラックスは、いかにももの欲しげな、情けないクルマだった。しかし、この情けないデラックスはユーザーの支持を受け、そこそこに売れたのである。

つづいてトヨタはパブリカにコンヴァーティブルを登場させる。いまから考えると、この時代はさしものトヨタといえども、自動車生産の効率主義がまだほどほどで、こういう遊びが可能だったのだろう。フロアシフトがコキコキと決まる、おもしろいクルマであった。いま一部の若い人たちのあいだでは、若干古いクルマに乗るのが流行っているが、ぼくはこのパブリカ・コンヴァーティブルなどは、なかなかおもしろいと思う。トヨタの古いクルマというと、誰しもトヨタ・スポーツ800を狙うが、このクルマはいま見てもなかなかしゃれているし、いま乗ってもけっこう楽しめると思う。

デラックスだ、コンヴァーティブルだと、トヨタもさまざまな手をつくしてパブリカを売ろうとしたが、結局、パブリカはモータリゼーションの波間におぼれてしまい、二度と浮かび上がることはなかった。登場から八年後の一九六九年、トヨタはパブリカをフルモデルチェンジして、今度は水冷の4気筒エンジンを搭載し、自動車らしい姿にして再登場させる。当初の、簡便で安価な大衆車というコンセプトは投げ捨てられてしまったのである。そして、二代目パブリカの途中で、せっかく公募までして与えたその名前もスターレットへと変えてしまう。パブリック・カー＝パブリカ、日本の国民車としてけっして悪い名前ではなかったのに、なんとも惜しいことである。

トヨタのような大メーカーがパブリカのようなクルマを作り、そういうクルマが売れたならば、ユーザーのクルマの楽しみ方はいまひとつ違った方向に向かっていったろう。クラウンやコロナにも、もちろんそれなりの楽しみはあるにしても、それとは違うモータリングの可能性が現れてきたはずだ。そして、それからのちのトヨタのクルマ作りは大きく変わっていったはずだ。しかし、日本のユーザーはパブリカを否定した。ぼくはトヨタのクルマのなかでは、このパブリカがとても好きだ。パブリカはクラウンとは違った意味で、トヨタの社史に燦然《さんぜん》と輝くクルマだと思っている。

独自のスポーティ路線を歩んだベレットにベレG

ヒルマンで乗用車作りのノウハウを学んだいすゞは、ブルーバード、コロナに対抗するニューモデルとして、ベレットを登場させた。ベレットは日本の小型乗用車の歴史のなかで、長く記憶されるべきクルマである。ベレットはその当初からフロアシフトの4速ミッション、バケットシート、ダイアゴナルリンクによる後輪独立サスペンション、ラック・アンド・ピニオンのスティアリングなど、当時の国産車としては、きわめてスポーティかつ魅力的な小型乗用車であった。いすゞは、タクシー業界に色目を使うことなく、最初からドライバーズ・カーとして企画したこのベレットで、一挙にオーナードライバーのマーケットを獲得せんと狙ったのである。

ベレットは一九六三年の六月に登場するや、その年のマカオ・グランプリに参加する。日本のクルマで初めての参加だった。翌一九六四年にはぼくが乗っていた1500ccのカテゴリーにも参加してくる。ベレットはスカイラインには負けたが、コロナよりは速かった。

成城大学時代の友人、ミッキー・カーチスはこのベレットに乗っていた。彼は芸能人だから、いろいろなクルマを所有していたのだが、ぼくにも何度かそのベレットを貸してくれた。エグゾーストノートが、ブーンと気持ちのいいクルマであった。そしてまだ少数派だった、フロアシフトのミッション。当時フロアシフトのクルマというのは、ホンダのS600とブルーバード410のSS、あとはこのベレットぐらいだったのである。スティアリングも、このクラスの国産車としては初めて、ラック・アンド・ピニオンというシンプルで操舵性のいいメカニズムを用いていた。この方式は悪路を走るとキックバックが強いので、当時の自動車エンジニアは、みんなその採用に消極的だったのだが、ベレットはいちはやく採用したのだった。

ベレットは、良くも悪くも、ダイアゴナルリンクを使った独立式のリアサスペンションにその特徴があったクルマである。この形式のサスペンションは対地キャンバーの変化が大きく、大きな荷重をかけるとハの字型にタイヤが開き、荷重が減ると逆にすぼんでしまい、キュッとスピンしてしまう。とくに強いコーナリングをすると、内側のホイールがポーンと浮いて、それがスピンを誘発した。典型的なオーバースティア傾向のクルマであった。

一九六四年、ぼくはコロナ1500でアルペンラリーを戦ったが、そのときのライバルにこのベレットがいた。ドライバー、ナヴィゲーター合わせて三人が乗っていた。六四年のアルペンラリーは、東京と横浜を同時に六〇台がスタート、甲州街道を下って、北アルプスを走り、白山に至るまでの一〇〇〇キロを三〇時間で走破するレースだった。

このレースは折悪しく台風にぶつかって、途中、強い風雨の中を走ることになってしまった。その暴風雨のさなか、白山に上る直前、三人乗りのベレットは、明け方の川の中に転落してしまった。クルマがどーっと下の川に落ちると、ドライバーとナヴィゲーターら三人は、なんとか屋根の上に脱出したが、川は見る見る水かさが高まっていく。すると大会役員の一人がパンツ一枚で川に飛び込み、ロープを持っていって救い上げた。半分水没したベレットは、まだ配線がショートしていないらしく、ヘッドライトが濁流を煌々《こうこう》と照らしていた。ぼくはちょうどその現場に居合わせて一部始終を目撃したのだが、なんともすごい光景ではあった。

当時はぼくらのようなサーキット崩れのドライバーが大勢加わって、国内ラリーのスピードが一挙に上がった。そのためベレットにかぎらず、事故が続発した。二日目、乗鞍の観光道路のヘアピンカーブで、バスの横腹にドーンとぶつけた事故を見て、警察が中止命令を出し、このときのアルペンラリーは中止となった。その時点でぼくは三位。そのまま翌日も続行していれば、絶対にトップになったと思う。

このアルペンラリーに参加したベレットは、足回りの弱さに起因する故障でことごとく敗退していった。ぼくの乗っていたコロナはリーフ／リジッドだったから、嵐のため半分濁流の川と化しているガタガタ道を六キロぐらい突っ走るなんてことは屁でもなかった。なにしろ嵐のために、道路の様相が試走したときとは変わってしまっている。そこで川の中を走らなければならないわけだが、ベレットにはそういう無茶苦茶は無理だったのである。

ベレットはその後、一家に一台の自家用車路線としては、ブルーバード、コロナの牙城を揺るがすには至らず、スポーツ路線を一直線に歩んでいく。いすゞはやがて、2ドアの2＋2ボディにディスクブレーキをつけ、１６００ccエンジンを搭載したベレットＧＴを登場させる。当時の国産車でＧＴなる名称はスカイラインが嚆矢《こうし》であり、ベレットが最初というわけではなかったのだが、このクルマはベレＧの名前で親しまれるようになっていく。ベレＧはいまだに一部のマニアのあいだで人気があるが、たしかにベレＧは、なかなかカッコいいクルマであった。

一九六九年、ベレＧは最後にはＤＯＨＣのレーシングエンジンを搭載したＧＴＲを作る。エンジンフッドをブラックアウトした、精悍ないでたちの本格的なＧＴカーだったが、ときすでに遅く、一九七三年、登場から一〇年にしてベレットはそのシリーズの生産を終えることになる。

ベレットが登場した時代は、国産車が初めてスピード、スポーツに目覚めた時期である。そしてベレットは国産車のスポーツマインドを最初からリードした。いすゞは浅岡重輝さんのような優れたドライバーを擁し、このベレットで最後の最後までレース活動に参加していた。モータースポーツに熱心なメーカーだったのである。

いすゞの意思は、ドライバーズカーを作ろうということにあった。いすゞはこのベレットを作ることで、ヒルマンから学んだことを発展的に活かし、その結果、ベレットはきわめて都会的かつスポーティなクルマとして登場したのである。4速フロアシフトにバケットシート、凝った形式の全輪独立サスペンション、小ぶりで軽いボディなどに見られる、スポーティなドライバーズカーというコンセプトを実現したその快挙は長く記憶されるべきであろう。しかし、あのダイアゴナルリンクによるスウィングアクスルというリアサスペンションは、きわめて道路事情の悪い日本の田舎でベレットを生き残らせることができなかった。残しておきたいクルマではあったが、結局ベレットはこの一代かぎりで終わってしまう。

ベレットの生産を終えたいすゞは、次期の小型車としてジャミニを作る。ジャミニは当時のＧＭのワールドカーであるオペル・カデットのボディ、シャシーに自社エンジンを載せたもので、結局、いすゞはベレットの一〇年を経て、ふたたび外国車に戻ることになるのである。

ダットサン・ブルーバード（DP310）①1959年、②3910×1496×1475㎜、③2280㎜、④890㎏、⑤水冷直列4気筒OHV、⑥1189㏄、⑦43ps／4800rpm、⑧8・4㎏m／2400rpm、⑨76・9万円

ブルーバード1600SSS（R411）①1965年、②3995×1490×1430㎜、③2380㎜、④930㎏、⑤水冷直列4気筒OHV、⑥1595㏄、⑦90ps／6000rpm、⑧13・5㎏m／4000rpm、⑨76万円

ブルーバード1600SSS（P510）①1967年、②4120×1560×1400㎜、③2420㎜、④915㎏、⑤水冷直列4気筒OHC、⑥1595㏄、⑦100ps／6000rpm、⑧13・5㎏m／4000rpm、⑨75・5万円

トヨペット・コロナ（ST10）
①1957年、②3912×1470×1518㎜、③2400㎜、④960kg、⑤水冷直列4気筒サイドヴァルブ、⑥995cc、⑦33ps／4500rpm、⑧6・5kgm／2800rpm、⑨64・85万円

コロナ1500（RT20）
①1961年、②3990×1460×1440㎜、③2400㎜、④990kg、⑤水冷直列4気筒OHV、⑥1453cc、⑦60ps／4500rpm、⑧11・0kgm／3000rpm、⑨64・9万円

コロナ1500デラックス（RT40）
①1964年、②4110×1550×1420㎜、③2420㎜、④945kg、⑤水冷直列4気筒OHV、⑥1490cc、⑦70ps／5000rpm、⑧12・8kgm／4800rpm、⑨77・8万円

ニッサン・セドリック1900（DP30）①1961年、②4410×1680×1510㎜、③2530㎜、④1200kg、⑤水冷直列4気筒OHV、⑥1883cc、⑦88ps／4800rpm、⑧15・6kgm／3200rpm、⑨103・5万円

セドリック・スペシャル（50）①1963年、②4855×1690×1495㎜、③2385㎜、④1400kg、⑤水冷直列6気筒OHV、⑥2825cc、⑦115ps／4400rpm、⑧21・0kgm／2400rpm、⑨138万円

セドリック・スペシャル6（H130）①1965年、②4680×1690×1455㎜、③2690㎜、④1290kg、⑤水冷直列6気筒OHC、⑥1998cc、⑦115ps／5200rpm、⑧16・5kgm／4400rpm、⑨115万円

トヨタ・パブリカ（UP10）①1961年、②3520×1415×1380㎜、③2130㎜、④580kg、⑤空冷対向2気筒OHV、⑥697cc、⑦28ps／4300rpm、⑧5・4kgm／2800rpm、⑨38・9万円

パブリカ1200SL（KP31-S）①1970年、②3645×1450×1380㎜、③2160㎜、④965kg、⑤水冷直列4気筒OHV、⑥1166cc、⑦77ps／6600rpm、⑧9・6kgm／4600rpm、⑨53万円

いすゞ・ベレット1600GTR（PR91W）①1969年、②4005×1495×1325㎜、③2350㎜、④970kg、⑤水冷直列4気筒DOHC、⑥1584cc、⑦120ps／6400rpm、⑧14・5kgm／5000rpm、⑨116万円

第4章

ぼくの乗った軽自動車たち

スバル360はほんとうにすごいクルマだった

富山県に小矢部《おやべ》という町がある。自由の女神やヴェルサイユ宮殿といった世界の名建築のミニチュア版が点在するメルヘンチックな変な町だ。ここに日本自動車博物館という小さな博物館があった（現在は石川県小松市に移転）。その博物館の倉庫のような室内には、ところ狭しとばかりに戦前からの内外のクルマが並べられている。とくに昭和二十年代から近年にまでおよぶ国産車のコレクションが豊富で、展示しているだけで二五〇台、別に分散して保存しているものも合わせると、総計五〇〇台以上になるという。地元の実業家、前田彰三さんが長年にわたってたんねんに集めてこられた貴重なコレクションである。

ふつう自動車のコレクションといえば、いわゆる名車ばかりに行きたがるものだが、前田さんのコレクションが貴重なのは、ごく平凡な、誰も見向きもしなかった実用車をも数多く集めていることにある。

その中でも特筆すべきは軽自動車のコレクションだ。マツダR360クーペやスバル360といった名車はもとより、フライングフェザー、フジキャビン、ダイハツ・ミゼットといった排気量360cc以下の小さな軽自動車たちが、静かに眠りつづけているのである。ぼくはこの自動車博物館を訪れるたびに「ああ、当時の人々は、なんとかして四輪車に乗りたかったのだなあ」と、胸が熱くなる思いがする。

昭和二十年代、敗戦後の日本にはたいへんな数のオートバイメーカーが雨後の筍のように出現しては消えていった。キャブトン、トーハツ、メグロ、ライラック、ホスクなど、そのほとんどがいまではその名前すら忘れ去られてしまったが、一時はすべて合わせると十数社もの二輪車メーカーが、この小さな島国にひしめいていたのである。このモーターサイクル産業を支えた人々のエネルギーは、ごく自然に「四輪車に乗りたいネ」という強い憧れへと発展していく。その憧れを背景にして生まれてきたのが、ここに記した初期の軽自動車たちなのである。

排気量125ccや250ccといったこれらの小さな軽自動車たちには、当時の人々の自動車に対する憧れがとても素直に表れている。ぼくはこうした軽自動車を見ていると、やはりクルマというのは民主化のシンボルなのだなあとつくづく思う。いまではおおかたの人々が忘れかけているが、そのクルマを買ったとたんに、日本全国どこにでも行けると感ずる、あの自由な気持ちこそ、クルマを支えているものなのだ。

こうした初期の軽自動車たちは一〇種類以上あったろうか、そこにはさまざまなメカニズムやアイディアが試されていた。中にはスクーターの遠心クラッチを応用した自動クラッチのクルマさえあった。しかし、それらはどれも「意あって力足りず」のクルマばかりだった。価格は三〇万円前後と、とうてい当時の普通の生活人が支払える額ではなく、性能的にも軽自動車とはいえ、とても満足できるものではなかった。いってみれば、それはおもちゃの域を出ないものばかりだったのだ。

そんな初期のライトカーたちにとどめを刺し、軽自動車の決定版として一九五八年に登場したのが、富士重工のスバル３６０である。スバル３６０は立派な自動車だった。当時、日本だけでなく、第二次世界大戦の敗戦国のドイツやイタリアでも、メッサーシュミットやＢＭＷイセッタ、チュンダップなどの、簡便なライトカーが大量に作られていたが、おそらくスバル３６０は、それら当時の世界水準のライトカーすべてと乗り比べても、遜色《そんしょく》ない性能を持っていただろう。

ぼくがスバル３６０に初めて乗ったのは大学二年、十九歳のときだった。当時、大学の友人の家が目黒の清水町にあり、ぼくはよくその家に遊びに行っていた。その家の隣に四〇坪ぐらいの小さな町工場があり、そこに一台のスバル360があった。ぼくはそこの工場の社長とクルマ談義などをして仲良く口をきいたりしていたのだが、ある日、その社長が「いまは使わないから、乗っていいよ」と、当時出たばかりの360を貸してくださった。

初期の360は横H型シフトパターンの3速ミッションで、それまで乗っていたクラウンやダットサンとは少々勝手は違ったが、乗ればすぐに慣れた。例によって、こいつも全開で走ってみた。テストコースは、まだ全通していなかった環状七号線である。当時の環七《かんなな》は、ところどころ道路のまんなかに民家がデーンと居座っており、すでに完成した部分がテストコースのように切れぎれになっていた。その空いているところで飛ばしたのである。

走ってみて驚いた。この排気量わずか360ccの小さなクルマが、なんと90km／hも出すじゃないか。ぼくはその軽快な走りっぷりのよさに、こいつはスポーツカーじゃないかと思った。といっても当時のぼくは、まだスポーツカーなるもののドライバーズ・シートには座ったことすらなかったから、スポーツカーがいかなるものか知ろうはずもなかった。ぼくは外国の雑誌などで見たMGやらトライアンフの写真に合わせて、頭の中でスポーツカーのイメージを作りあげ、「スポーツカーって、こんなふうなんだろう」と、勝手に想像をめぐらせていたにすぎない。

それはともかく、スバルはほんとうにすごいクルマだと思った。そして、欲しいなと思った。しかし、いかに安いとはいえ、四二万五〇〇〇円という価格は学生のぶんざいではとても買えるものではない。そこで、スバルに病みつきになったぼくは、図々しくもその工場のスバルが空いているときにはいつも「貸してください」と頼みに行くようになった。そして、ごく自然にスバルで工場の配送をただで請け負うというなりゆきとなり、しょっちゅうスバルに乗ることになる。

スバル360はいま思うと——当時はそんなことは考えなかったが——実にパッケージングが優れていた。この小さなボディにして、実にスペースユーティリティに富んでいるのだ。そのボディは四角いフルワイドボディではなく、まだ曲線のフェンダーラインを残しているものだったが、それをけっして無駄に使ってはいない。初期モデルはウィンドウが横方向のスライド式で、いまのクルマのように下には下がらない。ドアの内張りも鉄板にビニールのパッドをちょっと張っただけという簡便なものだったから、ドアの内側を薄くえぐり、そこに大きなポケットをつけることができた。これがけっこう便利だった。前開きのドアはガバッと開くのでとても乗りやすい。リアシートにも大人二人が乗れるから、その気になれば、少々つらいとはいえ、大人四人を乗せてぼくの得意の日光ぐらいは充分行けただろう。その工場の配送車としても充分実用たりえたのである。

それは空冷２気筒、２サイクルの小さなエンジンをリアに置いて、後輪を駆動するというレイアウトがもたらしたものである。スバル３６０の開発過程を記録した『てんとう虫が走った日』を読むと、スバル３６０の開発者、百瀬晋六さんの頭の中にはやはりフォルクスワーゲンがあったということだ。なるほど３６０のボディスタイルはなんとなくビートルを彷彿《ほうふつ》させるものがある。リアエンジンのクルマといえば、すでにこの時代、日本には日野のルノー４ＣＶが走っているから、さほど特殊なわけではないが、それでも３６０の考え方はいかにももと飛行機屋の富士重工らしいものである。

スバルはブレーキをふつうに踏んでも、前がギューッとえらく沈みこんだ。また、重いものを乗せると、ボディが乗せた側にグイッと沈みこんだ。ぼくが配送したその工場の製品はかなり重かったから、スバルはいつも傾きながら走ったものである。それもこれもサスペンションが柔らかいためである。いまふうにいえば、ショックアブソーバーのキャパシティが足りず、ダンピング不足だったのだ。しかし、それはサスペンションをできるだけ柔らかくして、当時、日本のほとんどの国道がそうであったゴツゴツの悪路を、「柳に風」式に受け流そうという理由があったのだ。そしてそれは正解だった。実際、360のフワフワとした乗り心地は絶妙であった。

弱点はブレーキが弱いことだった。ブレーキを強く踏むと、すぐにタイヤがロックして、ツーッと滑ってしまうのである。それはホイールが10インチ径と、きわめて小さなものだったからだ。それにしても、富士重工はよく10インチホイールでクルマを作る気になったものだ。小さなタイヤのマイナス面は多い。たとえば当時のような悪路に対して、ロードクリアランスが取れない、またホイールストロークも取りにくいなどの不利が生じる。しかし、小さくて軽いホイールを用いれば、バネ下荷重が軽くなり、必然的に乗り心地がよくなるという大きなメリットもあったのだ。

スバル360は2サイクル・エンジンだから、ガソリンにオイルを混ぜなければならない。初期のスバルはまだセルフミックス式のオートルーブを採用していなかったから、自分でガソリンとオイルを混合するか、ガソリンスタンドで、「混合」を入れてもらうのである。この2サイクル・エンジンの問題は、排気ガスが汚いということより、エンジンブレーキが効かないということである。

2サイクル・エンジンは、スロットルを閉じると、燃料がシリンダー内に行かなくなる。ということは、当然、シリンダー内にオイルも行かなくなるということだ。つまり、エンジンブレーキを長くかけると、エンジンが焼け付いてしまうのである。だから、長い坂道などを下るときは、できればエンジンに負圧をかけず、ニュートラルで下ってやったほうがエンジンにとってはいいのだが、それはなんとも危険だ。そんなことをしたらブレーキがすぐに焼けて、命がいくつあっても足りない。エンジンは安全でも命のほうが安全ではないということになってしまう。ぼくはスバルにかぎらず、当時の2サイクル・エンジン車で長い下り道を降りるときは、いつも途中でクラッチを踏んで、ブワッと吹かしてはブレーキ、また途中でブワッと吹かしてはブレーキという動作のくりかえしであった。

その後、スバル360は現在の2サイクル・エンジンを載せたオートバイなども採用している、セルフミックス式のオートルーブになる。そしてそれと同時にエンジンブレーキのさい、オイルだけはちゃんと回るようになった。実はこの2サイクル・エンジンの弱点については、一九六四年以来、スバルが日本グランプリに参加するようになって初めて思い知り、改良が加えられたのだ。

スバル360というクルマがすごいのはリアエンジン、トーションバー・システムの全輪独立サスペンションなど、当時のヨーロッパの最新技術をいろいろ盛り込んでいることもさることながら、それ以上にパッケージングやスペース効率ということについて惜しむことなく頭を使い、知恵を絞り、最大限の工夫がなされて作られているということにある。スバル360というクルマはほんとうにたいしたものだ。それはいかに絶賛してもあまりあるものがある。ぼくは百瀬さん以下、360を設計したスバルのデザイナーには心から敬意を表する。

もし、スバル360のようなクルマ作りをこれ以降の日本の自動車産業がしたならば、日本の自動車は、いや世界の自動車は大きく変わっていたはずである。しかし、残念ながら以後の日本のクルマ作りは、大御所たるトヨタ、日産が、やれゴルフが出たの、BMWが新しいのを出したのと、ドイツ車だけを気にしていればいいという安易なところにはまりこんでしまい、スバル360のようなエスプリのあるクルマ作りの思想を育てていくことはできなかった。ほんとうに惜しいことである。

360にはのちに、いろいろなボディのヴァリエーションが登場した。発表翌年の五九年には、早くもコンヴァーティブルが登場し、リアエンジンにもかかわらず後部がワゴンボディになっていて、サイド部分がパカンと開くコンビも登場するのだが、特筆すべきはこの360をベースに作られたサンバーというワンボックスカーである。これもまたスバル360に劣らず、素晴らしいクルマだった。

レーシングメイトを始めたぼくは、このサンバーの中古を買って仕事に使ったのだが、こいつは乗ってみると実におもしろいクルマだった。サンバーにはスライドドアなど、斬新なアイディアが随所に活かされていた。これはのちの日本車のワンボックスカーの基礎となったクルマといえよう。

弱点は雨が降るとすぐにエンジンがかからなくなってしまうことだった。電気のコード関係のクォーリティが低かったのである。あらゆるハイテンションコード、すなわち高圧電流が流れている電線の近くはさわることができない。へたにさわるとバシッと来て、危なくてしようがない。まったく困った。すぐにプラグがかぶってしまうから、ぼくはグローブボックスの中にいつも新しいプラグを三〜四本用意しておいた。なにしろ2気筒なものだから、1気筒が死んだらもう動かなくなってしまうのだ。雨が降ると、エンジンをかける前に、かならずハイテンションコードをきれいに布でふいたものだが、それでもよくかからない。しまいにはコードをビニールでおおったり、いろいろやってみたが、それでも雨が降るとダメだった。おそらくスバル360の初期型に乗っていた人たちは、皆この問題に泣かされたのではなかろうか。

スバル360はその登場以来一一年のあいだになんと四〇万台を生産した。これは当時のクルマとしては驚くべき数といえよう。スバルはスバル360一代でその時代を切り開き、日本のモータリゼーションの幕を切って落としたのである。いま見ても、スバル360というクルマは形といい性能といい、素晴らしいものがある。スバルが登場してのち、日本では軽自動車が年間一五〇万台も売れるようになるわけだが、スバルはその礎《いしずえ》を築いたクルマということができよう。

しかし、やがてそのスバルにも落日がくる。スバルが切り開いたモータリゼーションが発展し、サニーやカローラといった大衆車が登場するにおよんで、大衆は軽自動車を敬遠しはじめたのである。スバルの人気も自然に下火となっていった。その落ちはじめた軽自動車人気を回復するのはホンダのN360だが、このN360以降、軽自動車ははてしないハイパワー競争にはまりこんでいく。

今度のユーザーはヤング諸君ということで、そのご機嫌をうかがおうと、スバルもヤングSSなるリッターあたり一〇〇馬力にもなる、カリカリにチューンナップしたエンジンを載せた高馬力モデルを登場させる。しかし、そのときにはすでにホンダをはじめマツダ、ダイハツ、スズキといったメーカーがこぞって強力なライバルをぶつけてきており、スバルはもはや置いていかれつつあった。

こうした新興勢力に押されて、一九六九年、360は二代目のR2にモデルチェンジする。

　Ｒ２の最大の特徴は「おまえさん、そりゃないだろう」といいたくなるぐらい、そのスタイルが当時のフィアット６００そっくりだったことだ。ぼくがＲ２を初めて見たのは首都高速の上でだった。前を走っているフィアットを「おっ、珍しいな」と無意識に抜いたのだが、「待てよ、いまのはフィアットじゃないぞ」と急に気になった。そこでわざわざブレーキを踏んでやりすごし、並走して確認したところ、そいつがＲ２だったのである。さしものサル真似大国日本のクルマでも、このＲ２ほど外観をそっくりマネしたというのは他に例がない。ことによると富士重工はフィアットから金型を買ったんじゃないかと、口の悪い仲間は冗談をいっていた。

　といっても、そこに目をつむれば、そのデザインはけっして悪いものではなかった。ぼくは当時のクルマとしてＲ２はベストデザインだと思う。いまだったら爆発的な人気が出ているだろう。しかし、当時、おおかたの日本人が教育されていたデザインの主流はＮ３６０であり、フェロー・マックスであった。こうした四角デザインが主流のところでは、柔らかな丸みのあるＲ２のデザインはウケなかった。人々はＲ２のデザインを理解せず、その結果、Ｒ２は３６０に比べてごく短命に終わる。たとえフィアットのコピーとはいえ、Ｒ２にはスバルのよき伝統である「やさしい顔」がまだ残っていた。しかし、そのやさしい顔も次のレックスで、いまのおおかたの国産車に共通した、妙に威圧的ないかつい怒り顔に変身してしまうのである。

バイトでオート三輪K360をぶっ飛ばす

自動車というのは乗用車のことだけじゃない。トラックやオート三輪も立派な自動車だ。ここで少し、ぼくが乗ったオート三輪とトラックについてもふれておこう。オート三輪といっても、いまの若い人は聞いたことはあっても、まず見たことはないだろう。オートバイの後部にリヤカーをつけたような形の軽便な三輪トラックである。この通称「バタンコ」は、もとがオートバイのようなものだから、運転手はガソリンタンクのうえにまたがり、バーハンドルを握って走るというスタイルだった。アクセルはオートバイのようにハンドルについている。横にちょこんと小さな折りたたみ式の助手席があって、事故が起きるとたいていその助手席の人が犠牲になったものだ。

以前、中国に行ったとき、広州の街にはこのオート三輪がやたらたくさん走り回っていた。東南アジアやインドにもオート三輪のタクシーがあるという。一種のアジアカーなのだろう。戦後の日本の街もこのオート三輪の花ざかりであった。昭和二十年代から昭和三十年代にかけてマツダ、ダイハツ、くろがね、水島、ジャイアント、オリエントといったオート三輪メーカーは激しく覇を競い合い、その中では戦前から長い歴史を誇る三輪メーカーであるマツダがもっとも大きなシェアを占めていた。わが水戸郊外にも、マツダのえび茶色の、猫のような顔をしたバタンコが、あちこちでバタバタ走り回っていたものである。

激しいシェア争いの中で、戦後の日本のオート三輪は急速に進化していった。最初は空冷、2気筒、2サイクル・エンジンで、その名のとおりバタバタバタバタとヴァイブレーションのかたまりだったオート三輪も、だんだん水冷、マルチシリンダー・エンジンを積んで、近代化、大型化していく。マツダは早ばやとオートバイのようなバーハンドルを捨て、スティアリングホイールを採用した。ホロがけで吹きさらしだった運転席も、全天候型のフルキャビンへと発展する。当時、小杉二郎さんというすぐれたデザイナーがいて、R360などのマツダ車のデザインに腕を振るっていた。そのためだろう、マツダのオート三輪は、アメリカ車のようにラップラウンド・ウィンドウを採用したりして、並みいるオート三輪のなかでもとりわけカッコよいスタイルを誇っていた。

三輪トラックにはメリットとデメリットがある。三輪だとハンドルが切れるので、狭い路地や山道でも楽に入って行ける。たとえば山から木材を運び出す林業などの場合、オート三輪は意外と重宝する。しかし、急斜面をくねくね走ると三輪では転倒する危険が高い。とくにバックでハンドルを切る場合が危ない。進行方向の反対側が一輪となると、バタッといきやすいのである。オート三輪はそこが泣きどころであった。

四輪となれば、こうした不安定を解消することができるし、また一輪当たりに受ける荷重も小さくなるので、当然、積載量を増やすことができる。そんなわけで、かほど隆盛を誇ったオート三輪も急速にその姿を消し、四輪トラックへと替わっていくのだが、そのオート三輪が四輪トラックへと切り替わっていく時期に、マツダやダイハツ、あるいは三菱（当時は三菱重工の水島製作所がオート三輪を作っていた）は安価で軽便な軽自動車の三輪トラックを売り出し、大当たりする。それがダイハツのミゼットであり三菱のレオであり、このマツダのK360であった。

その嚆矢《こうし》となったダイハツのミゼットは、すごい商品だった。当時、日本の流通業界にきわめて大きな衝撃を与えた、画期的な軽三輪である。ミゼットはそれまで荷物を運ぶのにリヤカーだ、自転車だと、人力に頼っていた街の商店の仕事を大きく変えた。後ろの荷台に大人がひとり座ればもうそれで終わりというぐらいの小さなクルマだが、それでもビールの四～五ケースぐらいはらくらくと運べる。酒屋さんひとつとってみても、ほんとうにミゼットの出現は朗報だったろう。ミゼットは野火のように広がっていき、それを見ていたマツダも急遽《きゆうきよ》、軽三輪を作る。それがマツダK360である。

クルマの購入資金を貯めるために松屋の配送のアルバイトをしたことは前にも書いた。同じアルバイトでも軟派なニヤけた野郎は、背広なんぞを着て、デパートガールの大勢いる店内の仕事をやりたがるのだが、硬派な学生は煮しめたようなタオルを首に巻いて、重い荷物自転車にまたがり、汗ぐしょでお中元の配達をやったものだ。ただ、これがモテないのだ。汗くさいし汚いしというわけで、デパートの女の子たちはぼくら配送の学生が近寄っていくと露骨にイヤな顔をする。チキショウ、店が終わったら、店内担当の野郎どもを裏へ呼び出してぶん殴ってやろうかと思った。

それでもぼくは免許を持っていたおかげで、照りつける夏の太陽の下、汗をかきかき自転車をこがなくてもよかった。最初から運送会社のトラックでビュンビュン都内を駆けめぐったのである。そのとき乗ったトラックが、このK360とトヨタのトヨエースだった。

トヨエースはハイエースの前身で、シトローエン2CVのコンセプトをそのままトラックにしたような四輪トラックである。クジラのヒゲのようなフロントグリル、キャビンはトタン板のような鋼板で作られている。ギアはノンシンクロだったから、いちいちダブルクラッチを踏んでやらねばならない。値段が安かったのでかなり普及し、トラックの国民車と呼ばれていた。トヨタはこのトヨエースでずいぶん儲けたことと思う。

このトヨエースの荷台にお中元を満載し、ホロをかけてビビーッと飛ばす。腕に覚えのあるぼくは、大宮前配送所までの水道道路を得たりとばかりにフルスロットルの毎日であった。このトヨエースというクルマはおもしろい。なんとなればちょっと飛ばすとすぐに滑るのだ。雨のそぼ降る日、新橋の大通りでガアーッと派手にスピンして、周囲の通行人をびっくりさせたこともあった。

しばらくすると、そんなぼくの運転ぶりがその配送所で評価されて、「あいつは運転がうまい」との定評が立った。そしてぼくはあろうことか、運送会社の社長のお嬢さん付き運転手にされてしまった。社長のオースチンで、お嬢さんを千鳥ケ淵《ちどりがふち》にある小学校までしずしずと送り迎えをしろというのだ。まあ仕事が楽でいいやと引き受けたが、なにせ乗せているのが小さな子どもときているから飛ばすわけにもいかず、退屈でしようがない。送り届けてカラになってからは、ガーッとぶっ飛ばして戻ったりしたが、それでも、また乗せてゆっくり走るのはガマンならない。そこでぼくはいろいろと画策して早々に配送部のトラック部隊へとふたたび配置替えしてもらった。そしてまたもやトヨエースでビュンビュン、の世界である。

その運送会社は永代橋を渡ったところに車庫があり、その車庫と日本橋の本社とのあいだの連絡にＫ３６０を使っていた。Ｋ３６０は丸ハンドルの二人乗りで、とても軽トラックとは思えないモダーンなデザインであった。カラーもピンクとクリームのツートーンと、ずいぶんしゃれていた。

ところが、乗ってみるときわめて危ない。飛ばしているあいだはスティアリングに両手の神経を一二〇パーセントそばだてて、前一輪がどういう状態にあるかを、いつも気をつけていなければならない。へたをすると、すぐにコロンと転倒してしまうのだ。飛ばすといっても、せいぜい60～70㎞／ｈがいいところなのだが、スピード感満点である。このクルマはとてもおもしろかった。お嬢さんを乗せてしずしず走りのオーステチンなんぞ、Ｋ３６０のフルスロットルに比べたら問題じゃなかった。

このＫ３６０とトヨエースは、ぼくのカーライフの中でも見事なもんだったといまでも思う。あの時代は、クルマに乗れればなんでもよかったし、なんでも感動できた。当時のぼくはただの暴走族だったから、いまさら偉そうなことはいえないが、スピードの魅力というのは相当のものだ。そして自動車からスピードを奪うということは、ほんとうに難しいことだなあと思う。といってもそれは絶対速度のことじゃない。40㎞／hじゃダメで300㎞／hならいいというわけじゃないのだ。この時代、自動車というものがいいところ70㎞／hぐらいしか出ないところで、40㎞／hか50㎞／hも出すことができればそれで大将だった。そういうものなのである。

K360は現在、マツダの博物館に残されている。ぼくはそれを見るたびにスティアリングをそっと握ってみて、「ああ、これだったたな」と思う。そいつはいま見てもとてもいいデザインである。

かっこだけのキャロルはぜんぜん走らなかった

スバル360の対抗馬として、一九六二年に登場したキャロルは、その大胆なスタイリングでぼくをびっくりさせた。当時、イギリス・フォードの小型車にアングリアというクルマがあった。それはクリフカットという、リアウィンドウを後ろの方に逆傾斜させたデザインを採っていたのだが、キャロルはそのアイディアをそのままいただいていたのである。リアウィンドウを後部座席に座るパッセンジャーの頭の角度に合わせて逆カットしているわけで、小型車としてはなかなか妥当なアイディアである。

当時、このクリフカットはアングリアだけでなくリンカーンやシトローエンのアミ6などにも採用されていた。

さらにキャロルが2ドア版だけでなく、4ドア版を作ったことも驚きだった。強敵スバルは、あのボディでは4ドア版を作るのは不可能である。そこでマツダはより自動車らしい4ドア版をぶつけて勝負しようと思ったのだろう。エンジンもすごい。4気筒、4サイクルのオールアルミニウム・エンジンであった。アルミニウムなら熱交換もいいし、軽く作れるというわけだ。

ところが、このキャロルもまた意あって力足りずのクルマであった。ボディが重すぎるので、ともかく走らないのである。ぼくは助手席に人一人乗せて、このクルマを運転したことが二回ほどあるが、エンジンをいくら回しても、ピーピー、ピーピー泣き叫ぶだけで、まったく走ってくれない。〝ピーピー・カー〟なのだ。かたやスバルの重量は385kg、対するキャロルは525kg。これじゃいくらアルミエンジンでも走らないわけである。

キャロルはのちにこのボディに600ccエンジンを載せ、日本グランプリに出場してくる。しかしこのときもまた、やたらめったらに遅かった。サーキットのキャロルはいつも後ろのほうをトコトコ、トコトコと走っていた。おかげでキャロルはカッコばかりという評判が立ってしまい、その命運は長く続かなかった。しかし、ことボディ・スタイルだけを見れば、こんなに可愛いクルマはそうザラにない。もし、いまこんなスタイルのクルマがあったら、けっこう人気を呼ぶのではなかろうか。

珍なるクルマ、フェロー・マックス2ドア・ハードトップ

フェロー・マックスはたまげたクルマだった。なんと2サイクルの360ccエンジンで、40馬力も出していた。リッターあたり100馬力どころじゃない。とんでもないカリカリチューンのクルマだったのである。ぼくはこのフェロー・マックスをダイハツの広報から借り出して乗ったのだが、走り出してまもなく、エンジンをストールさせてしまった体験がある。

ダイハツの広報車は佃大橋を渡ったところの工場で借りるのだが、その日、ぼくはそこでフェローを借りて、銀座方面に向かった。この手のチューンカーはレーシングカーのように、神経をつかって乗らないといけない。ところがぼくは、清澄通りを曲がろうとしたところで、つい油断してガバッとスロットルを開けてしまった。すると、パッパッ、タッタッ、パッパッパッといって、ハイおしまい。プラグがかぶり、もう

二度とエンジンはかからなかった。ダイハツを出てからまだ二分もたっていない。わずか二〇〇メートルのところであった。

ぼくはフェローをその場に置いたまま、タッタッタと二〇〇メートル、ダイハツまで駆け戻って新しいプラグをもらってきて交換、ふたたび走りだしたのである。このフェロー・マックス、カーン、カーンとエンジンを思いきり回してやり、小まめにシフトをくりかえしてやって走るのだが、なにせボディが重いのでまったくスピードに乗れない。カタログ上の40馬力が泣くクルマであった。

もうひとつこのクルマでびっくりしたのは、下がライトブルー、上がベージュのビニールトップという派手ないでたちもさることながら、なんと軽自動車にして2ドア・ハードトップというボディを採っていたことである。くわえて内装のなんともきらびやかなること。ついに日本のクルマもここまできたかと、あきれて開いた口がふさがらないクルマだった。

当時、軽自動車はホンダのN360ブームで勢いを取り戻し、ガーッと盛り上がっていたころで、ダイハツはわが社も負けるなと、必死にヤング路線を走っていた。それがゆえのハイパワー、ハードトップ・ボディだったのだが、本来ダイハツというメーカーは、軽便、安価なミゼットという経済車で大当たりしたメーカーである。〝河《かわ》内《ち》カー・メーカー〟、〝もうかりまっカー・メーカー〟なのだ。ところが、そういうメーカーにかぎって、往々にしてこういうクルマを作りたがる。自分たちのいま作っているクルマに、あれやこれやとすべてのものを盛り込んで、「最高」をやってしまうのである。たとえばシャルマンを作ると、クラウンのようなシャルマンを作ってしまうというように。

さすがにダイハツはその愚に気がついて、のちのシャレードではそうした愚行を断ち切るのだが、こうした愚行はダイハツだけでなく、当時のトヨタも日産もホンダも、どこのメーカーもそろっておこなったことである。日本のメーカーがいかにこぞって、くだらないことをやったか、その恥ずべき記憶を込めて、フェロー・マックス２ドア・ハードトップなるモデルは、長らく日本の自動車工業の歴史に記憶されるべきであろう。

残念ながらこの九〇年代に至っても、三菱やマツダのようにいまだにそのレベルを卒業できずに妙なところをウロウロしているメーカーもある。また日産もときどき、この時代に逆戻りしたかのようなクルマを出す。そしてトヨタはそれを最初からわかっていて確信犯的なクルマを出し、マーケット狩りをやっている。最近登場して、そこそこマーケットで人気を得ているマリノ／セレスなど、このフェロー・マックス２

ドア・ハードトップへの先祖返りみたいなものである。

カバのお尻のようなスタイルのスズライト

オートバイ・メーカーのスズキが四輪車を手がけたのは、ホンダよりずっと早くからのことだ。一九五五年には、すでに最初の軽自動車の四輪モデルを発表している。ぼくはそのもっとも初期のモデル、スズライトを水戸近郊のわが町で目撃している。わが家がおなじみの鈴木理髪店の前に小さなスズライトが鎮座していたのだ。

スズライトはそういっちゃかわいそうだが、カバのお尻のようなリアスタイルが、なんとも印象的であった。このカバのお尻のようなボディスタイルは、当時イギリスで流行《はや》ったベントレーとかアルビスといったスポーティなクルマたちが好んで用いた、エアライン・サルーンをパクったものである。しかし、なにせクルマの大きさがベントレーなどの三分の一あるかないかだから、せっかくのエアライン・サルーンも、なんだか遊園地のオモチャの自動車のようであった。当時のぼくの習性で、このクルマも室内をのぞいたのだが、たしかコラムシフトだったと記憶している。

初期のスズライトは2サイクル・エンジンで、なんとFF車だった。このころのスズキの作るクルマはいまとはポリシーが違っていて、なにか夢があったように思う。

ちなみにスズキの作っていたコレダ号というオートバイは（スズキの幹部に聞いたところ「やっぱり、これだよ」からとって、コレダ号にしたのだという）、当時の日本製としてはいっぷう変わっていて、アメリカ車的な色彩の強いものだった。当時、ライバルのホンダは、どちらかといえばヨーロッパのMVアグスタのようなモデルを作っており、趣味のよいヤマハは、もうヨーロッパそのものだった。ところが、コレダ号の250ccは、シートの前のほうから太いクロームメッキのモールディングがずっと来て、リアシートの横でピンと立ち上がって、その後ろにテールランプがつくという、まるでキャディラックのようなデザインであった。このコレダ号250ccのデザインを見ると、スズキという会社は、ほんとうは自動車が作りたいのだなということが、はっきりと見てとれる。

やがて後発のスバル360が大ヒットすると、一九六二年にはスズライト・フロンテ360が発売される。これはなかなか先進的なデザインの、ミニをさらに小さくしたようなボディのFF車で、後ろに小さなトランクを持っていた。

ぼくがフロンテを意識するようになったのは、一九六七年に登場した二代目のスズキ・フロンテからだ。それまでFFだったフロンテは、この二代目になって突如リアエンジン・リアドライブに豹変する。このフロンテは当時の軽自動車のなかではベストといえるクルマである。当時、バカ売れしていたホンダＮ３６０は、いかにも軽自動車であったが、このフロンテは立派な自動車といえるものだった。２サイクルの３気筒エンジンがスムーズでよかったし、丸っこいボディスタイルもなかなかカッコよかった。

さらにスズキは七一年に、三代目のフロンテをベースに、軽自動車のパーソナルカーとでもいうべきフロンテ・クーペを出す。３６０ccで37馬力という高性能車だ。ぼくはこのクルマを借りたとき、夕方から湘南へ遠出して、このクルマの実力を試したことがある。葉山のあたりの狭くて曲がりくねった道をこれで走ると、まず、かなうものはなかった。当時、湘南にはベレットＧＴやらブルーバードＳＳといったすごいクルマに乗っているあんちゃんたちが大勢いたが、すべてこのフロンテ・クーペでぶっちぎりであった。そいつは実に痛快で、ぼくはフロンテ・クーペをほんとうにスポーツカーだと思った。

やがて排気ガス規制が始まると同時に、スズキは得意の２サイクル・エンジンをあきらめざるをえず、４サイクル・エンジンへと移行していく。そして、二世代続いたフロンテのリアエンジン・リアドライブも、初代アルトのときに、初心のＦＦへとふたたび回帰するのである。

若者を熱狂させたホンダのヒット作、ホンダN360

ホンダの創始者、故本田宗一郎さんはとにかく真似の嫌いな人で、ふだんから部下にも「真似だけは絶対にするな」といいつづけていたという。本田さんの真似ぎらいのエピソードにこんな話がある。

二代目のインテグラを出す直前のことである。開発責任者が「今度はこんなクルマになります」といって、本田さんに新しいインテグラを見せた。ところがこのインテグラは、どうも新しく登場してバカ売れしていたシルビアにリアスタイルがそっくりだったらしい。本田さんは、ものもいわず、いきなりインテグラに飛び蹴りを食らわし、テールランプを叩き割ってしまった。このときの本田さんの怒りはものすごかったらしく、ホンダの経営陣はあわててインテグラの発売時期をずらし、リアスタイルをデザインし直したそうだ。

本田さんはしじゅう「真似はいかん」「オレは真似はしない」と口グセのようにいっていたそうだ。ぼくも本田さんには数回インタヴューしたことがあるが、そのたびに「真似はいけませんよ」とおっしゃっていた。しかし、それだったらN360はどうなんだと思う。ぼくはとうとう本田さんに面と向かってはいえなかったのだが、あれがミニの真似じゃなかったら、なんなんだろう。

日本製の真似となると絶対に許せない本田さんも、外国の真似となると許すのである。本田さんはきっと、いいものを見ると、「これはいいよネ」と、心から気に入って真似してしまうのだ。それは本田さんがクルマに対して、いつもホンネで接してきたからだろう。

N360が登場するまで、ホンダは国内の四輪マーケットではヨロヨロの状態だった。マニアには評判のS600もS800も、たいした数は売れないし、なんとDOHCエンジン搭載という軽トラックのT360も、はかばかしい成績ではなかった。当時のホンダ念願の四輪進出も、企業としては必ずしも満足のいくものではなかった。当時のホンダは二輪の売り上げで食っていたから、鼻息の荒い二輪部門からは当然、「四輪なんてやめちまえ」との声が上がってくる。「おれたちが儲けた金を、お前たちがムダ遣いしている」と、四輪部門の人たちは面と向かっていわれ、誰もが肩身の狭い思いをしていたという。

そんなときにホンダの窮地を救ったのがN360である。一九六七年の登場と同時に、N360は当時の若者たちの気持ちをつかみ、若者たちはこぞってN360に乗った。これほど日本の若者を熱狂させたクルマは、そうザラにはない。それを支えたのが、空冷、2気筒、360ccのOHCエンジンだ。こいつはビュンビュン回って、31馬力を絞りだし、N360をなかなか速く走らせた。乗ってみると、シフターがシトローエン2CVのように、フロントパネルについている。そのデザインは間違いなくミニだが、日本でスバル以降、FFの軽自動車でこれほどパッケージのすぐれたものはそう多くない。大人四人が乗れ、エンジンはうるさいが、ガマンすればこのクルマで遠いところまで行けた。当時こいつで遠距離旅行をした若者はけっこう多いはずである。

ホンダはこのN360を大ヒットさせ、下火となりつつあった軽自動車人気をふたたび盛り上げる。そしてこのクルマをきっかけに、今日までの日本の軽自動車マーケットは確立されていくのである。のちにN360は転倒しやすいということで欠陥車騒動を引き起こすが、それはどんなクルマでもその可能性はあるのであってN360だけに限った問題ではないと、ぼくはいまでも信じている。

ホンダはN360のあと、後継車のホンダ・ライフをはじめ、リアウィンドウがテレビのブラウン管のような形のホンダZ、ドイツのキューベルヴァーゲンに近いアイディアのバモス・ホンダ、少々毛色の変わったワンボックスカーのステップヴァンといった軽自動車をどこどこと作ったが、だんだん厳しさを増してきた排気ガス問題に対応するために、一九七四年をもって、軽自動車の生産を中止する。ホンダがふたたび軽自動車を作るようになるまでには、以後、一〇年を待たねばならない。

フライング・フェザー

①1955年、②2767×1296×1300㎜、③1900㎜、④425kg、⑤水冷V型2気筒OHV、⑥350cc、⑦12・5ps／4500rpm

フジキャビン

①1955年、②2900×1250×1270㎜、③2000㎜、④130kg、⑤空冷単気筒2サイクル、⑥125cc、⑦5・5ps／4200rpm

マツダR360クーペ

①1960年、②2980×1290×1290㎜、③1760㎜、④380kg、⑤空冷V型2気筒OHV、⑥356cc、⑦16ps／5300rpm、⑧2・2kgm／4000rpm

スバル360（K111）
①1958年、②2990×1300×1360㎜、③1800㎜、④385kg、⑤空冷直列2気筒2サイクル、⑥356cc、⑦16ps／4500rpm、⑧3・0kgm／3000rpm、⑨42・5万円

スバルR2（K12）
①1969年、②2995×1295×1345㎜、③1920㎜、④445kg、⑤空冷直列2気筒2サイクル、⑥356cc、⑦30ps／6500rpm、⑧3・7kgm／5500rpm、⑨37・8万円

ダイハツ・ミゼット（DKA）
①1957年、②2540×1200×1500㎜、③1680㎜、④306kg、⑤空冷単気筒2サイクル、⑥249cc、⑦8ps／3600rpm、⑧1・8kgm／2400rpm、⑨19・8万円

マツダK360
①1959年、②2975×1280×1430㎜、③2060㎜、④485kg、⑤空冷、⑥356cc、⑦11ps、⑧2・2kgm

マツダ・キャロル360
①1962年、②2980×1295×1340㎜、③1930㎜、④525kg、⑤水冷直列4気筒OHV、⑥358cc、⑦18ps／6800rpm、⑧21・0kgm／5000rpm、⑨37万円

ダイハツ・フェローMAXハードトップ（L38PE）①1971年、②2995×1295×1245㎜、③2090㎜、④495kg、⑤水冷直列2気筒2サイクル、⑥356cc、⑦40ps／7200rpm、⑧4・1kgm／6500rpm、⑨47万円

スズライトSS

①1955年、②2990×1295×1400㎜、③2000㎜、⑤空冷直列2気筒2サイクル、⑥359cc、⑦16ps／4800rpm、⑧3・2kgm／3200rpm、⑨42万円

スズライト・フロンテ360（TLA）

①1962年、②2990×1295×1360㎜、③2050㎜、⑤空冷直列2気筒2サイクル、⑥359cc、⑦21ps／5500rpm、⑧3・2kgm／3700rpm、⑨39・8万円

スズキ・フロンテ360（LC10）

①1967年、②2990×1295×1330㎜、③1960㎜、⑤空冷直列3気筒2サイクル、⑥356cc、⑦25ps／5000rpm、⑧3・7kgm／4000rpm、⑨37・7万円

ホンダN360

①1967年、②2995×1295×1345㎜、③2000㎜、④475kg、⑤空冷直列2気筒OHC、⑥354cc、⑦31ps／8500rpm、⑧3・0kgm／5500rpm、⑨31・5万円

ホンダZ（N360）

①1970年、②2995×1295×1275㎜、③2000㎜、⑤空冷直列2気筒OHC、⑥354cc、⑦36ps／9000rpm、⑧3・2kgm／7000rpm、⑨42・6万円

第5章

消えてしまったクルマたち

生意気にも三菱500の設計者に意見をする

戦後の三菱自動車というと、かならず語られるのが、米ウイリス社のパテントを得て一九五三年からノックダウン生産が始まったジープだが、これより先の一九五一年から三菱がカイザー・フレイザー社のヘンリーJという小型乗用車を作っていたことは、意外と知られていない。当時のアメリカ車はかなり巨大であったから、ヘンリーJは小型といっても、いまのマークⅡぐらいのサイズだった。小型乗用車のマーケットが育っていなかったアメリカではまだ時期尚早で、結局マーケット的には失敗作だったのだが、それを日本に持ってきたというわけである。

ヘンリーJは日本でもあまり売れなかった。その理由は、このクルマが左ハンドルのうえに2ドアボディしかなかったからである。当時の日本の民間での自動車需要はハイヤー、タクシー業界がすべてといってよかった。業者としては高い値段を出して、わざわざ2ドア車を買う必然性はなかったのである。

ある日、おやじの会社に三菱のセールスマンがこのヘンリーJに乗って来た。ちょうど一九四八〜四九年あたりのキャディラックをそのまま縮小したようなファストバック・クーペで、コラム3速の4気筒エンジン、色はライトブルーだったと思う。ぼくは、一見して、ほんとうにいいナと思ったが、おやじはそのセールスマンをまったく相手にしなかった。せっかく乗ってきたヘンリーJなのに「そいつはダメだな」といって、一瞥《いちべつ》だにしないのである。

そのセールスマンは、キザでにやけた男で、靴をピカピカに光らせていた。といっても、彼だけがそうだったわけではない。当時の外車のセールスマンというのは、誰もがそうだったのである。ヘンリーJに乗りたかったぼくが未練がましく助手席をなでていたら、そのセールスマンは「坊ちゃん、走りましょうか」とお世辞をいって、ぼくを横に乗せて走ってくれた。

当時、アメリカ車というのはほんとうに燦然と光り輝いていた。話は脱線するが、このヘンリーJの他にもう一台、当時のぼくの度肝《どぎも》を抜いたクルマがある。一九五〇年のフォード・コンヴァーティブルである。

そのころおやじの鉄砲撃ちの仲間で、このコンヴァーティブルに乗ってやって来るおじさんがいた。ずいぶん羽振りのいいおじさんだったが、おやじはその人のことをあまりよくいっていなかった。きっとヤミなんぞで儲けた人なんだろう。そのおじさんはこのコンヴァーティブルでやってくると、よく、オープンのままドーンとわが家の車庫に入れていたものである。このコンヴァーティブルがやってくると、ぼくは嬉しくて嬉しくて、一日中そいつにペタペタと触っていた。ボディの色は忘れてしまったが、内装が黒の勝った暗褐色の革張りだったことだけはよく覚えている。

ぼくがこのクルマに心底びっくりしたのは、なんとトップの開閉が自動式だったことである。その日は夕方近くから雨が降ってきて、おやじたちは鉄砲撃ちをやめて帰ってきたのだが、そのおじさんは、「これが調子悪くてなあ」といいながら、油圧式のトップを閉めたのである。ブーン、ガチャーンと屋根が閉じるのを見て、ぼくは「ほんとうにすごいなあ、いいなあ」と度肝を抜かれ、「なんでおやじはこういうのを買わないのだろう」と思ったものである。

このフォードの五〇年式コンヴァーティブルとはえらく因縁がある。のちにぼくが成城大学の自動車部に入ったとき、先輩に中村さんという人がいた。のちの中村環境庁長官の実弟である。その中村一家の息子たちが、このフォードのコンヴァーティブルに乗っていたのだ。ちなみに中村さんのおやじさんは成城大学の理事長で、五七年のキャディラック60スペシャルに乗っていた。

中村さんは、ぼくよりはるかに自動車についてくわしく、自分でキャブレターの分解、組み立てをこなしてしまうような人だったが、なぜかぼくをすごく可愛がってくれ、そのフォードによく乗せてくれた。中村さんは「杉江君、一緒に帰る?」といってぼくを乗せると、よく「オープンにしましょう」といって、例の自動トップを開き、成城の住宅街を70㎞/hでバーッと突っ走ったものである。この中村さんは卒業後一〇年もたたないうちに、若くしてガンで亡くなってしまった。

フォードほどではなかったが、わが家にやって来たヘンリーJのインパクトは、相当なものがあった。中古のシヴォレーとみじめな国産車ばかりだったわが家に、光り輝く新車のアメリカ車がやって来るというのは、ほんとうにすごいことだったのである。

しかし、ヘンリーJの生産は三菱にとってはうまみがなかったらしく、生産開始からわずか三年で、三菱はその生産を中止してしまう。ヘンリーJ以後ぼくは三菱車の記憶がない。ぼくがふたたび三菱車に出会うのは大学三年になってからだ。

大学三年の夏休みも近くなったある日、大学の学生課に変なアルバイト募集の張紙が貼られた。仕事の内容は「三菱重工で自動車の販売調査をする」というものであった。どんな仕事かはわからなかったが、ぼくはさっそく三菱重工本社に行った。当時の三菱自動車はまだ三菱自動車とはなっておらず、正確には新三菱重工の自動車部門だったのである。

三菱のビルの暗い一室にはすでに二、三人の女性をふくめて十数人の学生が集まっていた。そこで初めて仕事の内容がわかった。三菱500をデモ・カーに使って、三菱500のユーザー調査をやるというのだ。おそらく三菱は、この一九六〇年に売り出した三菱500が思うように売れないのに業をにやしたのだろう、学生を使って見込み客《プロスペクト》の開発と同時にマーケティングをしようというのであった。期間は三カ月、二週間に一度渡される日当は、当時の水準でもけっして高いとはいえなかったが、デモ・カーの三菱500を自由に乗り回していいという条件が魅力だった。

一も二もなく、ぼくはやることにした。担当の社員にやらせてくださいというと、ぼくは浅草の東京菱和自動車という販売会社にまわされた。そこがこのプロジェクトの本部だったのである。当時、浅草は靴のメッカで、安くていい靴がたくさんあった。ぼくはすでにいまの女房とも付き合っていて、その彼女が靴を欲しいというので、このアルバイトで給料をもらうとよく靴を買ったものである。

朝、菱和自動車のオフィスに行くと、三菱重工や菱和自動車の担当者から出されたいろいろな調査項目を印刷した調査用紙が用意されている。そこにはその日に聞き取りに行くべき相手の住所が五軒ほど書いてあって、そのメモにしたがって調査に行く。調査項目は「あなたは自動車を持っていますか」から始まっていろいろあるのだが、最後に、もしその相手が三菱５００に興味を持つようだったら、担当のセールスマンに報告することになっていた。要するにセールスマンの手先というわけである。

「はい、これが杉江君の」といって渡されたのはベージュ色で、内装は暗い赤のビニールの三菱５００であった。軽自動車でもなければほんとうの小型車でもないこのクルマの元は、きっとドイツのロイトだと思う。リアエンジン、全輪独立サスペンションと、凝ったメカニズムを採っており、この時代からの三菱のよき伝統で、つくりがていねいなクルマだった。ぼくが気に入ったのは、同じ2気筒でもスバルの2サイクル・エンジンと違って、4サイクルだったことだ。ぼくはスバル３６０のエンジンが2サイクルだということが気に入らず、これが4サイクルだったらなあ、といつも思っていたのだ。

きっと、当時の三菱商事とか、三菱銀行の部長クラスのサラリーマンが最初のマイカーとして、このクルマを買ったのだろう。ぼくは、出社するといつもこのクルマをワックスで磨いたが、会社の人はそれを見て「杉江君はクルマの扱いが慣れているネ」と、ほめてくれたものである。

ぼくはこの三菱500に乗ってどこへでも行った。朝、訪問先のリストをもらうと、すぐに会社を飛び出し、パタパタッと五、六軒を終えて、さっさとどこかに遊びに行った。一度、横浜のほうへ遠出して、帰りに遅れそうになり、飛ばしに飛ばして帰ったことがある。三菱500は加速するとキュッと尻が下がり、ブレーキを踏むと突っ立つようにして止まった。このときはずいぶん乱暴な運転をしたが、このクルマはサスペンションがいいなと思った。

三菱500のフィールはちょうどスバル360によく似ていたが、スバルより140ccエンジンが大きかっただけ、余裕があった。シフトパターンもスバルと同じ横H型である。スティアリングやシフトは、なんだか手応えがなく、すべてがフニャフニャッとしていた。水戸の家に帰ってクラウンやダットサンに乗ると、ぼくは三菱500のフニャフニャした、妙に手応えのない感触が懐かしくなったものだ。なんだかんだで、結局五〇〇〇キロは乗ったと思う。もちろん、途中で立ち往生することなど一度もなかった。

他の学生たちは、ただお金をもらうためだけに働いていたが、ぼくはちょっとばかり動機が違っていた。ぼくはしばらく三菱500に乗ったあと、担当の社員に一度、三菱500を設計している技術者の人たちに会わせてくれないかと頼んだ。すると担当の、東大卒だという青年社員は、なんとぼくを設計者のおじさんたちに会わせてくれた。そして——いまから考えると噴飯ものの話だが——ぼくはその設計者のおじさんたちに、ぼくのまとめた三菱500の試乗レポートを進呈した。くわえて、ぼくはおじさんたちに、いくつかの新しい提案もした。すると、おじさんたちは大まじめに、まだ二十歳になったばかりの若造の提案を聞いてくれた。

ぼくは紙の上に三菱500はこういうデザインにするべきだと、絵を描いて一生懸命説明した。いまとなっては恥ずかしくて顔から火の出る思いだが、ぼくは真剣だったのである。それは当時、ぼくが心酔していたピニン・ファリーナそっくりのデザインであった。当時のぼくは三菱500のボディスタイルが、いやでいやでしかたなかったのだ。いまのぼくは、三菱500のデザインはなかなかのものだと認めているのだが、この当時は「これじゃ、クルマは売れないよ」と信じて疑わなかったのである。

いま見ると、三菱500のデザインはけれん味がなくてなかなかいい。しかし、人の気持ちというのは不思議なものだ。その当時は、どうしてもそうは思えなかった。当時のピニン・ファリーナに憧れていたぼくには、いかにもカッコ悪く、貧乏たらしいクルマにしか見えなかったのだ。

このマーケティング作戦にもかかわらず、三菱500はマーケットから受け入れられず、わずか二年ほどでその短い生涯を終えていった。この三菱500といい、スバル1000といい、あるいはパブリカといい、来るべきオーナードライバー時代を予見して作られた草創期の日本車は、どれもみな意欲的な力作であった。しかし、そのどれもが成功しなかった。当時の大衆はもっと自動車らしい自動車を、さらに自動車らしい自動車を望んだのである。

当時のマーケット構造は、クルマを買える層は三菱500よりもっとずっといいクルマを買ってしまう。そして、買えない層はしょせん買わないという形になっていた。三菱500のようなクルマは売れようはずもなかったのである。

ベレルは出たときにすでに命脈が尽きていた

一九六一年に発表されたベレルは、いすゞが当時のセドリック、クラウンにぶつけた国産フルサイズカーである。そのスタイルは米欧折衷型だが、クラウンやセドリックに比べると、ずっとヨーロッパ寄りといえるだろう。

ベレルはタクシー業界ではきわめて評判が悪かった。まず、ボディワークが悪いので少し走るとすぐガタガタになってしまう。また、ベレルにはガソリンエンジン版といすゞお得意のディーゼルエンジン版とがあったが、このディーゼルがノイズとヴァイブレーションのかたまりで、ガーラガラ、ガラガラ、ガーラガラ、ガラガラとえらくうるさいのである。まるで走るガタクリ戦車であった。これでは営業車としては致命的だ。まず運転手さんがついてくれないからである。せっかくいすゞがつちかった上品な、いい家庭のお嬢さんっぽいイメージは、このベレルで一挙に地に落ちてしまった。

これは伝聞だが、当時のいすゞというメーカーは、何よりも技師の地位が高かったという。どのくらい地位が高いかといえば、運転のような下賤な仕事はできないということで、技師はテストドライブを自らしようとしなかったというのだ。完成した試作車を走らせるとき、技師はリアシートに乗って、そこから「サードにいれて、その坂を上がってみろ」「トップに入れて全速で走れ」などと、テストドライバーに命令したのだという。本当かどうかは知らないが、いかにもいすゞらしい話ではある。

日産はオースチンから見事セドリックへの転身をはかることができたが、ことい すゞと日野については、うまくいかなかった。いすゞのベレルは皮肉にも、なるほど外国のクルマはすぐれていたんだなという証明になってしまったのである。

このベレルも第一回日本グランプリに登場してきた。ドライバーには二位となったスイッシャーという米軍の少佐がいた。のちにぼくはこのスイッシャー氏に何かのパーティで会って、話す機会があった。クラウン（すでに二代目となっていた）とセドリックとベレルを比べると、どれがいちばんいいスタイルかと聞くと、彼は本気でベレルがいいといっていた。おそらく彼にとってはベレルがもっとも違和感がなく、クラウンなどは「中共カー」以外の何者でもなかったのだろう。

ベレルは短命であった。登場してからわずか四年で、その生産を終えた。フロントとリアをいろいろマイナーチェンジされたりしたが、この世に生を受けた最初の瞬間から、もはや命脈の尽きていたベレルは、あっというまにその生涯をやめてしまうのである。

ぼくの中古のフローリアンは広くて実用的だった

販売不調のベレルをやめたいすゞは、一九六七年、今度は平凡中の平凡、フローリアンを作る。開発コード１１７、ごくオーソドックスなＦＲの４ドアセダンである。

フローリアンが登場したころ、「週刊プレイボーイ」が創刊され、ぼくはそこに一度だけ、フローリアンのインプレッション記事を書いている。当時は男性週刊誌の創刊ラッシュで、ぼくはそれまで、先に創刊されていた「F・6・7」（ファイブ・シックス・セブン）にも、ホンダS500の予想試乗記なるものを書いたりもしていた。このプレイボーイの記事中、ぼくは「オールズモビルみたいなダッシュボード」と、ケチをつけたことだけを覚えている。フローリアンはオールズモビルが好んで使った、楕円のダッシュボードを持っていたのである。

フローリアンにはベレルとベレットの反省がすべて活かされており、前の二車とは一転、ごくごくオーソドックスに作られていた。サスペンションは前ダブルウィッシュボーンの独立、後ろがリーフ／リジッド、サイズはクラウンよりひとまわり小さく、ブルーバード、コロナよりは少し大きいというところを狙っていた。見かけはお世辞にもカッコいいとはいえないクルマだが、乗ってみるとなかなか実用的で使いやすかった。

のちにぼくは会社をつぶしてしまい、えらくお金に困っていたとき、フローリアンの中古車を買って少しのあいだ乗っていた。人気がなかったので、当然、中古車価格も低く、貧乏人が中古車で買うクルマとしては最右翼だったのだ。相変わらずブレーキが効かず、ハンドルもフニャッとしていたが、天井が高くリアシートが広いのでゆったり座れたし、トランクも広かった。しかも丈夫だった。フローリアンは乗用車として、ごく常識的なパッケージ重視のデザインがなされていた。

こういうクルマは、じっくりつきあってみて初めてそのよさがよくわかるのだが、当時の日本のユーザーは外寸のわりに室内が広いということに価値を認めなかった。フローリアンは人気を得ることができず、それ以後も、日本の多くのユーザーはカリーナEDとかマリノ／セレスなどという、ひどい奇形のクルマを喜んで乗り回すことになる。

このフローリアンのシャシーをベースにギア社のボディを載せて、あの117クーペが作られたことは誰でも知っていると思うが、先に登場したのは117クーペのほうだというと意外に思うのではないだろうか。実はフローリアンが登場する一年前の春、いすゞはスイスのジュネーヴ・ショウで117クーペのプロトタイプを発表し、同年秋の東京モーターショウでもこれをブースに置いたのである。

当時、いすゞのレーシング・マネージャーに竹田正隆さんという方がおられた。イギリス紳士そのものというとてもスマートな方である。その竹田さんが東京モーターショウに出品された117スポーツクーペの横で、「これからのスポーツカーって、こういう四人乗りなんだよね」とおっしゃったのを、ぼくは昨日のことのように覚えている。

たしかに117クーペのコンセプトは新しかった。それはリアシートの居住性を重視した、フル4シーターに近いスポーツクーペとGTカーの中間のようなクルマだった。これをデザインしたのは、カロッツェリアのギアだが、当時、ギアのチーフスタイリストをしていたのが、かのジウジアーロである。だから117クーペはジウジアーロの作品といってもさしつかえない。

当時の不格好な国産車のなかにあって、はきだめに鶴とはまさにこのことだった。シルバーグレーの117クーペなど、現代のクルマと比べても遜色ないどころか、ずっと美しいぐらいである。初期の117クーペは、ほとんど手作りに近い生産方式でコツコツと作られたが、のちに人気が出ると、機械加工を可能とすべくボディをマイナーチェンジする。やがてベレットGTRのDOHCエンジンを載せたりもしたが、もともとシャシーが平凡なクルマだから、ほんとうのコンペティション・カーにはなり得なかった。ほんとうのお金持ちが、足として乗るというクルマであった。

それにしても117を見ていると、やはりジウジアーロは才能あるデザイナーだとつくづく思わされる。彼は現代最高のカーデザイナーだ。作家の五木寛之さんによれば、ピニン・ファリーナやジウジアーロは現代のダ・ヴィンチであり、ミケランジェロなのだそうだ。ぼくはその意見は正しいと思う。

117のようなクルマは、いまも昔もそうは売れるものではない。値段も高いし、性能だってそうたいしたものではなく、いってみればカッコだけのクルマである。だが、そのボディスタイルは、格好にお金を出す価値は充分あると思えるぐらい美しかった。日本の自動車マーケットは、こういうマイノリティのクルマを認めることなく、すべて振り捨てて、巨大化していったのである。

コンテッサは足回りの弱さが致命傷となる

ブルーバード、コロナあるいはベレット、パブリカなど、新しい小型車がどんどん出てくる中で、一気に古びてしまったルノー4CVに代えるべく、日野は自前の新しいリアエンジン乗用車を開発する。それが一九六一年に登場したコンテッサ900である。ぼくはこの少々いかつい感じの4ドアの小型車をコンテツ、コンテツと呼んでいた。それも最初に登場した900をコンテツI、次の1300をコンテツIIというように。

この時代、ヨーロッパではまだリアエンジン車は大衆車の主力であったが、それでもそろそろリアエンジン車の弱点が問題になりつつあった。たとえばトランクルームが狭いこと、あるいは高速走行時の直進安定性が悪いといったことである。しかし、日野はそれらの問題にはあえて目をつむり、ルノー以来のリアエンジン・リアドライブのレイアウトを踏襲したのである。

ところが、レイアウトはそのままルノーだったにもかかわらず、日野はこのコンテッサIからルノーのフランス車らしさをいっさい捨ててしまった。ルノー独特の一風変わったライティング・スウィッチやホーンなどはすべて平準化され、フロアシフトも無理やり当時の国産車の標準だったコラムシフトに変えられた。リアエンジンのクルマをコラムシフトにするのは、ドライバーの手元からミッションに達するまでの距離が長いので、ロッドを複雑に組み合わせて伸ばさねばならず、そうとう大変である。それでも日野は苦労してコンテッサIを世間で流行《はや》るコラムシフトにしたのだ。

もうひとつ、コンテッサIのコラムシフトで覚えているのは、オプションとして電磁クラッチが与えられたことだ。これはドイツの技術で、コラムの根元にスウィッチを置いた自動クラッチである。まず、ドライバーがコラムのシフターに触れると電気的にクラッチが切れ、あとはそのままシフトをおこなうというメカニズムである。ただ、このメカニズムはエンジンの回転を合わせるのが難しく、シフトダウンがやりにくい。また不用意にシフトにふれると突然クラッチが切れ、エンジンがブワーッと空転したりした。しょせんは未完成なメカニズムであった。

当時、まだガラガラに空いていた目黒通りに、共進タクシーという会社があった。そこの本社ビルは上がマンションで下が営業所となっており、その一階の一角にしゃれたティーラウンジがあった。大きな椅子を置いたゆったりとしたラウンジで、コーヒー一杯で何時間でもねばることができた。その店はアイスクリームを大きなスプーンでこそげとって、ガラスの器に花びらのように入れて出した。それがとてもしゃれて見えて、ぼくはよく、愛車のポンコツ・ヒルマンを駆って、そこに行ったものである。

いまでもよく覚えているのだが、ある日、いつものように友人とこのラウンジでダべっていたところに、真っ赤なジャグァーEタイプのロードスターが、バーンとやってきた。オッ、こいつはすごいと見ていると、そのEタイプからキーを指でクルクル回しながら草履ばきで降りてきたのは、「♪あの娘をペットにしたくって……」の大スター、小林旭その人だった。

話が脱線したが、そこのビルの一階にうじゃうじゃ停まっていた共進タクシーの営業車が、ライトブルーのコンテッサⅠだった。共進タクシーはそれまでルノーを使っていたが、コンテッサが出るといち早くそれに切り替えたのである。しかし、コンテッサⅠは例によって「足回りが弱い」というタクシー業界の定評に押し流されて、たちまち消えていく。ぼくもぼくで、なんだか武骨なスタイルになったコンテッサには、あまり思い入れはなく、気がついたらコンテッサⅡが出ていたという感じである。コンテッサⅡの登場は一九六四年。結局、コンテッサⅠの命脈はわずか三年で終わってしまったのである。

コンテッサⅠの武骨なデザインを反省した日野は、コンテッサⅡのスタイリストにイタリアのカロッツェリア、ミケロッティを起用し、今度は4ドアのほかにスタイリッシュな2ドアクーペ・ボディも加えられた。それは誰が見ても見違えるようにカッコいいスタイルだった。コンテッサⅡはヨーロッパ調へ向かって一直線に突っ走っていた。ダッシュボードには木目風のパネルが張ってあるし、スティアリングもナルディ風であり、なによりもそのボディがアカ抜けしてカッコよかった。

コンテッサⅡとなっても日野はまだリアエンジンにこだわった。このとき、コロナ、ブルーバード、カローラ、サニーなど、大勢はFRだが、すでにFFのスバル1000も登場していた。日野としては、もう少し考えてもよかったと思うのだが、相変わらずリアエンジンで押したのである。コンテッサⅠで無理やりコラムシフトにされたミッションは、ふたたびフロアシフトに戻されていた。

しかし、このカッコよくなったコンテッサⅡも、やはり営業的にはパッとしなかった。結局、日野はルノーからコンテッサにいたるまで、しつこくつきまとった「弱い」というイメージに負けてしまったのである。当時の日本の営業車にとって、弱いという定評は「おまえはクルマじゃない」といわれるのと同じぐらい決定的なことだった。オーナードライバーにしても、やはり弱いといわれるクルマは敬遠した。クルマというものは正しく使ってさえいれば、そうそう壊れるものじゃないのだが、当時の苛酷な道路事情というものが、正しい使い方を許さなかったのである。

一九六〇年代の初期といえば日本の国道は圧倒的に未舗装路の多かった時代である。国道一号線がようやく全舗装になったか、ならないか。二号線はまだあぶなく、九州を走っている三号線にいたっては、おそらく大半が未舗装だったろう。ぼくがラリーで回ったときには東北の四号線はだいぶ舗装が進んでいたが、それでも日本海側の青森から秋田、山形というルートは、すべて未舗装だった。当時のクルマはエンジンについてはようやく丈夫になってきてはいたが、まだまだパーツ全体のクォーリティが低かった。ダンパーひとつとってみても、オイルシールがすぐに破れてオイルが漏れ、スコスコに抜けてしまうのであった。そんな道路状況でコンテッツⅡのような全輪独立式のサスペンションを持ったクルマというのは、どうしたって故障も多くなったはずである。

それじゃ、コンテッサは何も残さなかったのか。そんなことはない。

ぼくの友人に内田盾男《たてお》さんという人がいる。成城大学の後輩で、日野自動車の専務の息子であった。その彼は東京モーターショウに展示されたミケロッティのコンテッサを見て感激し、まったく何の基礎もないのにミケロッティに弟子入りしようと思い立つ。彼は大学を卒業後、すぐにトリノへ飛んで、ミケロッティの門をたたいた。そしてミケロッティの工房で一から始めて、ボディ作りのノウハウを習ったのである。後年ミケロッティが老いてからは、ずっとミケロッティ工房を一人できりまわし、やがてミケロッティが亡くなると、工房を息子さんに譲って、いまはトリノに自分のオフィスを持っている。その後、内田さんの他にも多くの日本人がイタリアに渡って、カロッツェリアのプロになろうと修業をしたが、ぼくの知るかぎりプロになったのは彼だけである。

現在、内田さんは日本の自動車工業とトリノのデザイナーたちとの橋渡しをやっている。もう五十歳になる彼は人生の半分以上をイタリアで過ごしたことになるわけで、クルマに対する含蓄には素晴らしいものがある。ぼくが内田さんに会えるのは、一年のうちでもごくかぎられているが、彼と会って彼の日本車評を聞くのはとても楽しい。この内田さんも、日野のコンテッサが生んだ人間の一人なのである。

日野もこのコンテッツで、よく日本グランプリに出ていた。そして、このクラスではよく勝った。コンテッツで出場していたドライバーたちに「105マイルクラブ」という金持ちの子弟のグループがいて実にガラが悪かった。105マイルクラブに入会する条件は、時速105マイル（約170km／h）以上出るクルマを持っているということだった。いまなら日曜に家族ドライブしているお父さんでも会員になれそうな規約だが、当時、105マイル以上出るクルマというのは、一般庶民に手の届こうはずもない高価な外車以外にはなかった。彼らはほんとうにお金持ちだったのである。

本当かどうかは知らないが、こんな話をよく聞いた。いざレースとなると105マイルクラブの連中は、ライバルをぶん殴ったりして脅かし、優勝してしまう。自分より速い奴はみな「先を走ったら承知しないぞ」と、恐喝してしまうというのである。DKWクーペで参加し、圧倒的に速かったIさんは、レース中盤ダントツの独走をしていたが、突如、故障でもないのにピットイン。コーラを一杯飲んでから再スタートして、コンテッサに勝ちを譲った。のちにI氏は「おれ、あそこでピットインしないとあいつらに殺されちゃうよ」といっていたそうである。日野も、えらい連中と関わったものだ。

日野といい、いすゞといい、トラックメーカーにとって乗用車を作るというのは、ある種の悲願だったのだろう。乗用車メーカーというのは誰でも知っている花形産業だ。華がある。夢がある。しかし、日野はついに悲願を果たすことはできなかった。いまやホンダの名は誰でも知っているが、日野となると、もはやほとんどの人の意識に残っていない。

コンテッサでつまずいた日野は、トヨタの傘下となり、結局、一九六七年に乗用車の生産をやめ、以後はトラックに専念することになる。それに前後して、プリンスが日産に吸収され、その名前をうしなう。そして、いすゞが完全に乗用車の開発をやめたのは、それから二六年後のことであった。

三菱で記憶に残るのはコルト・ギャランだ

三菱500で失敗してからの三菱は、つぎからつぎへとクルマを作っては消していった。それはどれもこれも、もはや語りたくないようなものばかりだ。

まさかぼくのピニン・ファリーナ・ラインの提案が効いたというわけではあるまいが、三菱500はその後、テールフィンなどを無理やりに取り付け、ぶざまな格好になってコルト600として登場する。しかし、相変わらず売れ行きはパッとしなかった。そこで次に登場したのがコルト1000である。

コルト1000は三菱にとって、最初の本格的な乗用車である。四角いボディの4ドアセダンで、4気筒の水冷エンジンを持っていた。たしかこのクルマは第二回日本グランプリに登場してきた。ぼくも一度、このクルマには乗ったことがあるが、残念ながら記憶がまったく残っていない。

その後、三菱は2サイクル、3気筒のコルト800というファストバックを出す。このクルマは以後、どこにもつながらず尻切れトンボで終わってしまうのだが、このスタイルがどことなくヘンリーJに似ているところがおもしろい。

またこれに先立って、三菱はミニカという軽自動車を六二年に出している。これは最初、FRの商用ヴァンから乗用車に発展していったものだ。軽自動車の歴史中、これほど不格好でみにくいクルマはそうザラにあるまい。地域差別をするつもりはないが、パタヤビーチあたりで見ると、なるほどと納得させられそうなクルマである。要するにこいつは軽自動車の「中共カー」なのだ。

そういえば、六三年のモーターショウに突如として現れたデボネアも、恐るべき「中共カー」だった。このクルマのデザイナーは、アメリカでコンチネンタルをデザインしたとかいう人物だったが、発表会のその当日、ターンテーブルがせり上がって、スポットライトを浴びながら登場するデボネアの横に、そのおじさんは立っていた。まあなんともすごい演出で、笑わせてくれたものである。しょせんは三菱銀行やキリンビールなど、三菱の関連会社以外、誰も買わないというクルマだが、それからなんと二〇年にわたってほとんどモデルチェンジされずに作られつづけたところを見ると、たしかにジルや紅旗といった「中共カー」そのもののクルマではあった。

こうした三菱500以降の三菱のクルマたちについては、率直にいって、ぼくはまったく興味がなかったが、そんなぼくに三菱というメーカーを強く意識させたのは、コルト・ギャランである。ギャランは4気筒エンジンを載せた、オーソドックスな4ドアセダンで、当初1300と1500があった。どちらかといえば、なよなよとしたひ弱な感じのデザインだったが、シートの出来がとてもよかった。これは当時の国産車には珍しく、フォームラバーで作られており、乗り心地が新鮮だった。また、新設計のOHCエンジンはビュンビュンとよく回り、4速のフロアシフトがスパスパ決まってなかなか気持ちがよかった。

当時、まだ半人前の自動車評論家だったぼくは、このギャランを箱根に持ち込んで、いろいろとテストしたが、ターンバイクをハイスピードコーナリングしながら上がって下がると、ディフがイカれてしまうのである。ぼくがこの問題を「モーターマガジン」に書いたところ、三菱の技術担当者から、ひとつ杉江さんの横にエンジニアを乗せて走ってもらえませんかと、提案があった。三菱500のときもそうだったが、ほんとうに三菱の技術者は真面目だったのだ。

そこでぼくは、エンジニアを乗せて、ターンパイクを数回、ブワーッ、ブワーッと相当のスピードで上下した。するとエンジニア氏は「なるほど、こういうふうに運転するんですか。わかりました。すぐ直ります」と、ディフが壊れる理由を説明してくれた。当時のギャランのディフには、左右の隔壁がついていなかった。だから横Gの強くかかるコーナリングをすると、ディフケースのなかのオイルが偏心する。片方のギアにはオイルはかかっていても、片方はオイルが抜けた状態になってしまい、そこをゴーッと力をかけるので、あっという間にギアがいかれてしまうというわけだ。結局、ギャランはディフに隔壁を入れることで、この問題を解決した。

ギャランは当時の若いユーザーを中心に、楽しめるハンドリングカーということで人気を得た。とくに1500GSはきわめて人気が高く、三菱のクルマとしてはなかなか売れたのである。

やたら転倒したクルマ、ホンダ1300

S600、S800の後輪駆動でスタートしたホンダは、N360以後、徹底してFF路線を歩む。一時作られたL700というライトヴァンを唯一の例外として、一九九〇年にNSXを出すまで、ホンダはずっとFF一本やりでいくのである。のちにぼくが本田宗一郎さんにインタビューしたさい、本田さんはその理由を乗用車というのはスペースが大事であり、かつボディを軽くできるからだと、その優位性を力説した。それは、きわめて本田さんらしい合理的な考え方だった。小型車は絶対にFFだと、本田さんは四輪車を作りながら、だんだん確信を持っていったのだろう。

そのホンダの初めての本格的FF乗用車が、ホンダ1300である。ホンダ1300は、いかにも本田さんらしく、空冷エンジンを載せて一九六九年に登場した。その理由について、本田さんは記者会見の席上「水冷エンジンといったって、水を媒介にした空冷エンジンじゃないか」と語っている。まるでソ連共産党の論理みたいなものすごいドグマだが、そこにはホンダのお家の事情があった。

当時ホンダはF1史上初の強制空冷V8エンジンを作っていた。これを設計したのがのちに社長を務めた久米是志さんである。しかし、当時F1の責任者の中村良夫さんとしては、そんなものはダメだと頑として認めようとしなかった。別に開発していた水冷12気筒エンジンがもうすぐ完成するのだから、F1はそちらで闘うべきだというのである。しかし、ガンコな本田さんは、中村をクビにしてでも空冷で行けと譲らない。これ以後、中村さんと本田さんの確執が表面化していくのだが、このときは中村さんも折れて出て、それなら空冷V8も走らせるから、水冷12気筒も使ってみよう、そして、レースを通じて熟成しようということになったのだ。

中村氏の水冷エンジンを搭載したホンダのF1カーは、一九六八年のフランス・グランプリでジョン・サーティースによって見事二位となるのだが、この同じレースでデビューした空冷V8のF1カーのほうは、事故を起こして爆発、炎上してしまう。ホンダが初めて契約したドライバーだったシュレッサーは即死だった。それはきわめて不幸な事故で、この年の秋に登場した1300の行方になにやら不吉な暗雲を投げかけたのである。

ホンダ1300は空冷4気筒エンジンを搭載したFFで、当時のこのクラスの乗用車としては室内もまあ広々としており、オーソドックスなクルマであった。しかし、77系で95馬力、99系で110馬力というエンジンはあまりにパワフルすぎた。いわゆるシャシーがパワーに負けるというやつである。当時の自動車技術の水準では、FFにパワフルなエンジンという組み合わせはきわめて剣呑《けんのん》なクルマになってしまう危険性が高いというのが常識だった。そこにホンダは果敢にも挑戦したのだが、ホンダ1300の場合は、それがやはり悪い結果となってしまったのである。

ホンダ1300はひどいアンダーステアで、かつタック・インのクセの強いクルマだった。まずフル加速でギャーッとスタートすると、トルク・ステアがモロに出て、ステアリングが右側にグーッと取られそうになる。それを強引に押さえこんでコーナーに入ると、FF特有のアンダーステアが強く出て、どんどん外にふくらんでいく。そこでステアリングを切り込んだままスロットルをパッと戻すと、キュッと一気に内側に回りこんでスピンしてしまう。運の悪いときはクルマが転倒する。このパターンであった。

ホンダ1300はモータージャーナリストのテスト・ドライブで、やたら転倒したクルマである。ジャーナリストは一般の人よりかなり乱暴ということもあるのだが、運転そのものには慣れている。それでもホンダ1300ではひっくり返ったジャーナリストは相当多いはずである。また強いアンダーステアを制しきれず、コーナーを曲がりきれずに立木にドシーンとぶつけた人もある。要するにじゃじゃ馬なのである。FF車の歴史上にはこういうクルマは少なくない。たとえばランチア・フルビアも一時、「きわめて危険なクルマ」とのレッテルを貼られたことがある。ホンダ1300も、このフルビアと同じ高馬力FFのひとつのパターンだったといえよう。

もし本田さんが生きていたら、ぼくは「FFを採用しながら、そこにホンダ特有の高回転、高馬力エンジンを与えるという組み合わせに疑念はなかったのか」と疑念を提出して、議論してみたかったところだ。しかし、いかに疑念があるとはいえ、FFで高回転、高出力エンジンという組み合わせは間違いだとか、一〇〇パーセント駄目なのだとはいえない。なぜなら多くの自動車はこうした本田さんのような挑戦的な態度に立って進歩してきたのだから。現にこのときの本田さんの挑戦は、のちのシビックがFFで170馬力のエンジンを載せたにもかかわらず、なかなかいいハンドリングを得たというところに、しっかり結実している。

また、このころのホンダは、塗装技術のパテントでフォードと揉《も》め、オートマチックの技術でボーグワーナーと争うなど、外国のメーカーとやたらにパテントの件で係争していた。そんななかでホンダはオートマチックのように、蟻の入り込む余地もないほどパテント的に確立された技術に対して、なんとかオリジナリティを保ちたいと、さまざまな技術を工夫している。それから何年ものちに、トルク・コンバーターのトルク比の大きさを利用した、独自のオートマチックを作るなど、こと技術という点に関しては、あくまで挑戦的であった。ホンダ1300には、まだオートマチックは与えられていないが、このクルマには、そうしたホンダの挑戦的な姿勢が随所に現れていた。

当時、ホンダ1300を買ったユーザーは、早い話がホンダに無給で雇われた実験要員だったといえよう。とはいえ、それはホンダだけではなく、世界中の自動車メーカーすべてにいえることだ。ロールス・ロイスにせよ、フォルクスワーゲンにせよ、トヨタ、GMにせよ、どのメーカーも、ユーザーを実験要員にしては技術を磨いてきたのだから。

ホンダは一九七〇年には、このクルマにポンティアックのようなスタイルの1300クーペを登場させる。これがまたギャギャギャーンというクルマで、そこそこに売れはしたが、セダンも含めてトータルに見れば1300のシリーズは結局は失敗作であった。登場してから三年後にホンダ1300はついに当初の空冷エンジンをあきらめ、おとなしい水冷エンジンに積み替えるが、時すでに遅きに失し、ホンダ1300は強力なライバルが目白押しとなりつつあった小型車マーケットにとどまることができなかった。

この1300の失敗で、ホンダの社内にはもう四輪は作るべきではないという空気が支配的になった。とくに二輪部門からの突き上げも大きかった。一部の新聞にもホンダが四輪から撤退するとの報道がおこなわれ、四輪の設計者たちは肩身の狭い思いをしたという。そんな中、最後に一台だけ四輪を作らせてあげよう、それがダメならもう四輪からは撤退だということで登場してきたのが、ホンダの救世主となったシビックなのである。

ヘンリーJ（カイザー・フレイザー社）
①1953年、②4430×1780×1572㎜、③2540㎜、④1040kg、⑤水冷直列4気筒、⑥2219cc、⑦68ps／4000rpm

三菱500
①1960年、②3140×1390×1380㎜、③2065㎜、④490kg、⑤空冷直列2気筒OHV、⑥493cc、⑦21ps／5000rpm、⑧3・4kgm／3800rpm、⑨39万円

三菱コルト800F（A800）
①1965年、②3650×1450×1390㎜、③2200㎜、④735kg、⑤水冷直列3気筒2サイクル、⑥843cc、⑦45ps／4500rpm、⑧8・3kgm／3000rpm、⑨49・8万円

三菱コルト1000（A20）①1964年、②3830×1490×1420㎜、③2285㎜、④830kg、⑤水冷直列4気筒OHV、⑥977cc、⑦51ps／6000rpm、⑧7・3kgm／3800rpm、⑨58・8万円

コルト・ギャラン（AⅡ）①1970年、②4080×1560×1385㎜、③2420㎜、④835kg、⑤水冷直列4気筒OHC、⑥1499cc、⑦95ps／6300rpm、⑧13・2kgm／4000rpm、⑨60・1万円

いすゞ・ベレル2000スペシャルデラックス（PS20）①1966年、②4470×1690×1515㎜、③2530㎜、④1295kg、⑤水冷直列4気筒OHV、⑥1991cc、⑦95ps／4600rpm、⑧16・2kgm／2400rpm

いすゞ117クーペ（PA90）①1968年、②4280×1600×1320㎜、③2500㎜、④1050kg、⑤水冷直列4気筒DOHC、⑥1584cc、⑦120ps／6400rpm、⑧14・5kgm／5000rpm、⑨172万円

いすゞ・フローリアン・オートマチック（PA20T-5）②4250×1600×1445㎜、③2500㎜、④970kg、⑤水冷直列4気筒OHV、⑥1584cc、⑦84ps／5200rpm、⑧12・4kgm／2600rpm、⑨72・8万円

日野コンテッサ900（PC10）①1961年、②3805×1475×1415㎜、③2150㎜、④720kg、⑤水冷直列4気筒OHV、⑥893cc、⑦35ps／5000rpm、⑧6・5kgm／3200rpm、⑨58・5万円

日野コンテッサ1300（PD100）①1964年、②4090×1530×1390㎜、③2280㎜、④890kg、⑤水冷直列4気筒OHV、⑥1251cc、⑦55ps／5000rpm、⑧9・7kgm／3200rpm、⑨56・3万円

ホンダ1300セダン77（H1300）①1970年、②3995×1465×1345㎜、③2250㎜、④875kg、⑤空冷直列4気筒OHC、⑥1298cc、⑦95ps／7000rpm、⑧10・51kgm／4000rpm、⑨49・6万円

ホンダ1300クーペGL（H1300C）①1970年、②4160×1495×1320㎜、③2250㎜、④905kg、⑤空冷直列4気筒OHC、⑥1298cc、⑦95ps／7000rpm、⑧10・5kgm／4000rpm、⑨53・6万円

第6章

サニーはなぜカローラに負けたのか

「自動車らしく」見えることを心がけたカローラ

パブリカで独自の路線を打ち出し、ものの見事に失敗してしまったトヨタは、それ以後、後出し戦法に徹底する。ライバルメーカーの動向をゆっくり見て、相手が新車を出したら、それに対して価格、スペックなど、修正できるところは修正してぶつけていこうというのである。だからサニーとカローラでもサニーが先だし、ローレルとマークⅡでもローレルが先であった。トヨタはまずは日産にテスト・マーケティングをさせ、その結果をじっくり見てから行こうという戦略をとったのだ。カローラが登場したのは一九六六年の十一月だが、その半年前にサニーが登場している。トヨタはこのサニーをじっくり研究してから、カローラを完成させ、満を持して送り出したのである。

当初、2ドア・セダンで登場したカローラだが、後追いでカローラ・スプリンターという格好のいいファストバック・クーペが登場した。それはカローラのヴァリエーションで、まだスプリンターとしては独立していなかった。ところが、実はこのスプリンターこそ、当初計画されていたカローラのオリジナルボディだったことは意外と知られていない。

当時、トヨタ自動車工業（自工）とトヨタ自動車販売（自販）は拮抗した関係にあり、自販は自工に対して、いいたい放題に意見をいうことができた。なんとなれば、そのころトヨタがあるのは神谷さんのおかげというくらい、トヨタ自販の神谷正太郎さんは、販売の神様だったからである。

カローラの開発が最終段階となって、開発責任者であった自工の長谷川龍雄さんは神谷さんのところまで新しいクルマの説明に行く。すると神谷さんは「こんなクルマは売れない。スポーツカーはダメなんだ。セダンでなければダメだ」と、長谷川さんの企画を厳しく否定した。そして、何をいっても頑として譲らない。激論二時間、結局、長谷川さんは折れて、最初に発表するモデルをこのセダンボディに変更したのである。当初計画されたスポーティなカローラという路線は急遽変更され、普通の乗用車で、四人が乗れて、幸せに家族ドライブができるカローラという方向に振り直されたのである。当初計画されたクーペボディがスプリンターとして登場したのは、それから二年遅れのことであった。

カローラにはパブリカの反省がたくさん活かされている。初代カローラは、とにもかくにも、なるべく自動車に見えるように、実際の機能よりも見てくれをよくするようにと徹底した。

カローラの最大の特徴は１１００ccエンジンを与えられたことである。もちろんサニーの１０００ccエンジンを意識してのことである。そしてこのあたりからトヨタのスペック主義が始まる。「ユーザーは乗ったところで、しょせんクルマのことなんかわかりゃしないんだ」とするトヨタの考え方が、このカローラから歴然とその姿を現すのである。

たとえば、このころ発売されたスバル１０００と、カローラのカタログ上の数値を比べてみよう。スバルは９７７cc、55馬力、カローラは１０７７ccの60馬力。最高速度はスバルの１３５㎞／ｈに対してカローラの１４０㎞／ｈと、カローラのほうが「上」である。しかし、このスバル１０００とカローラを冷静に比べてみれば、その凝ったメカニズムといい、ＦＦで広い室内を得ながら、同時に直進安定性を確保しようとしたコンセプトといい、スバルとカローラは比べものにならないクルマなのである。

カローラのこの「プラス１００ccの余裕」作戦は、きわめて有効であった。先発のサニーはカローラにこてんぱんにやられることになる。初代サニーの１０００ccエンジンは、いかにも日産らしい素晴らしいものだった。サニーというクルマ自体も「安いクルマはこんなもんだよ」という、軽くてバランスのとれたいいクルマであった。対するカローラは、ボディは重いし、１００cc大きいだけでたいしたエンジンでもないが、見てくれだけはサニーよりいいというクルマだった。この激突に、ユーザーはカローラを選んだのである。プラス１００ccの魅力というのは当時の無知なユーザーにとっては、きわめて効果的なめくらましだったのだ。

カローラのウィークポイントはブレーキにあった。のちにディスクが与えられるが、初期のカローラは前後輪ともにドラムブレーキだった。この時期になると、日本の自動車もだんだん速くなってきているので、このプアなブレーキではきわめて危険だなとぼくは思った。

一九六九年、東名自動車道路が全線開通した。それはちょうど、富士スピードウェイでレースがおこなわれる前日のことだった。ぼくはその夜、明日は東名を通って富士に行こうと思っていたら、ニュースが東名が大惨事だと伝えていた。当時、道路公団は新しい技術ということでトンネル内の路上にライトを反射する材料を埋め込んだ。自分で高速道路を走ったこともない公団のお役人は、それが安全につながると思ったのである。ところが、その材料はツルツルで雨が降るとすぐにクルマをスリップさせるというシロモノであった。その当日は雨で、吾妻山トンネル内は阿鼻叫喚《あびきょうかん》の地獄と化した。つぎからつぎへとクルマがスリップし、どこどこ衝突。そこから逃げ出したドライバーがクルマに叩きつけられて、大勢の負傷者を出すという大惨事になった。

公団は急遽《きゅうきょ》トンネルを閉鎖して、埋め込んだ素材をガリガリにひっかいて対策を講じたが、当時の公団のお役人には、こうした事態が起きることなど想像もつかなかったのだろう。第一、１００㎞／ｈなどという速度は、それまで一般のドライバーにとって、夢のようなスピードだった。何が起こるか誰も想像だにしえなかったのだ。

カローラはまさにその１００㎞／ｈで走ることが可能だった。しかし、そのスピードはそのブレーキ性能からすると、「さ、行ってこい」式ともいえるので、少々恐ろしいスピードであった。とにかく初代カローラは、ブレーキ、スティアリングがよくなかった。対照的にサニーはエンジン、スティアリング、ブレーキと基本的なものがしっかりしていた。走らせてみるとサニーはきわめてキビキビとよく走り、スティアリングのフィールも小気味がよかった。対するカローラは絶対的な動力性能は高いのだが、どちらかといえばダルな、大型車を感じさせる乗り味で、その差はきわめて大きいものがあった。

見ばえを比べると、圧倒的にカローラが上だった。サニーのシートはペロッと薄っぺらく、安っぽかったが、カローラのそれはバックレストなどが分厚く、同じビニールでもサニーよりはずっとよく見えた。サニーのビニールは妙にテカテカ光っていたが、カローラのほうはちょっと革のようなタッチで、カラーも白いボディにブルーのビニールと、ヨーロッパやアメリカの高級車の手法をそのまま踏襲していた。サニーのほうはごくオーソドックスな黒っぽい赤や暗褐色などで、どちらも安手な感じであった。そういうところにはサニーはお金をかけていなかったのだろう。

ただ、カローラの名誉のためにいっておくが、カローラがどこをとってもダメなクルマだというわけではけっしてない。よくよくこのクルマを見ると、その随所に飛行機エンジニアとしての長谷川さんのポリシーが、妥協しながらも活かされていることがわかる。それはきわめてシンプルなことだ。たとえばカローラは当時のトヨタ車としては珍しく、はじめからフロアシフトを採用しているのだが、そのフロアシフトがリモートトコントロールではなく、ダイレクトシフトなのである。初代カローラのシフターは、往年のトラックのように、ぐーんと長く、前方にあるミッションから手元まで伸ばされている。これをロッドを使ってリモコンにすれば、カッコのいい垂直なシフターになるのだが、そのへんはいかにも飛行機屋さんの考え方が反映されている。ダイレクトだってちっともおかしくない。機能的にはなんら劣らないということなのだ。

カローラSRというと、倒産したあの夏を思い出す

カローラはのちに二代目の20型から、信じがたいワイドヴァリエーションを展開するのだが、その中に1600cc、DOHCの2T－Gエンジンを積んだレビンが登場する。型式名TE27、通称27《ニイナナ》レビンは日本のスポーティカーの古典ともいうべき存在で、ともかくやたら速いクルマであった。

27レビンが登場するについてはおもしろいエピソードがある。トヨタには、技術統括部に久保地理介さんという部長がいたが、レビンはその彼の提案で生まれてきたのである。東大を卒業して新進エンジニアとしてトヨタに入社した久保地さんは、会議のさい、一年坊主だったにもかかわらず、「カローラにセリカの2T－Gを積んで、ラリーカーを作るべきだ」と発言したのである。実をいえば彼はラリーが好きで、自

分自身クルマを操って、プロ並みの運転をする男なのだ。

そのとき会議は「バカなことをいうヤツが来たな」と、シラーッとしてしまったが、のちに副社長となる佐々木紫郎さんは、なかなか人を見る目があり、この久保地さんの提案をむげに退けたりはしなかった。予算の中から少しずつ久保地さんへ開発費を回してやり、やがて、久保地さんは彼個人で彼の提案したラリーカーを完成させる。それがレビンのプロトタイプである。のちにトヨタがラリーなど、モータースポーツに積極的に参加していこうとしたとき「ハイッ、これがあります」と久保地さんは上司にこのクルマを提出したという。のちにぼくは佐々木さんから「レビンはこの男がそうやって作ったんだよ」と聞かされた。トヨタという会社は一見つまらなそうだが、なかなか奥が深い。

27レビンは、ほんとうにカッコよかった。ホイールベースが短く、オーバーフェンダーをつけたその外観はなかなか精悍だったし、カローラのアクセサリーをすべてとっぱらってしまったその室内は、きわめてスパルタンだった。左足の置き場には、大きな穴のあいたプレートが付けられていて、これはなかなかのものだと思わされたものである。2T‐Gエンジンはバッバッとよく吹け上がり、セリカより百数十kgは軽いうえに、ラリー用ということでギアレシオも低くしてあるから恐ろしく速い。ものすごい加速力と、強烈なエンジンブレーキを持ったクルマである。

27レビンはいまでも、所有していたらおもしろいクルマだと思う。惜しむらくは多少ブレーキが弱いことだが、しかし、いまこのクルマに大事に乗っていたら、ちょっとしたクラシックカーに乗っているぞと自慢できるだろう。

この27レビンと同じオーヴァーフェンダー・ボディの廉価版に、SRというモデルがある。普通のOHVエンジンではあったが、こいつもなかなか速く走ったクルマだ。ぼくはこのSRが出たころのことをよく覚えている。というのは、実はこのころ、手塩にかけて育てた会社、レーシングメイトがあっけなく倒産してしまったからである。当時、レーシングメイトは従業員が四〇人近くになっていた。年商は当時のお金で三億円ぐらいあっただろうか、順風満帆《まんぱん》とはこのことであった。ぼくはたまに朝礼なんかに出ると、「やがてわが社はGMを抜くであろう。安心してくれ」などとやっていた。

ところが、好事魔多しで、レーシングメイトは卸先の倒産にひっかかって、連鎖倒産してしまうのである。レーシングメイトは日本自動車という、日本のディーラーラーシップとしては長い歴史を持つ名門に製品を卸していた。当時、日本自動車はほとんどカー用品で食べていたのである。この日本自動車が小佐野賢治氏の策略にかかって、倒産してしまったのだ。当時、日本自動車は溜池の角にある一等地を持っていた。小佐野氏はそこがどうしても欲しかった。そこで日本自動車は倒産させられて、全財産をとられてスッテンテンになってしまう。もちろん、その跡地には小佐野ビルが建ったわけだ。

これはぼくの経営者としての失敗だったのだが、レーシングメイトはこの日本自動車に深くかかわりすぎていた。日本自動車の倒産以後、レーシングメイトの他にも、カー用品業者がバタバタと続けて倒産した。いま考えてみれば、ぼくもさっさと倒産しておくべきだったのだろう。そうすればいまごろはまだカー用品屋のおやじとしてやっていたかもしれない。しかし、若かったぼくはここを踏ん張りどころと勘違いして、必要以上にあがいてしまい、ますます深みにはまってしまった。

最後には高利貸しから借金までしてがんばっていたが、とうとう手形が落とせなくなってレーシングメイトはあえなく倒産してしまった。まあ、若い人間がものごとを簡単に考えて、社会的責任もわきまえず、友人連中を集めてやった結果である。文字どおり、このときのぼくは断末魔で、精神的にもえらいダメージを受けることとなった。

その年の夏、ぼくは伊豆半島の稲取《いなとり》に小さな家を借りた。ひと夏二万円という安い貸し別荘である。会社はつぶすわ、お金はないわで、腐っていたぼくは気ばらしにカミさんと友達夫婦の四人でウィークエンドに遊びに行ったのである。そのとき人から借りて乗っていったのがこのSRだった。いまから思えば、こんな小さなクルマでよく四人も乗っていったものだ。

夕方、熱海のあたりを走っていると、カーラジオからはオールスター戦の実況放送が流れてきた。その試合は、江夏が例の九連続三振を奪った試合だった。四人、五人と、江夏はバタバタと三振の山を築いていく。ぼくは運転しながら、だんだんラジオに全神経を奪われていった。そして六人、七人と三振が続いたところで、とうとうクルマを停め、エンジンを切ってしまった。SRにはクーラーがついていないので、窓を開けて走っていたから、風切り音がうるさく、ラジオがよく聞こえなかったのである。

それでもカミさんとその友人は、野球そっちのけで、相変わらずペラペラお喋りをしている。ぼくは「うるさい、黙れ」と二人の会話を制して、ラジオに聞きいった。ちょうど九人目のバッターが登場したところだった。バッターはファウルフライを打ち上げたが、キャッチャーの田淵に向かって、江夏が大きな声で「捕るなっ」と叫んだ。そしてカウントはツーワンとなって、その次は大きくわれるカーブで空振り三振であった。

ぼくはカローラの20系というと、カーラジオで聞いたこのときのことをいつも思い出す。お金がなくてクサっていて、江夏の九連続三振に熱狂した、あの熱海の夏の夜のことを。

ぼくが会社を始めたころ、高度成長期に入った日本経済は、池田勇人内閣の所得倍増計画の公約を現実のものとしていた。東京近郊のサラリーマンは、ようやく集合住宅に入りはじめたころだったが、大卒の初任給は確実に二万円を超えていた。カローラの最初の売り出し価格は四三万二〇〇〇円。当時、大きな層として登場しつつあった大衆車のユーザーはすでに購買力を備えていた。サニーも熱狂的な人気だったが、カローラもそれを上回る熱狂を集め、トヨタ始まって以来のバカ売れをする。

トヨタはこのカローラからカローラ店を作り、トヨタ店、トヨペット店とともにトヨタ自販を支える三大柱としていく。また日産も同様に販売店系列を整備していく。すでにBC戦争のころからトヨタ、日産は日本の自動車工業界から、ちょっと抜け出た存在になっていたが、このカローラ、サニーでその地位を決定的なものにしていく。ホンダはまだヨチヨチ歩きだし、三菱は三菱グループのためにクルマを作っているようなものだった。マツダはバタンコ路線から抜け出したばかりだし、すでにいすゞ、富士重工はその規模が違っていた。

カローラ、サニーは日本のマイカー時代の幕を開いたクルマたちである。それまで自動車はごく一部の人のもの、大部分の大衆にとって憧れのものだったのが、カローラ、サニー以後、日本人は一億総ドライバー時代へと突入していく。カローラ、サニーは日本のT型フォードであった。それを作っている労働者が買うことのできるクルマだった。ここから日本のライフスタイルは大きく変化しはじめる。日本中の津々浦々の村や町にバイパスができ、旧い商店街をクルマが通らなくなる。ガソリンスタンドはきわめて大規模なビジネスとなり、日本中いたるところに出現する。すべて、このカローラ、サニーをきっかけに始まるのである。

サニーは軽くてよく走るいいクルマだった

カローラに半年先立つ一九六六年の春、日産はサニーを登場させる。日産はサニーの名前をパブリカに倣《なら》って一般から募集したが、応募総数はなんと八五〇万通の多きにのぼった。それで何がもらえるかといえば、その八五〇万通のうちから抽選でサニーが一〇台である。当時、いかに人々がクルマに憧れ、熱狂したかが、これでよくわかる。

　最初は2ドアセダンのみ、4ドアセダンはあとから出た。ドアの数が二枚少ないとなれば、それだけコストが低くなるからクルマの価格を安くできる。同様にカローラも最初は2ドアでスタートしている。日産はおそらく五年ぐらいはじっくりと時間をかけてサニーを計画したのだろう。サニーは当面のパブリカ対策であると同時に、来るべきマイカー時代に対応するクルマであった。日本の自動車工業のクルマ作りも、この時期になると、まだ自家薬籠中のものとまではいかないが、そろそろ手慣れてきていた。サニーはシンプルでなかなかいいクルマに仕上がっていた。

　サニーが発売される前年、ぼくは毎日新聞社の「毎日グラフ別冊・100万人の乗用車」というグラフ誌に、サニーの試乗レポートを書いている。日産はサニーを発売のだいぶ以前にジャーナリストたちに公開し、かつ試乗させていたのである。

　それまでにぼくは第二回日本グランプリのプログラムに二ページほどの記事を書いている。このときぼくは大会プログラムの編集を手伝ったのだが、当時、プログラムの編纂委員長の藤島泰輔さんが、「原稿を書くんなら、キミにも書かせてやろう」ということで書いたのである。杉江博愛の署名につづいて（本大会出場選手）と括弧のなかに記されているのが、ぼくのひそやかな誇りであった。たまたまこれを見た毎日新聞の編集者が、こいつはレーサーで原稿も書くからということで、ぼくにサニーの試乗レポートをまかせたというわけだ。

　コースはお濠端一周というごく簡単なものだった。すでに現在の国立劇場が落成しており、その前でサニーの写真を撮った。このときぼくが書いた原稿のことはもはや一行たりとも正確には思い出せない。ただ、このときのサニーで覚えているのは、第一に「このシンプルさでいいんだ」という思いと「ちょっと安っぽいな」という矛盾する二つの印象が交錯していたことだ。そして、第二にキビキビ走るクルマだなということ。そして最後に、日産はなぜサニーをフロア4速にしなかったのかと疑問に思ったことである。

　一九五〇年代には熱狂的なコラムシフト主義者だったぼくは、このころにはフロアシフト派に転向していた。おもしろいもので、それまで多くのマニアがコラムシフトになることを望んでいるときには国産車はなかなかコラムシフトにならなかった。そして、ようやく五五年あたりからプリンス、クラウンが、さらに六〇年代にかけてブルーバード、コロナがコラムシフトになると、今度はスポーティなクルマを望むオーナードライバーたちは、フロアシフトを熱望し、「なぜ国産車メーカーは、フロアシフトにしないのか」と文句をいうのであった。オーナードライバーズ・カーはエンジンが小さいので、どうしてもヨーロッパ車のような4速ミッションが欲しくなるのは、当然といえば当然である。

一九五五年に「モーターマガジン」が創刊され、そのあと「月刊自家用車」が、さらに六二年に「カーグラフィック」が創刊されるなど、この当時、ようやく日本の自動車ジャーナリズムもその体裁を整えていたが、それらの雑誌もフロアシフト4速、バケットシートといったヨーロッパ的なスポーティカーを望みはじめ、それに対して一部のスポーティカーが回答を与えていく。たとえばヨーロッパ指向のメーカーであったいすゞは、ベレットに初めからフロアシフト4速、バケットシートを与えたし、日産もブルーバード410のSSに、フロアシフト4速を与えている。

そうしてファンの望みどおりに、だんだんフロアシフト4速が増えてきつつあるときに、サニーはコラムシフトで登場したのである。ブルーバードが310、410とずっとコラムシフトで押してきたからということもあったのだろう。しかし、それは時流をはずれていた。サニーから半年遅れで登場するカローラは、最初からフロアシフトで登場した。それを見て、サニーはあわててそれを追いかけるようにフロアシフトに変更する。

しかし、合理的な小型車作りということから考えると、フロアがいいのか、コラムがいいのかという問題は、そうかんたんに結論を出せるものじゃない。小さな1000ccのエンジンだから、4速でギアを細かく割って、使いやすくしようという考え方はもちろん正しい。しかし、フレキシブルなエンジンを3速でカバーして、コストを安く作ろうという考えもあながち間違いではないのだ。おそらく当時のエンジニアは、そのあたりの判断で揺れ動くものがあったのだろう。

サニーに載せられた1000cc、OHV、4気筒エンジンは少々うるさいが、とても活発であった。そしてボディが625kgと軽いので、実によく走った。その「よく走るなあ」という印象にはきわめて強いものがあった。やはりブレーキにのちのカローラ同様、問題を感じたが、それでも、いよいよ日本にもマイカー時代が到来し、本格的な小型車が登場したなあと思わせた。

しかし、そのサニーも半年後にカローラが登場すると、一気にその後塵を拝することとなる。カローラは羽が生えたように売れ、それこそ日本中に野火のように広がっていく。サニーもまったく売れないというのではなかったが、率直にいってカローラほどのバカ売れではなかった。このあたりから以後、長らく続くトヨタ、日産の熾烈な販売競争が始まるのだが、もし、自動車販売解説者というようなものがいたとしたら、「なんといいましょうか。日産のほうはいまいち……」とでもいいだしそうな、そんな雰囲気を感じさせるものがあった。

カローラに比べてサニーは一回り小さく見えた（実際、寸法もちょっぴりサニーのほうが小さい）。そしてエンジンは100cc違う。トヨタはカローラを「プラス100ccの余裕」というコピーで宣伝した。なるほどたしかに一〇パーセント違う。ボディも大きい。多くの人々にとって、同じクラスのクルマながら、カローラは重く、でかく、サニーは軽く、小さく見えたのである。

この時代になると、トヨタ、日産は日本のユーザー像が少しずつ見えてきたのではなかろうか。日産はサニーを作るにあたって、ユーザーのニーズとお偉い自動車設計技師さんのポリシーとのすり合わせをはかるわけだが、現れてきた結果は、どちらかといえば自分の会社の意思を全面に押し出したようなクルマであった。いっぽうトヨタのほうは、神谷正太郎という「お客様は神様です」の権化のような存在があって、技師の考えなどどうでもいい。大事なのはお客さんがそれを買ってくれるかどうかなのだというクルマ作りとなったのである。

のちにサニーは2／4ドアボディに、クーペボディを追加する。この初代サニー・クーペは、レーシングメイトの社用車としてよく乗ったものだ。レーシングメイトは、顧客にアクセサリーを買わせるための研究用としていろいろなクルマを買っていた。

サニーやカローラは当時のベストセラー・カーだから、当然、置いてあった。ぼくはそのサニーとカローラを乗り比べると、いつもサニーのほうがいいなと思ったものである。

しかし、いまから考えてみれば、だからといってサニーはいいクルマ、カローラは悪いクルマとかんたんに断定はできない。カローラだって、けっして悪いクルマというわけじゃない。ブレーキとハンドリングさえ改善すれば、相当いいクルマだったのだ。カローラは、いまの水準からすれば危険なクルマという領域に入るぐらいのブレーキとハンドリングだったが、当時はそれでよかったのだろう。大事なことは、この二車のキャラクターがはっきり分かれていたことである。そして、そのキャラクターゆえにカローラは売れたのである。

サニーは登場から四年目の一九七〇年、フルモデルチェンジされて、大きく重い二代目サニーとなる。日産はここで見事に、トヨタ戦略にはまってしまうのである。日産は相手の土俵にみずから上がり、そしてその土俵上のライバル、トヨタに実にうまい相撲をとられてしまう。日産は1100ccのカローラに対して、新しいサニーに1200ccのエンジンを与える。ところが、それに遅れて登場してきたカローラはすぐに1400ccを追加してきた。「だめじゃない。そのぐらい読めないの？」とばかりに日産はトヨタに完全にしてやられたのである。

この時代から、日本の自動車メーカーにとって、若者ユーザーはばかにできない存在となってくる。いわゆるベビーブーマーの世代の登場である。一九六五年あたりから七五年あたりにかけて国産車メーカーは、はっきりとそうした層をターゲットとしたクルマ作りをはじめる。カローラもサニーも、次々とクーペボディを出し、彼らのご機嫌うかがいをするのである。クルマ作りはどんどんスポーツ・タイプ一本やりとなり、大人たちはブルーバード、コロナへ、若者はサニー、カローラへと振り分けられていく。

そんな中でカローラは1600ccのDOHCエンジンを搭載した27レビンによって、若者の心をつかんだが、サニーにはとうとうその種の超スポーツ・ヴァージョンは出なかった。しかし、ことレースの世界となると、二代目サニーの1200GXのレーシング・ヴァージョンは無敵を誇った。なぜなら、そいつに搭載されたA12エンジンが、際限なくチューニングできる、いかにも日産らしいポテンシャルの高いものだったからだ。このA12エンジンは、かのオースチン技術の名ごりともいうべきもので、オーヴァー・クォーリティといわれれば、まさにその通りだが、実に丈夫ないいエンジンだった。

実際このA12エンジンはつい最近まで、レースの世界で現役で使われており、最終的には1200ccの自然吸気で、なんと150馬力という途方もないパワーをひねり出していた。しかし、それも生産終了後一〇年以上たつと、レースの規則に則って使えなくなるので、このエンジンもクラシックカー・レースを除いては、サーキットからは消えていった。この素晴らしいエンジンのことについては、日産の名誉のためにふれておかなければなるまい。

富士重工が乾坤一擲作った名車スバル1000

富士重工は軽自動車のスバル360をマーケットに問う前、P-1という1500ccの4ドアセダンを二〇台も作っている。そのうちの一部は、実際にナンバーを取って街中を走っていた。大学に入った当時のぼくは運転手付きの黒く塗られたP-1を丸の内界隈《かいわい》で何度か目撃している。走行実験の意味を含めて富士重工の関連会社に貸したのか、そのあたりの事情はわからないが、とにかくこの試作車はナンバーを付けて走っていたのである。

推察するに、一時、富士重工は本気でこのP-1でマーケットに出ようと考えていたのだろう。1500ccクラスの4ドアセダンといえば、当時、クラウンやセドリックのセグメントで、大口需要が期待されるハイヤー、タクシー業界をにらんだ企画といえる。富士重工は、自分たちのクルマ作りはまずはこのあたりから入っていこうと考えたのだ。

P－1は4気筒エンジンを前に積み、後輪を駆動するというごくごく平凡な4ドアセダンである。サスペンションは前がダブルウィッシュボーンで、後ろはリジッド／リーフ。これはすべてのアメリカ車がそうであり、かつクラウンと同じもので、当時としてはきわめてオーソドックスな手法といえる。全長が4・2m、全幅が1・67mと、当時としては相当大きいサイズだから、あらゆる意味でいろいろ工夫をこらす必要がないのである。

当時の富士重工は、このクルマに相当の自信を持っていたにちがいない。しかしそのP－1は、当時富士重工のメインバンクだった日本興業銀行から待ったがかかってしまい、富士重工は泣く泣くその計画を中断したという。まったく銀行屋なんてロクなものじゃない。もし富士重工がこのP－1を販売していたら、いったいどうなっただろうか。ことによると富士重工は三強の一角を占めていたやもしれぬ。しかし、もし、本気でこれにかまけていたら、スバル360は生まれてこなかったかもしれない。

そこのところはシロウトのぼくにはわからないが、おそらく興銀の判断は当たっていたのだろう。新しいクルマを作って売るということは、いまも昔もきわめてリスキーなビジネスなのだから。

それにしても富士重工は残念至極だったにちがいない。大学時代、自動車ショウを見に行くと、かならず関係会社の駐車場にこのP－1が停められていた。富士重工としてはせっかくたくさん作ったのだし、クルマがあったほうが便利だということで、これを使っていたのだろう。そこには富士重工のあきらめきれない執念のようなものが、ひしひしと感じられたものである。

涙をのんでP－1からスバル360に行った富士重工が、見事360をヒットさせると、ふたたび本格的自動車作りの情熱が燃えたぎってくる。そこで、360を開発した百瀬さんにふたたび白羽の矢が立てられ、スバル1000の研究、開発が進められることになる。今度はP－1のときと異なり、興銀からストップがかかることもなかった。開発を終えたスバル1000は、一九六五年秋に発表され、翌年の春から堂々、全国発売されることとなった。

スバル1000がすごいのは、スバル360がRRで大成功したところを、今度はFFでいったところである。しかもエンジンは新開発の水平対向4気筒＝フラット4

だ。当時、クルマのレイアウトというのは、まず「エンジンありき」で、レイアウトに合わせてエンジンを設計するようなことはしなかった。まずエンジン部門がエンジンを作り、それに合わせてレイアウトを考えていく。富士重工の前身である中島飛行機もそれと同じで、まず、星型18気筒の「誉」エンジンがあって、そのエンジンを活かす機体を、あれこれと考えたのである。

現代はこれとは逆だ。この手のレイアウトのクルマを作りたいという計画があると、そこからエンジンを起こす。たとえばゴルフのＶＲ６に載せられた狭角《きょうかく》Ｖ６エンジンなど、その典型である。飛行機も同様、まず機体があり、それに合うエンジンを設計するというのが、現代の航空機の考え方だという。エンジンの地位は相対的に下がってきているわけだ。しかし、この時代はまだまだエンジンの地位は高かった。おそらく富士重工のエンジニアはまずはフラット４を作りたいと思ったのだろう。なぜなら、当時は空冷水平対向４気筒のビートルが全盛時代だったから。空冷にするか水冷にするかの選択でスバルは水冷を選んだ。もともと飛行機屋の富士重工は空冷がお得意のメーカーだったが、効率を捨てて、乗用車エンジンということで静粛性のほうを選んだのだろう。

いまでも欲しいスバルFF－1スポーツ

当時、FFのお手本はそう多くはなかった。フィアットはまだFFを作っていないし、ルノーはまだRR、プジョーはFRだった。量産FFを作っていたのは、登場したばかりのADO15（ミニ）、ADO16、そして戦前からFFを採るシトローエンとドイツのDKW、そしてスウェーデンのサーブといったところであった。これらの数少ないFFのうち、エンジン横置きはADO15と16だけで、あとのシトローエン、サーブ、DKWあたりはすべてエンジン縦置きである。これらのFFのうち、スバルはサーブあたりにその範を求めたのではなかろうか。サーブのいかにも飛行機屋らしいあの合理的なクルマ作りには、どこか富士重工に一脈通じるものがある。

六〇年代の半ばは、FFがスペース・ユーティリティに優れているという説は、まだ定説とはなっていなかった。当時はADO15、16が出てはじめて、なるほどこれはスペースが取れるのだなあと、自動車屋さんたちが認識をあらためはじめたばかりだった。それまで小型車はスペース的にはRRにかぎるというのが定説で、この時期は小型車作りの端境期《はざかい》にあったといえよう。以後、フィアットを筆頭にヨーロッパの小型車はいっせいにFF化されたわけだが、スバル1000のFFの採用は、それに先立つもので、きわめて進歩的だったといえる。この先進的なスバル1000のクルマ作りは、のちのクルマに大きな影響を与えている。のちのアルファ・ロメオが作ったアルファ・スッドは、水平対向エンジンをなるべく低く置いて前輪を駆動するという、小型車として無理のないレイアウトを採るが、それはこのスバルをお手本にしたものだったというのは有名な話だ。

初期のスバル1000はコラムシフト4速で、ベンチシートであった。ぼくは初めてこのクルマに乗って、何よりも足元が広いのに驚かされた。リアシートもゆったりと二人が乗れる。室内の広さについてはサニーもカローラも遠く及ばない。こいつはすごいクルマだと思った。

ただ、富士重工というメーカーは、妙なことを思いつくところがあって、フロントシートのスライドシステムが妙ちくりんだった。スライドさせていくと、シートが山型に上がって沈んでしまうのである。その山型に上がったときは、少し背が高くなってペダルが近くなりすぎる。そこでもう少し遠くしようとシートを下げるとシートの高さが落ちるから、ペダルが思っているよりずっと遠くになってしまう。結局、いくら動かしてもいいポジションが得られないのだ。いったいどういうつもりで作られたシートなのか、それはいまだによくわからない。

走り出すと、バタバタ、バタバタ、ドドドドーッというスバル特有のエンジン音がするが、それは4速ギアとよく合った、よく回る高性能エンジンであった。当時、ぼくはFFのクルマはミニ以外にはまだ乗ったことがなかったのだが、スバル1000に乗ってみて驚いた。なんとスロットル・オンのままコーナーを回っていくのである。ほんとうはさらにスロットルを開くと、アンダーステァが強くなってくるのだが、普通のドライバーではそこまで飛ばさなかったろうから、このクルマを買ったユーザーは、文字どおりレールの上を走るようなフィーリングを堪能したことだろう。

たしかにFFレイアウトは、ハンドリングに与える影響大であった。第二次世界大戦前、シトローエンがFFを採用したのは、室内の広さを確保するためではない。それはハンドリングのためだった。室内の広さを求めて小型車がFF化していくのは、ミニ以降の話なのである。

もし、ヨーロッパ人たちが登場したばかりのスバル1000を本気で検討したら、おそらく彼らはえらく驚いただろう。当時の日本の自動車工業は輸出もようやく始まったばかりで、日本車の定評はまだまだ確立されていなかった。日本のユーザーの大半は、このクルマのすごさがわからなかった。だが、このクルマはほんとうにすごいクルマだった。

スバル１０００は三年後、マイナーチェンジされてエンジンが１１００ccに拡大され、１１００ＦＦ－１スポーツというモデルが登場する。これはぼくの自動車歴上、ベスト５に入る大好きなクルマである。カラーは黄色で、中が黒く、屋根の右上にアンテナがついているのがしゃれていた。

エンジンは水冷だが、バタバタと鳴るエンジン音はまさしくポルシェ３５６のフィールだった。ＦＦとＲＲの差はあるにしても、ぼくはこのクルマをポルシェみたいなクルマだと思った。ブレーキもディスクブレーキになり、よく効いた。ぼくはＦＦ－１を、日本で最初に生まれた本格的なスポーツセダンだと思っている。ただ、ＦＦ－１の欠点は値段が高いことだった。当時、ぼくはこのＦＦ－１が欲しかったのだが、こいつがやたらと高かったことを覚えている。

やがてＦＦ－１はさらにエンジンを拡大して１３００ccとなり、レオーネに変わる直前は１３００Ｇというスポーツモデルが登場する。しかし、この１３００Ｇはシャシーよりパワーの勝った、非常にバランスの悪いクルマだった。やはりスバル１００0は１１００ＦＦ－１スポーツにかぎる。もし、こいつの程度のいい、黄色いやつがどこかに残っていたら、ぼくはいまでも欲しい。一台買って、富士重工に持ち込んで、徹底的にリビルドして乗ってみたい。

　この1300あたりから富士重工は少しずつ逡巡《しゅんじゅん》が始まる。そしてそれ以後、その迷いはどんどん大きくなっていき、ずっと迷いっぱなしのままマーケットから見放されてしまう。スバル1100は営業的には失敗とまではいえないが、けっして成功とはいえなかった。カローラやサニーが万単位で売れていくのに対して、それを指をくわえて見ているというクルマになっていくのである。

　その理由はひとつは製造コストが高かったため、価格が高くなってしまったこと。もうひとつ、とくに致命的だったのはサービス性が悪いということだった。スバルというと、街の修理屋さんはみな、いやがったのである。たとえばクラッチ交換ひとつするにも、エンジンを下ろさなければならない。いくらオールアルミの軽いエンジンだからといって、クラッチ交換ぐらいでエンジンを下ろしていたら、その手間がたまらない。カローラやサニーはクラッチ交換でエンジンを下ろすようなことはないから、せいぜい二〜三時間もあれば簡単に作業ができる。クラッチというのは消耗品である。永久部品ではないのだから、そのくらいの整備性は考えて作らなければ、評判が悪くなるのは当然である。

　また、スバル1000はインボード・ブレーキという、きわめて凝ったシステムを採っていた。これはホイールにブレーキを付けず、エンジンに近いところに持っていったものだ。この利点はバネ下荷重が軽くなり、かつ空気の流通がよくなるというところにある。しかし、そのサービス性はえらく悪くなってしまう。ブレーキとブレーキのあいだにエンジンがあるから、修理や点検がたいへんなのだ。またエンジンの補機の取り回しも、えらく複雑になってしまう。これまた街の修理屋さんに嫌われる大きな理由のひとつとなってしまった。

ぼくの記憶が正しければ、インボード・ブレーキなどという高級なシステムを使ったクルマは、国産車ではスバル1000が最初で最後である。そもそも、それはレーシングカーのための設計なのだ。のちにスバル1000を参考にしたアルファ・スッドも、このインボード・ブレーキだけは採用しなかった。ミラノのエンジニアたちも、こいつはおまえ、やりすぎだよと思ったであろう。

スバル1000が売れなかったことが歴史を変えた

スバル1000は、いくらほめてもほめ足りない素晴らしいクルマであった。しかし、このきわめて理想主義的な、名門中の名門であるアルファ・ロメオでさえ真似をしたクルマは、あえなく三振ではないにしても、レフトフライぐらいに終わってしまった。多くのユーザーはスバルの先進性を理解できなかったし、また街の修理屋さんはこの面倒なクルマを、えらく嫌ったのである。かくしてスバル1000は登場してから五年後の一九七一年、あのみにくいレオーネへとモデルチェンジされていくことになる。

第二次世界大戦中、中島飛行機に結集した優秀な技術者たちは、外国の情報が遮断され、唯一細々とドイツから入ってくるだけという状態の中で、さまざまな発想によってグラマンに勝つ戦闘機、スピットファイアに勝つ飛行機を考え、作り出した。その発想はきわめて独創的なものであった。その伝統は戦後しばらくのあいだ、富士重工という会社の中で、脈々と生き続けていたのだろう。

草創期の富士重工には、いまの国産メーカーとは一味違ったものの考え方があったような気がする。第一、360ccという限られたエンジンで、大マジメに本格的な乗用車を作ってやろうとする発想がすごい。当時のクルマは、1500ccで50馬力出るか出ないかとやっていた。その時代に、その四分の一の360ccなのだ。しかし富士重工のエンジニアたちは、360ccでも十数馬力出る。そしてこの十数馬力でも、車重何kgのクルマに人が四人乗って、何パーセントの上り坂を登るじゃないかと、飛行機屋らしく理詰めで考えたのである。

　スバル1000にも同じ合理的な発想が随所に見られる。水平対向4気筒だとエンジンの搭載位置が低くできるから、重心を下げられる。そしてそのエンジンを、トランスミッションと直結したパワートレーンにして、フロントアクスルにオーバーハングして積めば、当然、フロントに荷重がかかるから、前輪を効率的に駆動できる。そうすれば足元が広がり、プロペラシャフトもないから、スペースをぐっと広くとれるじゃないか――こういう発想は、絵解きすればいまの高校生でさえ説明できることだが、これをゼロから考え出すというのは、ほんとうにたいしたものだ。

　当時、彼ら富士重工のエンジニアたちは、すでにアメリカで大成功を収めつつあったビートルのことはよく知っていた。フラット4をリアに積めばビートルのようなクルマは間違いなく作れたはずである。実際、360で基本的な経験はしていたからビートルに勝るとも劣らないクルマ作りはできたにちがいない。しかし、富士重工はそれをあえてFFとした。これはほんとうに見識であった。当時、FFはADO15も16も存在はしたが、まだまだ世界的にはマイノリティだったのだから。

　たしかにスバル1000はインボード・ブレーキなどに凝りすぎて、サービス性、生産性は悪かったかもしれない。しかし、その基本性能の高さはそれらを補ってあまりあるものがあった。ぼくたち五十代、六十代以上のユーザーは大きな反省をこめて、こうした優れたクルマを認めずにここまで来てしまったということを振り返りたい。評論家的なものいいをすれば、商品というのは、実はそういうものなのだといえるにしても。

スバルという名前は、クルマの名前にやたら横文字を与えるのが好きな国産車中、唯一、堂々たる日本語である。それでいて外国でも発音しやすい音感を持っている。ところが、富士重工はいまやスバルの名を消そうとしている。新しく出てくるクルマはレガシィであり、インプレッサであって、スバルの名はどこかに消えてしまっているのだ。富士重工はなぜ、伝統あるスバルの名を消さなくてはならないのか。富士重工の責任ある立場の人の話によれば、スバルという名前はダサいからというのだ。スバルという名前のどこがダサいのだろう。スバルがダサくてクラウンがダサくないというのは、いったいどういう理由からだろう。ぼくにはそれがまったくわからない。

ローレルのよさを当時のぼくは理解できなかった

ブルーバード510が登場した翌年の一九六八年、日産はローレルを登場させる。

ローレルはブルーバードとほとんど変わらぬ成り立ちだ。エンジンは1・8ℓの4気筒、クロスフローのOHC、フロントがストラット、リアがセミトレーリングアームによる全輪独立式サスペンションを持つ4ドアセダンである。

ローレルの最初のキャッチフレーズは「ハイ・オーナーカー」だ。このクルマの素《す》性《じょう》はそれがすべてを物語っている。当時、ファミリーカーの中心的存在はブルーバードとコロナだったが、ローレルはそれよりもう少しぜいたくで、大きめだ。ローレルはマイカーブームが到来する以前からクルマを所有してきた人、あるいは外国車に乗っていた人をターゲットにしている。ブルーバードやコロナよりは少し上だが、クラウン、セドリック的な社用車臭さはなく、少しスポーティで、若い人が乗っていても父親のクルマを借りてきたようには見えないというクルマである。日産はそうはいわなかったが、内心はBMWやアルファ・ロメオをイメージしていたのだろう。

ローレルとブルーバードの根本的な違いは、同じ4気筒でも、ローレルがプリンスのG型エンジンを使い、ブルーバードのほうが、日産の手になるL型エンジンを使ったことにある。ローレルのG型はもと飛行機屋だったプリンスお得意の、複雑で高性能なエンジンであった。

日産には、いまだプリンス系のクルマと、日産系のクルマの二つの流れが厳然として残っている。旧プリンス系でもグロリアは完全にセドリックに吸収されたから日産系になっているが、スカイライン、ローレル、チェリー系（すなわちパルサー）は、すべてプリンス系である。パルサーとサニーは兄弟車といわれているが、実はデザイナーも設計者もすべて異なる。同じクルマではないのだ。

プリンスを吸収してから長い歳月が過ぎたにもかかわらず、日産はいまだそのあたりを合理化していない。まあ、ユーザーにとっては、同じメーカーのなかでもこれは日産系、これはプリンス系と、いろいろなクルマを選べるというメリットはあるにしても、日産はトヨタのように、ボディ以外は実はまったく同じというクルマ作りをしていないというわけだ。

初代ローレルは、一九七〇年に日産としては初めての2ドア・ハードトップを出す。こいつはなかなかカッコのいいクルマだった。この時代、ローレルのエンジンは、プリンス系と日産系の二つが複雑に入り乱れているのだが、ぼくの好きだったのはG型エンジンの載る2000GXだった。

ぼくは日産から2000GXの広報車を借りて、渋谷の中谷《なかたに》で女房と待ち合わせしたことがあるのだが、そのとき店の前に駐車しておいたローレルをいちいち通行人がのぞきこんでいたのをよく覚えている。中谷というのは、渋谷のNHKに至るコロンバンのある坂を上がり切ったところにある、なかなかしゃれたレストランで、よく外国人がハンバーグなどを食べに来る店だった。

当時の渋谷にはまだパルコなんてものはなく、ちょっとしゃれた店がポツポツと点在するぐらい。通行人はＮＨＫの関係者か渋谷区役所に用事のある人ぐらいのもので、いまの盛況ぶりがウソみたいにのんびりしたものであった。窓の外を見ると、その数少ない通行人が何人か立ち止まって、「カッコいいね」「どこのクルマ？」と、ローレルを指さしているではないか。ぼくは「ああ、やっぱり、このクルマはカッコいいんだな」と思った。

このときのローレルは、ボディが真っ赤、ルーフがビニールレザートップのツートーンカラーで、なかなかカッコよかった。室内も、オートマチックのシフターはすでにフロアセレクターで、これまたスポーティであった。２０００ＧＸはなかなか好ましいクルマだったのである。

ハードトップはそこそこだったが、ローレルの４ドアセダンのほうは日産にとって、けっこういいビジネスとなった。このセグメントにマーケットがあることが明確になったわけだ。するとトヨタは、「ヒヒヒヒッ」とほくそえんだかどうか、それではとばかりにマークⅡを登場させた。これは全輪独立懸架などというしち面倒くさいことはいっさいやらず、手持ちの部品をかき集めてでっち上げ、豪華豪華の外装と内装を与えて、「はい、お安いお値段でいかがでしょう」というクルマであった。そしてそれはたちまちにしてユーザーの心をつかみ、猛烈にバカ売れし、先行したローレルのマーケットを蚕食《さんしょく》してしまう。

で、ぼくはというと、実はマークⅡを買ってしまったのだ。真っ赤な1900ハードトップ、オートマチックである。これまた懺悔《ざんげ》、懺悔、また懺悔である。この恥ずべき消費行動について、ちょっとだけいいわけをさせてもらうと、この当時、突如女房が自動車に乗りたいといいだした。それで一緒にマークⅡを選んだというわけだ。いまにして思えば、たとえ女房が乗るのであってもやはりローレルを買えばよかった。当時のぼくはまさに大衆の代弁者であった。

恥ずかしながらローレルよりマークⅡを選んでしまった理由を開陳しよう。ぼくにはローレルの内装は（この場合、4ドアだが）きわめて簡素に見えた。シートのビニールはビニールでもいいのだが、それがいかにも安っぽいのだ。有楽町や新橋あたりの場末のビルには、何を仕事にしているのかわからない、じいさんが数人だけヨレヨレししているというような会社がよくあるが、そういう会社の事務所には決まって安っぽいビニール張りの応接セットがある。ローレルのビニール・シートはまさにその感じなのだ。その気になればたとえビニールだろうが、しゃれたスポーティな演出はできるのだが、ローレルにはセドリックのときに見せたような腕の冴えが見られなかった。

もうひとつ、マークⅡのシートには高さが調節できるダイヤルがついていた。のちにそれはガタガタになってしまうのだが、それにもぼくは魅力を感じた。ヒップポイントを調整できるシートはマークⅡだけだった。さらにオートマチックのシフターの形状もマークⅡのほうがずっとしゃれていた。

いってみればローレルは硬派、マークⅡは軟派だったのだが、ぼくはそのマークⅡの軟派ぶりに、コロリと騙《だま》されてしまったのだ。さすがにそのころは1・9ℓエンジンと1・8ℓエンジンの「100ccの差」には騙されず、エンジンはローレルのほうがずっとよいと思ったが、そいつはローレルを選ぶ決定的な要因にはならなかった。むしろ、先にあげたような「軟派」な理由で、ぼくはマークⅡを買ってしまうのであった。

当時の徳大寺有恒は、ごくごく普通の大衆だったのだ。それにしても、ものを知らないというのは恐ろしいことである。人間、貧乏暮らしをしていると、手もなくこの種の「ちょっとぜいたくに見える」というテクニックにひっかかってしまうものなのだろう。

ここ四十年近くを振り返れば、日本のユーザー大衆がトヨタ車に目をくらまされて、トヨタ車を買いつづけたのは、よくわかる。ジャグァーにしてもデイムラーのダブルシックスにしても、実際にそれらのクルマにしばらく乗ってみると、その安物的な部分が誰にでも見えてくるはずだ。ところがトヨタのクルマはそれを許さない。トヨタのクルマを買った人は「いいね、いいね」で、八割近くが満足してしまう。トヨタというメーカーは、ユーザーを酔わせるツボを探り当てているのだ。対する日産は、とうとうそのツボが探り出せないまま今日に至ってしまった。そして「ウチのほうが、モノはいいんだけど……」と、涙にかきくれるというわけだ。

日産はクルマ作りにおける普遍性ということを、とことん考える必要があった。自動車メーカーにとって、自分独自のモノ作りのポリシーはたしかに何よりも大事だが、そのポリシーと普遍性をどうすり合わせるのかを考えていくことはもっと大事なのだ。トヨタは、トヨペットSAなどを作っていた初めのころは、まだそれを見つけてはいなかったが、クラウンを作るあたりからとりあえずはその方途を見つけ、それ以後、拡大に続く拡大をしてきたのだ。

ところが日産はその方途を見つけられないままやってきた。日産の企業としての成長は、日本のモータリゼーションの膨張に乗ったがゆえの結果である。マーケットの自然増が日産をごく自然に巨大化させたのだ。この時代、日産は「技術の日産」の名に恥じぬ、きわめて良心的なクルマ作りをしていた。ブルーバードしかり、スカイラインしかり、そしてこのローレルしかりである。だが、その良心的なクルマ作りも、七〇年代に入ると、だんだんあやしいものとなっていく。なぜなら、黙っていてもマーケットが自然増で膨張していくのだから。

先発のブルーバードがコロナに水を開けられ、小型大衆車の先鞭を切ったサニーが、後発のカローラに追い抜かれても、さらにこのローレルが、あとからやってきたマークⅡにそのシェアを喰い荒らされても、日産が作るクルマの絶対的な販売台数は増加しつづけた。そして、その中で相対的なシェアは、年々トヨタに奪われていったのである。ローレルの歴史には、そうした日産の歴史がよく反映されているように思えてならない。

マークⅡに目がくらんだぼくは自分が恥ずかしい

マークⅡが発表されたとき、ぼくは、会社を経営しながら、もういっちょまえの自動車評論家で、いろいろな雑誌に署名原稿を書いていたから、いちおうトヨタも発表会に招待状を送ってきた。会場はたしかホテルオークラだったたか、当時のくわしいことはすべて忘れてしまったが、ひとつだけ強烈に覚えているのは「コロナ・マークⅡ」というそのネーミングのこっぱずかしさであった。

いまとなってはさすがに国産車も、外国のクルマの名前も断りもなしに拝借したりはしなくなったが、コロナ・マークⅡというのは、いかにもお恥ずかしいネーミングじゃないか。なんとなれば、英国にはジャグァー・マークⅡという名車があるのだから。トヨタの名前のパクリはこれだけじゃない。センチュリーというクルマがある。これはGMのビウィック・センチュリーからのいただきだ。日本の商法では、商標登録は先に願書を出したほうが勝ちという決まりだから、センチュリーを登録していなかったGMは、先にセンチュリーを作っていながら、日本ではその名前では売れない。

まあ、トヨタだけを責めるのは不公平だから、日産についてもふれておこう。日産にはプレジデント・ソブリンというのがあった。このソブリンというのは、かの英国の名車、デイムラー・ソブリンから来ている。日本を代表する大日産、大トヨタともども、なんともまあお恥ずかしい話である。ここまで性根の貧しいことをやるなら、いっそのことトヨタ・ロールス・ロイスとか、日産・ベントレー、日産・メルツェデス・ベンツとやったらいかがなものか。

　このように人が知らないと思えば平気でカッコよさそうな横文字言葉をパクるトヨタ、日産があるかと思えば、富士重工は富士重工で、清少納言以来の伝統ある「スバル」という名前を、ダサイからという理由で消そうとしている。こいつは「全滅」を「玉砕」といい、「敗戦」を「終戦」といって言葉遊びでことの本質をごまかしてきた日本人の、悪しき体質そのものじゃあないのか。日産、マツダ、三菱といったメーカーが、取ってつけたように与えては消してきたクルマの名前はいったいどれほどあることか。日産だけをみても、チェリー、バイオレット、ガゼール、オースター、ローレル・スピリット等々、枚挙にいとまがないありさまである。

　というわけでマークⅡは華々しくも、かつ恥ずかしげもなく、ジャグァーの名前を借りて、堂々デヴューした。それは当時のトヨタの、なにはともあれデラックスという路線を忠実に反映したクルマであった。前ウィッシュボーン、コイルによる独立、後ろリジッド／リーフという、もはや当時としてもオーソドックスなシャシーに1・9ℓの4気筒エンジンを載せ、そこにパワーウィンドウ、ステレオ、エアコン等々、当時の技術で可能とした豪華アクセサリーを、これでもかこれでもかと、あらんかぎり満載したクルマである。そしてそのアクセサリーの渦は簡素にして高性能のローレルを、あっさり圧倒してしまう。

「物書きは自分の恥をさらして生きていくんだ」とは作家の五木寛之さんの教えだが、それにしてもこのマークⅡはわが痛恨の車歴である。

ところが、こいつがなかなか壊れない。会社がつぶれるまでの丸二年間、乗っていたのだが、その間、まったくのノントラブルだった。ただ、当時のトヨタのエンジンはクォーリティが低く、新車のときはサラサラといい音がしていても、ものの五〇〇〇キロも乗ると、タペットから何からすべてが音を出し、ガチャガチャ、シャカシャカとうるさくなってしまった。またハンドリングはこの時期のトヨタ車の特徴で、なんともひどいものだった。でもブレーキはよく効いたし、足として使うにはいいクルマだった。

当時、ぼくの乗っていたローバー2000P6は、マークⅡに比べたら死ぬほどよかった。4気筒なのでそう静かじゃないが、インテリアは総革張りで気持ちがいいし、とにかく乗り心地が抜群にいい。ローバーからマークⅡに乗り換えると、ドシン、バタンとまるでトラックにでも乗っているようで、ウンザリさせられたものである。

ローバーはクラッチペダルが少々重く、加えてその角度が悪いので、雨の日など足が滑って、ポーンとクラッチが戻ってしまうことがときおりあったが、それ以外は欠点たる欠点はなかった。こんなに素晴らしいローバーだったが、女房はけっして運転しようとはしなかった。結局、二台所有するのはもったいないということで、泣く泣くローバーのほうを売ってしまった。

実はもうひとつ、マークⅡに乗ろうという積極的な理由があった。それは自動車評論家のはしくれとして、国産のオートマチックがどんな具合か知りたかったのである。これはのちに聞いた話だが、当時のトヨタは二万キロ保証だったが、実際には五万キロでも七万キロでも無償で部品交換をしたのだという。トヨタはそうやってオートマチックの普及につとめたのである。さすがの品質のトヨタも、まだこの当時はクォーリティにばらつきがあって、比較的早々に壊れてしまうオートマチックもあったらしい。でも、トヨタはすべて無償交換で対応したそうだ。

そのへんは、ほんとうにトヨタという会社はたいしたものだと感心する。トヨタはこれはと思ったことは少々のことではあきらめず、とことん投資する。そして、それがまたけっして方向を間違えないのだ。彼らは日産が思いつきで言い出した「ハンドリング世界一」なんてことには投資しないのである。ぼくはトヨタと日産という会社を見ていると、やはり森を見ているのがトヨタで、木を見ているのが日産だと思わざるをえない。

この時代、マークⅡに対応する日産のクルマはローレルとスカイラインだが、ローレルはともかくマークⅡは、なかなかスカイラインの名声を凌駕《りょうが》することはできなかった。当時のスカイラインはL型のストレート6を載せ、全輪独立サスペンションという、本格的な成り立ちで、この日本では珍しくブランドが確立していた。そんなスカイラインをマークⅡが追い越すには、相当の時間がかかった。

マークⅡは一九七二年に二代目となって、6気筒版を出す。それはクラウンに搭載されていたエンジンであった。ボディも初代よりぐっとヴォリューム感のあるものが与えられる。しかし、この段階でもまだマークⅡはスカイラインを凌駕することができなかった。

マークⅡが、日本の中産大衆にバカ売れしはじめるのは、マークⅡ／チェイサー／クレスタと、三兄弟がそろい踏みしてからだ。トヨタは一九七六年の三代目マークⅡに続いて、翌年まずチェイサーという兄弟車を出す。これはマークⅡをほんのちょっぴりスポーティにした、スカイライン・イーターを目指した、早い話がくだらないクルマである。ところが、そこに新しいG型エンジンの6気筒が与えられた初代のクレスタが登場すると、マークⅡブームに火がつく。このクレスタがヒットしたのである。そして引き続いて登場した新しいマークⅡとチェイサーも、それに引きずられてバカ売れする。マークⅡブームは、このクレスタのおかげといっていい。

このG型の6気筒エンジンが与えられるまで、マークⅡは、クルマ好きの間では評価はきわめて低かった。「やはり6気筒はスカイラインだよね」という定評だったのである。そこでトヨタは、それまで以上にオートマチック・トランスミッション、エアコン、パワーステアリング、パワーウィンドウといった快適装備による満艦飾《まんかんしょく》作戦の方向にマークⅡを振っていくのである。

それでも三代目マークⅡのデザインは、なかなかたいしたものだった。とくに2ドアハードトップのフォルムは、五〇年代のアメリカ車を彷彿させるものがある。そして、その顔はジャグァーそっくりであった。ついにマークⅡは、ここにきて名前だけでなく、フロントマスクまでジャグァーからパクってしまうのであった。

三代目のマークⅡは、もはやほとんどが6気筒版となった。4気筒版は廉価版あるいは営業用として、地方のタクシー需要などに使われていた。トヨタのドル箱的存在マークⅡの基礎は、この三代目のときに作られたといっていい。この時期トヨタはマークⅡというクルマのコンセプト、売りのポイントをつかみかけていく。マークⅡが爆発的に売れた理由は、直接的にはユーザーの収入が増えたからであるが、この三代目はその前哨戦を闘ったクルマなのである。

かくしてマークⅡはどんどんミニ・クラウン化していく。トヨタは、多くのユーザーはちょっぴり安いクラウンが欲しいのだということに気づいたのである。そしてここでもまた、クラウンはトヨタ車のスタンダードとしての意味を持つことになる。

やっと買ったシビックRSはひどい乗り心地だった

一九七二年に登場したシビックは、四輪で行こうかそれとも二輪に戻ろうかと、フラフラ揺れていたホンダの四輪路線を確固たるものにした。ホンダ１３００でギンギンのスポーティ・サルーンを作り、ゴロゴロ転倒して失敗したホンダは、一転、このシビックで小型経済車のトランスポーターを目指す。シビックという名前は当時流行った「シビルミニマム」から採ったものだ。そのアイディアは明らかにＡＤＯ16からいただいたものだ。人マネの大嫌いな本田宗一郎さんは、個人的にこのＡＤＯ16を持っておられ、ぼくも何度かそのクルマに乗せてもらったことがある。

シビックは、のちに彗星のごとく現れて世を騒がせた自動車評論家、徳大寺有恒が、しつこくくりかえして主張した「エンジン横置きＦＦ、２ボックス、ハッチドア付」小型車の先駆けである。ただのＦＦということではスバル１０００があるが、これはエンジン縦置き。エンジン横置きの先輩は日産のチェリーだが、これは2ボックスではない。完全な3ボックスでもないが、リアに独立したトランクルームを持つクルマであった。

シビックはホンダ初めてのビッグヒットとなり、ホンダのドル箱となった。ま、ドル箱といってもシビックしか作っていなかったのだが。シビックの人気にはすごいものがあり、当時、大きなクラウンやスカイラインに乗っていた人たちも、こぞってシビックに乗り換えた。こういうクルマは他に例を見ない。小型、低燃費のシビックは最初のオイルクライシスにぶつかったこともあってますます売れ、アメリカ市場でも人気を博し、ホンダにとって「四輪を作っていてよかったね」という初めての乗用車となったのである。

ホンダはこのシビックの成功で四輪の世界で認知され、マーケットにホンダユーザーを確立する。それまでのホンダはスポーツカー好き、バイク好きのあんちゃんといった、ごく限られたユーザー層しかなかったのが、このシビックの成功によって、教育レベルの高い、クルマだけでなく世の中の他のことにも一家言あるファンがついてくるようになる。またこの時代は、ちょうど団塊の世代が自分でクルマを買える年代になっている時期だった。ここでホンダは団塊の世代の心をつかみ、以後、彼らに多くのファンを得るようになる。しかし、ホンダにとってはそこが難しいところだ。団塊の世代はいまや年を取りすぎている。

シビックは折からのオイルクライシスで、多くのライバルたちがうろたえているなか、ほんとうに颯爽《さっそう》と見えた。このころぼくは講談社の男性雑誌に編集者として勤めていた。当時の講談社は少年マガジンで大儲けしており、全社を挙げて『あしたのジョー』の力石の葬式などというバカなことをやっていた。そんな時代であっても、シビックはとても颯爽としていた。

当時、ぼくの友人、知人が次々とこのシビックの新車を買っていた。ぼくはうらやましくてならなかった。シビックのシリーズでいちばんいいのはGLで、これは濃紺か濃いグリーンのボディ、ちょっと濃いめの赤がかったタンのビニールレザーの内装と、イギリス車のような雰囲気のあるクルマだった。ホンダはこの当時からインテリアがうまく、ダッシュボードはブルーに光って、ちょっぴりローバーを彷彿させた。GLの下にはハイデラックスがあり、これにはGLのような頑丈な5マイルバンパー風ではなく、普通のバンパーが付いていた。内装はグレーのモケットで、ぼくはこのハイデラックスが欲しかったのだが、いかんせん貧乏編集者の収入では、とうてい買えなかった。

シビックはその後、4ドア版も作るなど順調に発展して、一九七四年にはRS＝ロードセーリングという、ハイパワーのスポーティ・ヴァージョンを作る。登場直後からシビックが欲しかったぼくは、意を決してなけなしの金をはたき、このRSの中古車を買った。

結果はえらい目にあった。130㎞／hも出すと160㎞／hを示す、いかにもホンダ車らしい、いいかげんなスピードメーターはご愛嬌としても、なんとも乗り心地が悪いのである。こんな乗り心地の悪いクルマというのも、そうザラにあるものじゃない。固められたサスペンションはほとんどロールせず、カタカタ、ゴツゴツ、カタカタ、ゴツゴツと、フリクションと突き上げが、走っているあいだじゅう、襲ってくるのである。まあ、値段の安い中古車だけあって、ボロはボロだったのだが、ともかくその乗り心地は最悪であった。そのため、わが女房どのは「あのクルマは気持ち悪くなっちゃうから」と、このRSの助手席についに乗ろうとしなかった。

この乗り心地の悪さは、サスペンションのホイールストロークが短く、かつ固いことから来る。このホンダのレーシングカー的な設計は、このシビックに始まって、長いあいだ続いたが、それにはホンダなりの理由がある。この時代、ホンダはN360の欠陥車問題を抱えて苦しんでいた。当時のN360はやたらコロコロと転倒して、欠陥車としてマスコミに騒がれていたのだ。クルマなんてものは、どうやったって転ぶときは転ぶものだが、その転倒をネタに、ホンダは数々の賠償請求を迫られ、キリキリ舞いさせられていたのである。

一説にホンダの幹部はこの一件には心底こりて、それからは重心の高い、ロールするクルマをえらく恐れるようになったという。それがホンダがやたら背が低く、幅広く、サスペンションストロークが短くかつ固いクルマ作りをする理由だそうだ。なるほどそいつはあながち嘘じゃなさそうだ。

このカタカタグルマのRSはべつとして、ごく普通のシビックの考え方はそれまでの国産車にない面白い提案だった。リアシートがイギリス風にフロントシートより高いからルーフの高さが少し足りないとか、のちに登場するゴルフに比べるとトランクルームが小さすぎるなど、いろいろ問題はあったが、いまから考えてみると、このクルマの「小さい」という特徴はとてもよかったと思う。

のちにシビックは、この小さくあることを忘れ、他の国産車と同様、拡大路線の一途をたどっていく。4ドアが登場したとき、このクルマのホイールベースはこのクラスではもっとも長いほうだったが、その後、このホイールベースも相対的に短いものとなってしまうと、以後、シビックはモデルチェンジごとに拡大されていく。いまやシビックの全幅は、小型車枠目いっぱいの1695㎜である（一九九三年当時）。シビックを東京都内で見ると、他のクルマも大きくなっているせいもあって、さほど大きくは感じないが、これをパリあたりで見るといかにも大きい。

シビックは発売の翌年にはオートマチックが加えられるとともに、CVCCと称する有名なエミッション（排ガス）コントロールのエンジンを与えられ、パワーよりも燃費重視の側に振られていた。副燃焼室を持つCVCCエンジンのアイディアは昔、旧ソヴィエトでも実験されたそうだが、これも本田さんが毎日研究所に通い、エンジニアを叱咤《しった》激励《げきれい》して完成したものである。このホンダの技術を結集して作り上げられたCVCCも、歴史的にはたしてよかったかどうかは疑問の残るところだ。現在では、結局、触媒がいちばんいいということになってしまっているのだから。

ホンダは第一次オイルクライシスでF1への参加を中止した。それはシビックのヒットと同時であった。このときの本田さんの説明は、F1の技術者をすべて排ガスコントロールの研究のために投入するためだというものであった。それは本当だったのだろう。当時、ホンダの開発は猫の手も借りたい忙しさだったという。

当時、ぼくはトヨタの関係者に聞いたのだが、ホンダというメーカーは、日本の自動車メーカーのうちでもっともエンジニアの絶対数の多い会社だったという。事実、本田さんは二輪時代から、湯水のごとくお金を使ってエンジニアを集めたらしい。もっと驚いたのは、トヨタが2000GTを作っていたころ、トヨタでクルマ作りにあたっているエンジニアの数は、あの小さなヤマハと大差ないということであった。もちろん生産技術関連のエンジニアはごまんといると思うが、クルマ作りに従事しているエンジニアだけに限れば、トヨタとヤマハは変わらなかったというのだ。トヨタがいちばんエンジニアの多い会社になるのは、排ガス対策の苦労の山を越えてからである。

シビックの成功は、まだ二輪車メーカーのシッポを引きずっていたホンダに、本格的な自動車ビジネスとはいかなるものかを理解させた。当時のホンダの販売網はトヨタ、日産と比べるとチャチなものであった。自転車屋さんに毛の生えた程度のモーター屋さんが、ホンダ車を売っていたのである。それでもユーザーはシビック欲しさに、モーター屋さんの店先に列をなした。以来、ホンダは店頭販売を重視する、日本で唯一の自動車会社となったのである。

トヨタ・カローラ（KE10）①1966年、②3845×1485×1380㎜、③2285㎜、④710kg、⑤水冷直列4気筒OHV、⑥1077cc、⑦60ps／6000rpm、⑧8・5kgm／3800rpm、⑨43・2万円

カローラ・レビン1600（TE27・MQ）①1972年、②3945×1595×1335㎜、③2335㎜、④855kg、⑤水冷直列4気筒DOHC、⑥1588cc、⑦115ps／6400rpm、⑧14・5kgm／5200rpm、⑨81・3万円

ダットサン・サニー1000スタンダード（B10）①1966年、②3800×1445×1345㎜、③2280㎜、④625kg、⑤水冷直列4気筒OHV、⑥988cc、⑦56ps／6000rpm、⑧7・7kgm／3600rpm、⑨41万円

サニー・クーペ1200GX（B110GXK）①1970年、②3825×1515×1350㎜、③2300㎜、④705kg、⑤水冷直列4気筒OHV、⑥1171cc、⑦83ps／6400rpm、⑧10・0kgm／4400rpm、⑨63万円

すばる1500（P-1）①1954年、②4235×1670×1520㎜、③2535㎜、④1230kg、⑤水冷直列4気筒OHV、⑥1485cc、⑦55ps／4400rpm、⑧11・0kgm／2700rpm、⑨（試作車）

スバル1000スーパーデラックス（A12）①1966年、②3930×1480×1390㎜、③2400㎜、④695kg、⑤水冷水平対向4気筒OHV、⑥977cc、⑦55ps／6000rpm、⑧7・8kgm／3200rpm、⑨58万円

ニッサン・ローレル2000GXハードトップ（KPC30TK）①1970年、②4330×1605×1380㎜、③2620㎜、④1020kg、⑤水冷直列4気筒OHC、⑥1990cc、⑦125ps／5800rpm、⑧17・5kgm／3600rpm、⑨87・5万円

トヨペット・コロナ・マークII 1900ハードトップSL（RT・72S）①1969年、②4295×1605×1395㎜、③2510㎜、④1030kg、⑤水冷直列4気筒DOHC、⑥1858cc、⑦100ps／6200rpm、⑧13・6kgm／4200rpm、⑨84・8万円

ホンダ・シビック1200RS（SBI）①1974年、②3650×1505×1320㎜、③2200㎜、④695kg、⑤水冷直列4気筒OHC、⑥1169cc、⑦76ps／6000rpm、⑧10・3kgm／4000rpm、⑨76・5万円

第7章

スポーツカーこそわが命

フェアレディこそ日本のスポーツカーといいたい

ぼくにいわせてもらえば、古いクルマというのはナツメロである。誰だって美空ひばりの歌を聞くと「あのころ、おれは何をやってただろう」と思う。自動車もそれだ。「ああ、そうだ。六〇円タクシーって、あったっけなあ」というその思いが大事なのである。フェアレディというクルマはぼくにとって大切なナツメロのひとつだ。日本最古の、そして当時唯一のスポーツカーである。

ぼくがおやじからもらったダットサンで水戸近郊を彷徨《ほうこう》していたころ、わが水戸の街にはダットサン・スポーツが一台だけあった。色はボディがアメ色、フェンダーが黒というしゃれたツートーンであった。一九五二年に登場したダットサン・スポーツは、日本の自動車史上スポーツと名乗った最初のクルマである。こいつはとても重要なことだった。たとえ860ccのサイドヴァルブエンジンで、とことことしか走らないとしても、そのダットサン・スポーツが戦後の水戸の街を走っている姿というのは実に颯爽《さっそう》としていた。

その颯爽たるダットサン・スポーツから六年後の一九五八年、全日本自動車ショウに、同じダットサン・スポーツの名で1000ccのオープンカーが登場する。形式名S211。こいつは210ダットサンのシャシーの上に、なんとプラスチックボディを架装したものである。

オープンの2＋2ボディ、色もクリーム色に赤のツートーンなんぞを奢《おご》り、なかなかたいしたものだった。そして日産はこれを左ハンドルにしたSPL212を作り、怖いもの知らずというか、図々しいというか、笑っちゃ悪いが、フェアレディの名でこれをアメリカに輸出したのである。まあ、考えてみれば、当時の日本にはこんなクルマを受け止めるマーケットなんか存在していなかったのだから、それは当然なのだが。こういうクルマを日産が作ったということはつくづくおもしろい。いまだにアメリカの中古市場には、珍車という格付けでこのダットサンがときどき顔を出すという。

ダットサン・スポーツというクルマを見ると、ぼくはこの時期の日産は、やっぱりオーナードライバーを見据えていたのだなあと感心する。いまでこそ自動車メーカーは、オーナードライバー以外のユーザーは相手にしていないが、日産はこの時代からオーナードライバーを重視してきた。こいつはほんとうに特筆すべきことだ。この路線はトヨタとのシェア争いをするという大事な時期に、悲惨なことになってしまったのだが、それでもこのことは忘れてはならないと思う。

日産というのは本来、こういうダットサン・スポーツのようなクルマを作りたがるメーカーだ。なにしろ銀座に本社、横浜に工場があるという都会の会社なのだ。こいつはぼくの想像だが、きっと日産にはトヨタとは違って、根っから自動車好きな、戦前からの上流階級の子弟がたくさんいたんだろうと思う。だからこそ、こういうクルマを作ろうという気になるのだ。そんな彼らは「オースチン・ヒーレーみたいなクルマが欲しいネ」なんて話し合っていたにちがいない。

初代フェアレディのSP310（SPL212は輸出専用だった）が登場するのは、一九六一年の全日本自動車ショウである。ぼくはこのモーターショウにはいろいろな思い出がある。この年、ぼくが本流で出してもらった『スポーツカーワールド』が、まったく売れなかった次第は前に書いたとおりだが、この返本を処理するために、ぼくは自動車ショウの会場で行商をするハメになったのである。

本流はその年、自動車ショウの会場にブースを開いていた。自動車会社のエンジニアが会場に来るので、自動車関連の洋書が売れたのだ。そこで売れ残った『スポーツカーワールド』を売ろうということになった。社長の居村さんが「杉江君、責任取って売り子になってきなさい」と、ぼくに命じた。かくして、六一年の自動車ショウは初日から最終日まで毎日通うことになった。おかげでずいぶんたくさんの自動車関係の友達ができた。

その因縁のモーターショウで、なんとスポーツカーが発表となった。それがフェアレディ１５００、型式名ＳＰ３１０だった。そして富士重工もスバル４５０ベースのスポーツカーのプロトタイプを出す。スポーツカーの当たり年、すごい年であった。もうぼくは自分のブースなんかどうでもいいわいと、毎日、クルマを見て回った。

フェアレディはちょっと幅は狭いけれど、ＭＧＢに似ていた。まだ当時はそんな用語は知らなかったが、ズバリ、ショートノーズ、ロングデッキスタイルで、いいなと思った。ただ、いま思うとプロポーションが悪い。フロントスクリーンがもう少し後ろに来れば、もっとカッコよくなるのだが。

このダットサン・フェアレディ１５００が実際問題として、日本のスポーツカーの真の先駆けだろう。スポーツカーの条件である高性能という意味では、少なくともまあまあの高性能であった。フェアレディ１５００はメルツェデスが１９０ＳＬから２

50SLまでの間に採った前2座、後ろ横向き1座の3座方式を真似している。日産はなんの疑念もなくパクったのだろう。この時代、日本の自動車メーカーにとってパクリは、疑念なしにおこなえる行為だったのである。

フェアレディは翌六二年から生産に移され、さっそく六三年の第一回日本グランプリのスポーツカーレースに出場する。ドライバーは日産スポーツカー・クラブ会長の田原源一郎氏であった。このレース用フェアレディはウィンドウスクリーンの上を、ちょっぴり切り取っていた。色はシルバーグレー、もちろん日産が用意したクルマである。当時、このクラスのライバルは、ポルシェ1600スーパー90、ポルシェ356、トライアンフTR3/TR3A、MGBといったところ。ぼくの欲しいスポーツカー、きら星たちがドーンと出ているのだ。それら並みいるライバルを圧倒して、フェアレディはゆうゆうと一等賞に輝いた。ヨーロッパのスポーツカーたちは相手にならなかったのである。

もちろんワケがある。このフェアレディはストックじゃなかったのだ。他のスポーツカーは、みなナンバー付の、街で使っているクルマをかき集めたものだった。横浜の何とかさんが何持っているよとか、誰々さんのトライアンフ出そうよといったノリで集めたのだ。それに対してフェアレディのほうはメーカーで用意したのだから、エンジン、シャシーがまったく違う。パワーがあり、車高が低くてスプリングが固い。要するにレース用だったのだ。勝つに決まっているのだ。

それでも事情を知らない日本の自動車マニアは、国産車が外国車を蹴散らしたのを見て、われとわが目を疑った。「ダメだダメだダメだよ、おまえ。フェアレディなんかダメだって。第一、ブレーキがディスクじゃないんだから」などとわかったフリをして、外国のスポーツカーがいかに高性能であるかを得々と説明していたぼくは、すっかり立場をなくしてしまった。友人はぼくをつかまえると、「おまえ、いつもダメだっていっているけど、国産車はいいじゃないか」とぼくを責めるのだ。それに対してぼくからの反論はなし。メーカーが手に入れているなんて事情は知らないものだから、「うん、あれは、たまたま速かったな」などと応えるしかなかった。

レースの結果というのはたいしたもので、フェアレディは一挙に増えた。レース用に特別に改造されたクルマだったのだから、スイスイと軽く勝っていたのも無理はないのだが、そんなこととはつゆ知らぬぼくも含めた一般の人のフェアレディに対する評価は一気に高まったのである。

で、第二回日本グランプリはというと、今回はメチャクチャな惨敗。フェアレディは一〇等賞にも入れなかった。スカイライン２０００ＧＴが登場して、このクラスに一挙に七台も投入されたからである。フェアレディはスカイラインと式場君のポルシェ904がくりひろげるバトルのずっと後方で、まったく相手にされていなかった。話題にすら上らなかった。

SP310は一九六七年にフェアレディ2000、型式名SR311へと発展する。マニアはこのSRをもって本当のスポーツカーだという。SRのエンジンは1982cc、OHC、4気筒に、ソレックスのツウィンキャブレターを与えてチューニングされた本当のスポーツエンジンだった。これはすごいエンジンで、かなりうるさいのだけれど、速かった。ただシャシーがプアなのでエンジンが勝ったじゃじゃ馬である。SR311はいまだにコレクターズ・アイテムとして、日本ではきわめて高く評価されている。

このSR311のデビューは富士スピードウェイがオープンして間もなくである。ある日、ぼくが富士スピードウェイに行くと、日産が一台の赤いスポーツカーを走らせていた。ボディはフェアレディだが、いたるところにカッコいいエア取りの穴が開いており、エンジンの音が違う。ドライバーは北野元が乗っていた。ぼくがあれは何だろう、何だろうといっているうちに、日産はこれを日本グランプリに出してきた。もちろん当時のグランプリはすでにレベルが高くなっていたから、第一回のときのようにはいかなかったが、とても速いフェアレディだなどの強い印象を残した。そうこうするうちに、生産型の2000が登場したのである。いかにも外国のスポーツカーのような誕生のしかたである。以後、フェアレディ2000は多くのアマチュアドライバーが、それを駆ってレースに参加する。

SPもSRもそれなりにアメリカに輸出された。そして、今回は前のフェアレディのときよりずっと多い台数だった。これによって日産はスポーツカーというものが、アメリカでは売れるのだということを知る。そしてスポーツカーをもっと安く量産できたら、必ずビジネスになるなと確信する。

当時のアメリカ日産の社長に片山豊さんという人がいる。片山さんは日産スポーツカー・クラブの特別会員で、若き日には、ぼくが水戸で目撃した例のカッコいいダットサン・スポーツにお乗りになっていたそうだ。片山さんはぼくのことをすごく可愛がってくれ、「キミの書く本はおもしろいネ」といってくれる。現在でも八十歳というご高齢にもかかわらず、かくしゃくたるものである。日産の対米輸出の大功労者だが、アメリカ日産の社長のまま引退なさった。

ぼくが思うに日産でスポーツカーの推進者となったのはこの片山さんあたりにちがいない。片山さんはアメリカに渡る前から、日産は何があってもスポーツカーを作るべしと考えていたのだと思う。そしてアメリカに渡った片山さんは、宣伝やなにかでこのスポーツカーをうまく使ったのだ。

フェアレディZは世界中のスポーツカーを滅ぼした

フェアレディで成功した日産は、つぎに本格的なGTカーを作ろうと決意して、オートバイ・メーカーのヤマハと共同開発を始める。ところがこのプロジェクトは途中でヤマハと日産の意見が対立し、ご破算とあいなってしまう。このプロジェクトのヤマハが担った部分はトヨタに引き継がれ、かのトヨタ2000GTを誕生させる。いっぽう日産はヤマハとは完全に手を切って、独力でこのプロジェクトを完成させる。そうして生まれてきたのがフェアレディZである。

フェアレディZの登場は間違いなく、日本のクルマのなかでは最高といっていいくらいのエポックメーキングだ。フェアレディの登場は世界のスポーツカー史を塗り替えた。スポーツカーの歴史は、フェアレディ以前と以後とに分けてしかるべきほど、強いインパクトを与えたクルマだ。それがフェアレディの功績であり、罪でもある。

フェアレディZは片山さんの努力もあって、アメリカで発売以後、ビッグヒットとなった。その全盛時代には、なんと月に六〇〇〇台も売れたのだ。これによって、ヨーロッパのスポーツカーメーカーはことごとく死に絶えた。MGもトライアンフもオースチン・ヒーレーも、すべてフェアレディに敗れ去り、辛うじて生き残ったのがポルシェ。アルファ・ロメオも瀕死の重傷を負った。こうして世界に十数社あったスポーツカーメーカーは、すべてやられてしまった。

日本では少数派にすぎないフェアレディは、遠くアメリカ・マーケットで世界のスポーツカーの歴史を大きく変えてしまった。ごく少数のモーガンやら、ロータス、あるいはまったく値段の違う、フェラーリとかランボルギーニ――この手のクルマはライバルでもなんでもないが――には何の影響もなかったが、ほとんどのフェアレディ以後のスポーツカーは、大なり小なりコンセプトに影響を受けることとあいなった。

ポルシェもフェアレディとの闘いで変化していった。ポルシェの911は2ℓモデルで始まったのだが、フェアレディが出て売れだすと、2・2ℓ、2・4ℓ、2・7ℓと、逐次エンジンを拡大していく。フェアレディがアメリカに上陸した当初、その価格は三五〇〇ドル少々とバカ安い。ポルシェとしては自分の値段の半分から四割ぐらいのクルマには、どうしても負けるわけにはいかなかったのだ。かくしてポルシェは現在のような大排気量のクルマであることを強いられていく。

では、なぜアメリカでフェアレディはそんなにウケたのか。それはこのクルマが本格的なスポーツカーでありながら、すべての快適システムを持っていたからだ。エアコン、パワーウィンドウ、ステレオなどは最初からすべて装備していた。オートマチック、パワーステアリングはなかったが、それもすぐに加えられた。そういうスポーツカーはいままで世界になかった。フェアレディZはそれを実現し、ビジネスとしてのスポーツカーを成立させたのである。

初代フェアレディZのデザインからは、フェラーリ275GTBのコンセプトが見てとれる。早い話、フェラーリをマネしたのである。実はヤマハとの共同開発車のデザインもそれに近かったそうだ。フェラーリとフェアレディは、線のデリケートさと美しさでは似ても似つかない。フェアレディはポンポン、ポンポンとワッフルを作るように作るクルマ、もう一方は職人の名人がトンテンカンと手作りで作るクルマと、その素性はまったく違うが、デザインコンセプトは同じというところがすごいというか、えぐいというか。フロントの処理はデ・トマゾ・バルルンガあたりに似ている。ま、日産は当時のカッコいいクルマのいろんなものをくっつけ合わせて、フェアレディZをでっちあげたというわけだ。それでも多くのアメリカ人は安くてお手軽ということで、このクルマが大好きだった。

忘れもしないのは、このころ「ロード・アンド・トラック」誌に載ったオペル１９００ＧＴの批評だ。オペル１９００ＧＴはフェアレディをちょっとコピーしたようなクルマだったのだが、この批評記事の結論は、「このクルマはあらゆる部分で最高に近いと評価できる。そしてその最高とは、ズィー・カー（Ｚカー）である」というものだった。かほどフェアレディＺの評価は高かったのである。

フェアレディは日本では２ℓだったが、アメリカでは２・４ℓの２４０Ｚが売られた。また日本にはＺ４３２という、スカイラインＧＴ－Ｒに載った２ℓのＤＯＨＣ、４ヴァルブ、３キャブレターエンジンを載せたモデルが販売された。いまやコレクターズアイテムとして稀少価値の高い４３２は、レースに使うとポテンシャルが高かったが、実際に公道で乗ったら２４０のほうが上である。

一時、日本でもこの２４０Ｚを売ったことがある。ぼくはこのクルマの最上級クラスのＺＧで大阪までにぎり飯を喰いながら、ひかりと競走したことがある。このとき、ひかりには負けたが、こだまには勝った。東名入口から西宮の出口までで、こだまに対しては十五分以上は速かった。当時、こだまは三時間五十分だったが、ぼくは三時間三十分ぐらいで走ったのである。２４０はトルクがあって速いクルマだった。ま、当時の東名高速は空いていることも空いていたけれど。

フェアレディはいままでは、なんていうことのないスポーツカーだ。スピードからいったらスープラだって速いし、RX－7もある。NSXという高級なスポーツカーもある。しかし、それらはスポーツカーのワン・オブ・ゼムにすぎない。スポーツカーというのは、普通のクルマ以上に、その歴史が大切なのだ。そのスポーツカーがどんな歴史を背負っているか、どんな生い立ちをしたかを考えるとやはりフェアレディは、日本を代表するスポーツカーだと思う。

フェアレディはいろいろある国産スポーツカーのうちで、もっとも重要なモデルだ。それは、「どのクルマがいいか」という設問を超えているとぼくは判断する。ときにはライバルのほうが速いこともあれば、またハンドリングが上ということもあるだろう。だが、そういうことじゃないのだ。一九五二年、日本で初めて「スポーツ」と名のつくクルマを作って以来、ずっとスポーツカーの灯をともしつづけてきたということが、とても重要なことなのだ。

しかし、日産はスポーツカーを作ろうとするには、少々デカくなりすぎたようだ。巨大企業がスポーツカーを作って売るというのは、そうとうに難しいことなのである。そりゃあ月に六〇〇〇台ぐらい売れれば、さすがに日産のふところもうるおうだろうが、いまやそういう時代じゃない。スポーツカーは世界的に冬の時代だ。アウトバーンに１３０㎞／ｈのスピードリミットが施行されようかというとき、２００㎞／ｈだ、２５０㎞／ｈだとはいっていられまい。

ライバルのトヨタはスープラの新型を発表した。そいつは２５０㎞／ｈでリミッターが効くという。ということは２８０㎞／ｈぐらい出るということだ。しかし、ぼくはそういうことをするのはフェラーリとかポルシェぐらいまででいいと思う。この世の中に、その手の２５０㎞／ｈカーが存在することの意義を否定はしないが、トヨタや日産が作るスポーツカーは、もはや世界のどこにも一メートルたりとも合法的にそのスピードを出せるところがないという事実を、そろそろ考えるべきじゃないだろうか。アウトバーンに速度規制が敷かれれば、世界に１３０㎞／ｈ以上の道はなくなるのだから。フェラーリけっこう、ポルシェもいいでしょう。しかし、やはり年間一〇〇万台以上作るメーカーのスポーツカーというのは、もうそろそろ、いろいろなことを考えなければなるまい。

おもしろいことに、ぼくはフェアレディというクルマを、歴代を通じて好きになれなかった。しいてぼくの心をとらえたのは、初代のＳＰだろうか。Ｚはどうしても好きになれない。ぼくの愛しのＭＧやトライアンフを亡き者にしたことが、きっとぼくがフェアレディＺをいまだに好きになれない理由だと思う。

でも、自動車評論家としては、フェアレディZの立派さを無視するわけにはいかない。実際、ぼくはフェアレディをたいしたもんだと認めている。やはり日本の自動車の中で、これまで述べてきたような意味での影響を与えたクルマというのは他にない。他のヨーロッパのメーカーに「ああいうクルマを作りたいネ」と思わせたクルマは、国産車ではフェアレディ以外にないのではなかろうか。日産という会社はおもしろい会社だ。ぼくのトヨタに対する思いはつねに明快である。しかし、日産に対しては、いつも千々に乱れてしまうのである。

日産からこんな話が聞こえてきたことがある。フェアレディをモデルチェンジさせないで、あのまま消滅させようかという意見が社内にあるというのだ。ぼくはその話を聞いたとき、日産の人に「もう日産は自動車メーカーじゃないな。日産がフェアレディを作るのをやめるなんていうのは、もう自分が自動車メーカーたることを放棄したも同然だよ」と思わずいっていた。フェアレディはそのくらい、日産にとって大事なクルマだとぼくは思っている。

日本の高速時代の夜明けに登場したスカイライン

いまだ日産に吸収されていなかった六〇年代初頭、プリンスはブルーバード、コロナに対抗する小型車を作ろうと考えた。そこで一九六三年に生まれてきたのが、ボディスタイルを一新した二代目スカイラインだ。すなわち5ナンバー枠が拡大されて、それまで3ナンバーで同じボディだったスカイライン／グロリアが5ナンバーになると同時にグロリアだけとなり、宙に浮いてしまったスカイラインの名を1500cc、4気筒の小型車で復活させたのだ。

二代目スカイラインは実に高性能なクルマだった。この1500ccエンジンは70馬力、のちにはパワーアップされて実に88馬力を発生した。当時のコロナは1500でも60馬力、二代目ブルーバードはもっと小さなエンジンと、ライバルの両車が比べものにならないぐらい高性能だった。そして、運転してみるとオーソドックスではあるが、とてもいいクルマだったのである。

ぼくはトヨタのドライバーとして、このスカイライン1500とレースであいまみえている。正直いって、このスカイラインを相手に闘うのに、コロナ1500ではレースにならなかった。なにしろ一周のラップタイムが五秒も違うのだから。鈴鹿サーキットで五秒ラップタイムが違うというのは、約四〇〇メートルの差がつくということである。いつもレースに負けていたいいわけではないが、これでは最初から勝負になろうはずがないのだ。

しかし、このクラスの群を抜く高性能も知る人ぞ知るというものであり、二代目スカイラインはブルーバードやコロナのような人気を得ることができなかった。それは価格が高かったということもあるのだろう。スカイラインはついにこのクラスの小型車の主流になることはなかった。

ところがそのスカイラインが、いわゆる第二回日本グランプリでのポルシェとの死闘以降、一挙に名声を得て、日本の名車としてもてはやされるようになるのだから、クルマの命運というものはわからない。

モーターファンなら周知のように、スカイラインを改造したスカイラインGTは、鈴鹿の第二回日本グランプリで、式場壮吉の操るポルシェ904と激しく闘い、万余の観衆を熱狂させる。そして、スカイラインの命運はこのレースで決定されるのである。

当時プリンスはグロリアのためにOHC、6気筒の2000ccエンジンを作っていた。このエンジンはセドリックに使われていたオースチン・ベースのエンジンや、クラウンのそれとはまったく異なる高性能エンジンであった。しかし、ようやく名神高速が一部開通した一九六四年当時のユーザーは誰もそんなことには気がつかなかったし、またスカイラインがその実力を発揮する場もなかった。

一九六五年に名神高速道路が全線開通するまで、日本の自動車工業界は高速性能ということをほとんど考えていなかった。当時のユーザーたちのクルマの評価は、タクシー業界での評価をそのまま反映したものだった。すなわちどれだけ丈夫か、それがすべてだったのである。ところが名神高速道路の出現と同時にその評価基準は一変してしまう。そしてこの名神で、国産車は初めてその高速性能をテストされることになる。それまで「ダットサンは足回りが丈夫だ」などといっていた人々の自動車評は、名神開通後は「あのクルマは名神でエンジン噴いちゃうぜ」となるのである。通称〝電気カミソリ〟の三代目コロナは、その売り出しのときに「名神高速一〇万キロ連続走行公開テスト」というのをやった。夜昼ぶっ続けで名神を何百回と往復して、時速一〇〇キロで一〇万キロを無故障で走りぬくというキャンペーンだが、これを見ても当時のクルマがいかに高速性能に注目しはじめたかがよくわかる。

だから、これに先立つ一九六二年、鈴鹿サーキットを作った本田宗一郎さんの功績は、ほんとうにすごいものがある。日本車の性能向上はすべて本田さんに帰結するといっても、いいすぎではないぐらいだ。万が一を恐れて、現役のうちは絶対に自分ではクルマを運転しないという通産省や運輸省のお役人たちが、サーキットなんてものは間違っても作ろうはずがない。それを一企業が巨額の投資をして作りあげたのである。

鈴鹿サーキットが登場するまで、各自動車会社もテストコースを持っていることは持っていた。しかし、サーキットコースとテストコースでは根本的に違う。テストコースでは基本的に加減速がない。ところがサーキットでのレースでは、加速してシフトアップ、ブレーキングしながらシフトダウン、ふたたび加速してシフトアップと、加速とブレーキングをいやというほどくりかえす。そして最高速度を出した直後にフルブレーキングと、自動車にとってはきわめて苛酷な走行条件だ。サーキットは自動車の総合技術を磨くうえで、ほんとうに重要なのだ。

いまやモータースポーツは、ただの見せ物と化してしまったが、六〇年代から七〇年代にかけての日本のモータースポーツ界は、まさに明日の市販車のテスト場という感じだった。鈴鹿サーキットはどれだけ日本車の性能アップに寄与したか、その功績にははかり知れないものがある。しかも、当時の本田さんは、まだ四輪を作っていなかったのである。本田さんが鈴鹿サーキットを作ろうとした決意はほんとうにすごいことだったのだ。

当時、多くの国産車メーカーは、自社のクルマのテスト走行に鈴鹿サーキットを利用した。そのさい、他メーカーを交えず専用で使いたいから、専用使用権をとるわけだが、その使用料は一時間三〇万円であった。それにたいして多くの人は、ホンダは儲けすぎだと文句をいった。何をケチなことをと笑わせる。その効果を考えるならば、一時間五〇〇万円支払っても、高いということはないではないか。高いと思うなら、自分の会社でサーキットを作ればいいのである。

「スカG」神話の誕生を、鈴鹿でぼくは目のあたりにした

プリンスはこのグロリア用エンジンにウェーバーのキャブレターを三個付け、ギリギリまでチューンナップし、それをスカイラインに載せて第二回日本グランプリに挑んだ。それがスカイライン2000GT誕生のきっかけである。スカイライン1500はもともと4気筒で設計されているから、この6気筒エンジンは長すぎて載らない。そこでホイールベースを延長し、エンジンベイを長く採って、このエンジンをぶちこ

んだ。そして、プリンスはこのレース仕様のスカイラインを急遽一〇〇台作り市販することによって、当時のGT規格を満たしてレースに参加してきた。

この日、ぼくはポルシェでプライベート参加した式場君のピットの責任者をやっていた（それにしてもトヨタの契約ドライバーでありながら、ポルシェのピット責任者をやることができるなど、当時はのんびりしていたものである）。いわば裏方である。その裏方だったからわかるのだが、そもそもスカイラインとポルシェは互角になんて闘っちゃいなかった。最初からポルシェに圧倒されっぱなしだったのだ。

式場君が持ち込んだポルシェは、スカイラインとは次元が違うクルマだ。９０４は重量はわずか５７０kgしかない本格的なレーシングカー。かたや２０００ＧＴは１t以上もある重戦車のような乗用車なのだ。この両車が本気で闘ってまともな勝負になるわけがない。そいつは式場君はもちろん、スカイラインに乗っていた生沢徹君も同様、よくよくわかっていたことである。

スカイラインがポルシェを一瞬でも抜くことができたのにはこんな事情がある。いまでは考えられないことだが、このレースには、紅一点の女性ドライバーが初代フェアレディに乗って参加していた。彼女は五周も走れば、早くも周回遅れになるという、とんでもないノロマな走りっぷりであった。式場君はこのフェアレディをヘアピンカ

富士スピードウェイの設計アドバイザーとして来日していたスターリング・モス氏を囲んで。左から著者、浮谷東次郎、式場壮吉、生沢徹、石津祐介、浅岡重輝、ミッキー・カーチスの各氏。(1965年)

ーブで抜こうとしたが、フェアレディはいきなりフラフラと尻を振った。危ないとブレーキを踏む。そこをスカイラインの生沢君がドーンと抜いたのである。

式場君や生沢君はレースを通じた仲のいい仲間だった。このレースが始まる前も生沢君は、「おい、式場、万が一オレが抜いたら、一周ぐらいトップを走らせてくれよ」と、冗談で語っていた。式場君はスカイラインに抜かれた瞬間、この言葉を思い出した。その気になれば式場君はこのヘアピンの先の直線でスカイラインを軽く抜けたのだが、「ひとつ、グランドスタンド前ぐらいは徹のやつに走らせてやるか」と思い、生沢君のスカイラインを先行させた。かくしてスカイラインがポルシェを従えてグランドスタンド前に現れる、かの伝説のシーンとあいなったわけだ。

そのときの鈴鹿のスタンドたるや、もう総立ちだった。スタンドを埋めた十数万人のファンは、ワーッと熱狂し、大歓声を上げた。その瞬間、みんなポルシェに憧れながらも、突然、日本人の血が沸き上がったのである。このときの大歓声はいまだにぼくの耳の底に残っている。

式場君のポルシェはその大歓声の中で、悠々とスカイラインを抜き返した。そして、それを最後にスカイラインは二度とポルシェを抜き返すことはできなかった。しかし、この偶然のドラマはスカイラインというクルマを日本人のクルマ好きの心に強く焼き付けた。翌日のスポーツ新聞のタイトルはすごかった。一面にドーンと「泣くなスカイライン、鈴鹿の華《はな》」ときたものである。以後、ポルシェと闘ったスカイラインの名は伝説として、長らく人口に膾炙《かいしゃ》することとなる。そして、このクルマで自動車が好きになったという人は、実に多いはずである。

プリンスが、いや、日産というべきか、日本のレーシングカーがポルシェを本当に破るのは一九六九年の第六回日本グランプリでのことである。このとき、ポルシェは当時、無敵と呼ばれた917で登場した。ポルシェが唯一作った12気筒エンジンを載せた、強力なレーシングカーだ。この917を黒沢元治君が操るニッサンR382が力でねじふせる。それはポルシェの本当の敗北であった。なぜならこのときのポルシェはプライベートではなく、ワークス体制を組んで、日本へエース・ドライバーを連れてやってきたのだから。このレースでポルシェは圧倒的な差で負けたのだ。

このときの勝利は黒沢君が上手だったことと、日産の取った戦略が当たったことにある。日産はR382を2台しか出さなかったが、この2台とも6ℓエンジンを搭載していた。対するポルシェは4・5ℓである。どんな精密なマシーンでも排気量が1500cc違うと、まず勝負にならない。それはレースの世界では常識である。なにせ相手は「誉」発動機を作った連中だ。そのエンジニアたちが真剣に取り組んでいたのだから、ポルシェといえど、そうそう勝てるわけがない。

実をいうと、その前の年も日産はポルシェに勝利していたのだが、そのときのエンジンはシヴォレーのエンジンであった。だからこの年の勝利は一〇〇パーセント日産のものとはいえない。しかし、R382に搭載された6ℓ、12気筒エンジンは、純粋にプリンスの技術陣が作った、プリンス最後のレーシングエンジンであった。六四年のスカイラインGTの初代から数えて、五年後のことである。

ぼくはよく、プリンスが日産に吸収されず、独立してやっていたら、いまごろはどうなっていただろうと考えることがある。ことによるとプリンスは日本の自動車メーカーとしては、他メーカーと一味も二味も違った、素晴らしい高性能車を作りつづけたかもしれない。しかし、そのいっぽう、同じ中島飛行機から分かれた富士重工の現在のありさまを考えると、しょせん、それはぼくの勝手な想像にすぎないのかもしれないとも思える。

プリンスは、そのハードだけを見ていくと、日本の自動車シーンの中で、きわめて活発に暴れまくったメーカーである。とくにエンジン技術の部門では群を抜いていた。しかし、経営的には借金に借金を重ねて、結局、通産省の肝煎りで、因果をふくまされて日産に吸収されていく。おそらく親会社であったブリヂストンとしても、これから本当の乗用車時代が始まるのに向けて、系列企業に特定の自動車メーカーがあるのは本業にマイナスになると考えたのかもしれない。そして、ことによると、その判断は正しかったのかもしれぬ。いまやブリヂストンは世界的に見ても、トップクラスのタイヤメーカーとして市場に君臨しているのだから。

「愛のスカイライン」は初めての通好みのスポーティカーだった

スカイラインはおもしろいクルマだ。日本グランプリを沸かせた二代目から現在に至るまで、固定した熱狂的ファンがついていて、しかもプリンス時代の二代目から七代目まで同一の開発責任者——桜井真一郎さんによって作られたという、国産車としてはきわめて珍しいケースである。

いろいろな意味でスカイラインはヨーロッパのクルマに近い成り立ちをしている。ではスカイラインがヨーロッパ車のようかというと、けっしてそうではない。それはきわめて日本的な演歌的な義理人情的なムードを強く背負ったクルマである。「オレの目を見ろ、なんにもいうな」の世界なのだ。

スカイラインがそんなクルマとしてできあがってきたのは、スカイラインを取り巻く諸条件がヨーロッパ的だったからだろう。レースによって名声を得る、一人の開発責任者が何代にもわたって作りつづける――そういう条件を与えると、クルマはその国の国民性を体現したクルマになるのだろう。そして、そういうものができるというところが、ヨーロッパのシステムなのである。

プリンスとの合併から二年後の一九六八年、日産は三代目スカイラインを登場させる。型式名GC10《テン》、いわゆる「愛のスカイライン」である。GC10の成り立ちは、当時日産がブルーバード、ローレルで完成させた前ストラット、後ろセミトレーリングアームというBMWスタイルのシャシーにストレート6を与えてGTを作るというものであった。そしてこのGC10で重要なのは、DOHC、4ヴァルブという、当時としてはきわめて凝った高級なメカニズムの6気筒エンジンを与えて、ツーリングカー・レースで走らせることを目的としたGT－Rが登場したことである。

クルマ好きはよくスカイラインを名車という。しかし、他のクルマをなるほどリードしているなとぼくが思うのは、九代の歴史のなかで二台しかない。それは桜井真一郎さんの手を離れ、初心にかえってボディサイズが小さく引き締まった八代目スカイラインと、このGC10である。その他のスカイラインはすべて先代でいいクルマができて名声が高まると、次の代でスケベ根性をだして堕落するというくりかえしだ。

GC10は、当時の国産スポーツセダンのなかで一頭地を抜く成り立ちだった。当時、トヨタ車は2000GTを除くと全輪独立式サスペンションの量産車は一台もなかった。当時の日本車で全輪独立式といえば日産のブルーバード、ローレル、あとは富士重工のスバル1000ぐらいなものだった。そんななかでGC10は進歩的なサスペンションと比較的コンパクトで力強い6気筒エンジンを持つ、本格的なスポーツセダンだったのである。

ようやくこの時代になって日本でも運転を楽しむユーザーが増えだした。そんな人たちはビートルやボルボの中古に乗るなど、いろいろなやりくりをしながら外国車に乗り継いでいたが、そんな彼らが目をつけた国産車がこのGC10だった。実際、日産も当を得たもので「われわれはBMWやアルファ・ロメオのようなクルマを作りたい」と率直に認めていた。かくして愛のスカイラインは本当に一世を風靡《ふうび》する「通のクルマ」となった。そういうクルマは日本で初めてだったのではなかろうか。

初めてGC10に乗ったとき、ぼくは狂喜乱舞というほどではないが、やはりいいクルマだなあと思わされた。GC10のパッケージは当時の国産車にあって出色のものだった。そのシートレイアウトはヒップポイントを低くして、足を前方に投げ出してドライブするという、当時の国産車としては珍しいもので、スティアリングから左手を落としたところにシフトレバーが直立しているという、イギリス車の文法そのままを体現していた。なるほど、これではクルマ好きは参るだろうなと思わされたものだ。

のちに日産は2ドア・ハードトップ版を追加する。この2ドア・ハードトップはホイールベースが短いところがミソだった。ホイールベースが短いことはクルマをスポーティにさせるし、2ドア・ハードトップというボディをカッコよく見せる。初代GT－Rはすでに4ドアで登場していたが、この2ドアとなってから一段と輝きを増すことになる。初代GT－Rは日本の名車列伝といった雑誌の特集記事などがあると、かならずその最右翼にあげられるクルマだ。

GT－Rに載ったS20エンジンは中島飛行機で「誉」エンジンを設計した中川さんの最後の息のかかったものだった。おそらく中川さんでなければこういう設計はしなかったであろう、理想主義的なエンジンだが、バカ重くて、整備性が悪いところなどは「誉」ソックリであった。このS20は、日産の最初のプロトタイプ・レーシングカーであるR380に載せられて、世界速度記録を塗り替えるなどして活躍したエンジンをもとに作られている。

S20のフィーリングは、現代の4ヴァルブ・エンジンとはまったく異なるものだ。現代ではシングルカムでもこれくらいは軽く回るが、当時、6000～6500回転も回るということは信じられないことだった。ツウィンカムと4ヴァルブで無理やり回しているのだが、当時はさまざまな材料の膨張率や収縮率、あるいはエンジン内部での燃焼の解析がまだ進んでいなかったから、当然、そのフィーリングは古典的だ。回せばたしかに力強いが、きわめてヴァイブレーションの強い、野蛮なエンジンなのだ。

ぼくが乗ったGT－Rには何も付いていなかった。パワーウィンドウはもちろん、ラジオもヒーターもなし、付いているのはバケットシートにシートベルトだけという状態で、ヴァイブレーションの強いエンジン、ノイズの高いトランスミッション。しかし、その野蛮さがよかった。そして、それを納得させられるだけの、当時としてはズバ抜けた性能をGT－Rは持っていた。

GT－Rが登場した当時、ぼくはレーシングメイトをつぶしたばかりで、鬱屈した毎日を送っていた。なんとなく里心がついたのだろう、ある日、GT－Rを駆って二、三日、水戸に帰ろうと思いたった。会社がつぶれて六カ月ぐらいして落ち着いた冬の始まりごろ、ぼくは借りだしてきたGT－Rに女房を乗せて水戸に向かった。このとき、ぼくはいつもと違って、宇都宮を通過し、矢板《やいた》を右に入って烏山《からすやま》を抜ける山間部を通るコースをわざわざ選んだ。烏山の峠道にさしかかると小雪がチラついてきた。

女房は毛布を腰に巻いていた。ヒーターすらないので、寒いのである。ぼくがこのときのドライブで感じたのは、運転する以外、ほんとうに何もないクルマだナということだった。唯一のウィークポイントとして、若干ブレーキが弱いということはあったが、それ以外はぼくが知っているこの種のクルマ、たとえばロータス・コルチナと比べても、ずっと力強く、野性味豊かなクルマであった。

いまやこのGT－Rのような野性味豊かなクルマはなくなってしまった。法律的にエミッションやらノイズやら、いろいろな部分ががんじがらめになっていて、そういう野蛮なクルマは作れないのだ。運転していて、自分が男であることを感じさせるようなクルマ、野性味豊かなクルマを手に入れようと思ったら、いまの世の中ではフェラーリのF40ぐらいしかあるまい。

一九七二年、GC10はフルモデルチェンジされて、当時としては非常にアメリカンなボディを得て登場する。いわゆる「ケンとメリーのスカイライン」である。おそらくこのケンメリのスカGは日産にとっても桜井さんにとっても自信作だったとは思うが、ストイックなGC10とは違って、〝売りたいな〟というのがミエミエな、いかにもシロウト受けしそうなクルマだった。その成り立ちは基本的にはGC10とまったく同じだったが、いかんせんボディが重く、性能的にも低かったのである。GT－Rはケンメリにも継承された。しかし、このケンメリGT－Rは短命に終わってしまう。GC10のGT－Rとケンメリの GT－Rの関係は八代目のGT－Rと現在の九代目GT－Rの関係にソックリだ。なんとなれば、もはや九代目GT－Rにはレースで勝つという目標がないのだから。ケンメリのGT－Rは登場したとたんオイルショックに襲われ、活躍するはずだったレースの火が消えてしまった。日産は存在意義を失ったケンメリのGT－Rをわずか二〇〇台にも満たないで生産中止してしまうこととなる。

ケンメリのGT－Rは稀少価値ということで中古車価格も高かった。しかし、それはあくまで生産台数が少ないというだけのことである。ケンメリのGT－Rもエンジンは S20ではあるものの、ホイールベースは4ドアと同じロングホイールベースのままだった。しかもボディが重いから充分な性能を発揮できず、おそらくレースに参加したとしても、とうてい活躍はできなかったことだろう。ほんとうのスポーツ・セダンとしての価値は愛のスカイライン、GC10にあったとぼくは思っている。

だが、ビジネス的にはケンメリのスカGは大成功をおさめ、それはスカイライン史上最大のヒット作となる。ケンメリ以後、スカイラインは最盛期には月産一万台を売る「売れるクルマ」となり、そして以後、八代目スカイラインが登場するまでクルマとしてはつまらなくなる一方であった。それは設計者の桜井さんが歳をとり、野性味を薄れさせていくのと並行して進んでいったのだろう。

それにしてもプリンス出身の桜井真一郎という一技術者が一台のクルマをずっと手がけたということは日本としては珍しくおもしろいことだった。野心家の桜井さんも歳とともに老いたとは思うが、日産の中にあってまあまあ、うまくスカイラインを作りつづけたと思う。スカイラインの名声はそのスポーティさにあるのだが、歴代スカイラインは馬鹿馬鹿しいほどスポーティではなく、若干のスポーティさと豪華さのバランスのとりかたがうまかった。とくにGC10からケンメリのころのスカイラインは桜井さんのキャラクターがそのまま生きていたのではなかろうか。

ただ、ぼくはスカイラインというクルマを自分のものにする気になかなかなれなかった。スカイラインの持つ演歌調がなんとも苦手だったのである。この時代、ぼくが欲しかったクルマはアルファ・ロメオの1750ベルリーナとBMWの2002であった。当時2002は出たばかりで、ぼくはこいつに目を奪われていた。多くの外国車、国産車に乗りついだぼくだが、結局、ぼくが買ったスカイラインは、ずっと後年になってからの八代目のGT-Rだけである。

ホンダS600、こんなにぼくの気持ちを熱くさせたクルマはない

戦前の日本にも大正の末ごろから、お金持ちの間で自動車をおもしろがった人がたくさんいた。日本でいちばん最初にレースをやったのは大倉喜七郎さんだという。大倉さんはケンブリッジに留学したときに、現地でベントレーなんぞを買い込んで走り回り、おやじさんをカンカンに怒らせたあげく日本に帰ってこいと呼び返されたそうである。

そういう人たちが代々木練兵場の近くで、まずは神前にお参りしてからダーッと走ったのが、初期のレースだったらしい。そして、それがそこでは危ないということになって、やがて多摩川の河原へ移ったというわけだ。

財閥の息子でも貴族の子弟でもなかった本田宗一郎さんは、当時、東京のアート商会というガレージへ丁稚奉公していた。そして、そこのおやじさんにエンジンを教わりながら、運転も身につけ、やがて本田さん自身も一時期、草レースでレースを経験している。

その本田宗一郎さんは一九五七年から五八年ごろ、ひとつサーキットを作ってやろ

うと思い立つ。本田さんのそういう感覚は、日本の自動車屋の常識からかけ離れたものだ。もともとホンダは鈴鹿に工場があり、その近くに広い土地を買ってあった。本来は厚生施設みたいなものを考えていたのだろうが、本田さんがサーキットを作るんだというと、社内で反対する者はいなかったのだろう。

一周六キロ、オランダのフーゲンホルツというデザイナーの手になるサーキットは、一九六二年に完成した。ぼくは六〇年ごろ、イギリスの権威ある専門誌「オートスポーツ」に完成予想図が出ているのを見て、ほんとうにサーキットができるんだ、すごいなと思ったものである。

この鈴鹿サーキットを作ると決定したとき、ホンダはおそらく極秘に、最初に作る四輪はスポーツカーで行こうと決めたのだろう（S360、S500が全日本自動車ショウに登場した時間からさかのぼって考えると、ちょうどこのころでないと間に合わないはずである）。そして本田さんはそれと同時に、そのスポーツカーを支援するためF1へ出ようと考えた。

F1に参加する。それはこの時代の日本車を取り巻く状況からいって、それはもはや誇大妄想狂的ともいえる決定であった。いまならさしずめ、「おい、うちでスペースシャトルを打ち上げようぜ」といいだすようなものである。アメリカには任せておけない、日本人による日本のスペースシャトルを打ち上げるんだといったら、誰だって「バカか？」と思うだろう。そのぐらいカケ離れたアイディアだったのだ。

鈴鹿サーキットが完成した年の秋、最初の二輪レースがおこなわれた。その二つのレースで黒沢元治は優勝している。ぼくはそいつを見に行ったが、あいにくの土砂降りで帰りが大変だった。駐車場がぐちゃぐちゃで、歩くと靴を泥にとられてしまうのだ。なんとぼくは結局、両方とも靴をなくして、裸足のまま東京まで運転して帰っていった。

この年の自動車ショウでホンダはＳ３６０、Ｓ５００を発表する。たしかＳ３６０がシルバーグレイ、Ｓ５００が赤だった。こんなに夢が広がった自動車というのは、ぼくの生涯でちょっとない。５００ccの４気筒、ＤＯＨＣ、ニードルローラーベアリングで、４キャブレターというものすごいエンジンだった。当時フェラーリだってこんなスペックじゃない。ポルシェなんぞはワーゲンのエンジンをちょっと直しただけで、たいしたものじゃなかった。とにかくすごいエンジンだったのである。

当時イタリアにはフィアット傘下にイノチェンティというメーカーがあって、２シーター・スポーツを作っていたし、またイギリスにはバークレーというオートバイ・エンジンを使ったスポーツカーを作るメーカーがあった。Ｓ３６０、Ｓ５００はそれらの軽スポーツカーの影響大だった。

ダッシュボードは当時、本田さんが所有していた最新型のロータス・エリートそっくりだった。本田さんがADO16を持っていて、シビックはその影響大というのは前にも書いたが、実は本田さんはマスタングも持っていた。のちのS800のフロントグリルはそのマスタングそっくりである。ホンダは本田さんの所有しているクルマを次から次へとデザインに生かしたというわけだ。

だが、ホンダが納得するだけのパフォーマンスが得られなかったのだろう。S360は結局、製品化されず、ホンダは初めての四輪をS500でスタートする。S500の時期はきわめて短く、すぐにS600となった。これはすごい人気を集めるが、本田さんが満足するほどには売れなかった。当時、日本のモータリゼーションは産声を上げたばかりで、こんな本格的なスポーツカーを買うようなユーザーはいなかったのだ。お金持ちのお坊ちゃん以外は。

ホンダというのはおもしろい会社だ。本田さん自身は違うかもしれないが、会社自体はえらいご都合主義で、のちにファストバックのクーペを出し、それをビジネスマン向けのスポーツ——当時としてはものすごく新しいコンセプトだったが——として売ったりした。アタッシェケースを持って背広の男を横に立たせたりして宣伝したが、しょせんダメで、販売成績は上がらなかった。

やがてぼくはＳ６００のクーペを買う。なぜかといえば、安かったからだ。あんまり売れないのでホンダは「持ってけ泥棒」式に売ったのである。このクルマはよかった。ぼくはロードスターのほうがよかったのだが、ロードスターは高かったのである。のちにＳ６００はＳ８００となったが、これは七〇万円ぐらいもする本格的なスポーツカーであった。

本田宗一郎さんの大きな功績のひとつは、鈴鹿サーキットを作ったことだが、その鈴鹿サーキットで多くのドライバーを育むうえで、Ｓ６００、Ｓ８００はきわめて役に立った。このクルマはほんのちょっと手を加えればサーキットを充分に走れたのである。これに対してトヨタのＳ８００は、チューニング・アップして実戦用にするのにとてもお金がかかった。

日本のモータースポーツは本田さんによって開花した。これは間違いない。一九六三年、第一回日本グランプリという四輪車のレースが開かれ、翌六四年、第二回が開かれるときには、すでにホンダは１５００cc、Ｖ12気筒、横置きというすごいエンジンを作って、Ｆ１マシンを完成させている。この年の八月、ドイツのニュルブルクリンクで、アメリカ人のロニー・バックナムのドライブにより、ホンダのＦ１は初めて出場し完走する。そして、早くもその翌年にはメキシコで、R・ギンザーのドライブでなんと初優勝をはたしているのである。当時のホンダといえば、ようやっとS600、S800を細々と作っているメーカーにすぎなかったのだ。

当時のヨーロッパのいろいろな資料を読んでも、ホンダというのはたいしたものだと思う。当時ヨーロッパのジャーナリストは、ホンダがF1で優勝したことに誰も驚いていないのだ。「ホンダならやるだろう」――ヨーロッパでは誰もがそう思っていた。それほどホンダの二輪の名声はすごかったのである。当時ホンダの二輪は、MVアグスタに乗るジョン・サーティースとチャンチャンバラバラ闘っていたのだが、その信用たるやすごいものがあったのだ。これがトヨタとか日産だと「だめだよ、それは」になってしまう。ホンダがF1に出るというのは、ヨーロッパのファンにとっては、まったく不自然ではなかったのだ。

ホンダのF1への参加は本田さん一流のマーケティングだった。つまり、レースの世界で優秀性を証明して、それでクルマを売っていくという戦略だ。これはヨーロッパではきわめて古典的な手法である。かのメルツェデスはいつもそうだったし、BMW、ポルシェ、初期のルノーもプジョーも、他メーカーもみなそうやってきた。本田さんもその道を歩もうとしたのである。

ヨーロッパではごくまっとうなレースへの参加も、日本ではきわめて特殊なことだった。なぜか。それは日本の自動車工業が、クルマが好きでクルマを作っているわけではないからだ。それをやった人は本田さんだけなのだ。日本の自動車メーカーはハイ・タクしか見なかった。彼らはタクシーの運転手から聞き、経営者から聞きして、クルマを作っていった。そうしてクラウンが生まれ、セドリックができ、ブルーバードが生まれていく。そんななかで本田さんはレースで名声を得て、人々にクルマを売ってやろうと考えたのである。おそらくその当時の本田さんは、日本の財界でも異端児扱いされていたことだろう。まだ本田さんの名前は世界的にも確立していなかったから、「バカなやつだな、あれは」というところだったろう。

なぜ、ぼくはホンダに肩入れするのか。ぼくはいつもいう。それはホンダが、クルマが作りたくて自動車屋になった唯一のメーカーだからだ。ホンダにはクルマ作りの必然がある。そして、それは何かといえば、本田宗一郎さんという人物に尽きるのである。

一九八六年、ダイムラー・ベンツ社は自動車誕生一〇〇周年を記念して、一大イベントを開催した。このときはぼくも招待されていた。

おそらくあんなに世界の自動車工業のトップが集まった例は他にない。巨大で、寒い競技場のようなホールの正面壇上には、錚々たるメンバーが勢ぞろいしていた。豊田英二さんの隣はGMのロジャー・スミス、さらにその隣はフォードのピーターセン。日産の中川さん、三菱の舘《たて》さん、ホンダも会長が来ていたし、ロールス・ロイスの会長も、ルノーの総裁もやってきた。しかし、このときの出席者の名前は一人として新聞に出なかった。そんなことをすれば、一網打尽で彼らの身が危ないからだ。出席者リストはわれわれ招待者のジャーナリストだけに配られた。そのVIPたちの横には、歴代のF1のワールドチャンピオンがずらりと十何人か並んでいた。すごいパーティなのだ。

セレモニーはだらだらだらだらだらと三時間続いた。ニキ・ラウダの司会で、テレビ同時中継で自動車一〇〇年の歴史を寸劇やらVTRなどで延々と綴るというものである。最初の部分がやたら長かった。それはカール・ベンツがクリスマスも迫った冬のある日、試作車を走らせようとして、エンジンがなかなかかからず、かみさんと一緒にプシュン、プシュンと押しがけするシーンであった。その部分を本物のクルマを使った寸劇にして、フィルムに撮ってあるのだ。

それは何度も奥さんと一緒に試みながら、最後にはエンジンがかかるという、とても有名で感動的な話なのだが、そこの部分がやけに長いのである。メルツェデスとしてはこの自動車の誕生シーンは見せたいところだろうと思うのだが、あまりに延々とやっているので、参加者はみなウンザリしてしまった。結局そのドラマは途中で中断されてしまう。ダイムラー社の偉い人が、さすがに「おまえ、ふざけんな」ということで、やめさせたのである。

それから自動車の歴史が順々に紹介されて、最後の三〇分ほどになってようやく六〇年代に達する。そうすると、ぼくたち日本からの参加者もちょっとはおもしろくなる。そこで「日本車の台頭」というタイトルが出た。おお、と思ったら、本田さんのあのにこやかな眼鏡をかけたちょっとにやけた顔が、どーんとスクリーンいっぱいにアップとなった。それが三秒続いて、それで終わり。次は「アメリカの安全問題」というのだ。トヨタも日産も、日本のお歴々はさぞかしガッカリしたことだろう。

そのときぼくは、本田さんはつくづく日本自動車界のシンボルなのだなあと思った。日本では違うかもしれないが、世界の認識としてはそうなのだ。だって、世界中の自動車博物館にプレートが飾られたり、表彰されるのは本田さんしかいないではないか。フォード博物館の陳列の最後に、自動車に貢献した人々のレリーフがずらっと並ぶ部屋がある。そこにある日本人は本田さんだけである。

S500によるホンダのスタートというのは、いかにもホンダらしい。ホンダ・スポーツは営業的には失敗だったのだが、ぼくは熱狂したし、多くの若者も熱狂した。このころ、ぼくはちょろちょろと原稿を書きはじめており、生涯にたった一度だけの奇態なる原稿を書いている。S500は発表から発売まで二年近くの時間があった。そこで雑誌「F・6・7」に、ぼくはS500の予想インプレッションというのを書いたのだ。そんな原稿はこれだけだ。「予想」インプレッション、笑える行為ではあった。

しかし、当時の若者は、ホンダ・スポーツの登場に盛り上がっていたのだ。S500は当時の日本のちょっとものわかった若者の憧れだった。ホンダのオープンのスポーツカーに乗って、ガールフレンドの家に行く。そうするとガールフレンドがギンガムチェックのフレアスカートなんぞ着て、ネッカチーフを頭に巻き、バスケットを持って出てきて、どこかへドライブへ行く。こいつは当時の若者の憧れだった。MGもよかった、トライアンフもよかった。しかし、S500はオレたちのクルマだとすごく思わせてくれた。だってMGもトライアンフも当時一六〇万円から一七〇万円だ。ところがホンダS500は四六万円であった。なんとか頑張ればいけるかなという感じだったのである。

ホンダのS500、S600、S800は日本のモータリゼーションにとって、とても大事なクルマである。いま、この中古車はコレクターの間で人気が高く、とくにS800はとても高いと聞く。程度のいいものは三〇〇万円はするだろう。ぼくはこのレーシングモデルが欲しくてならない。

ギャランGTOで「ドキン」とした体験は忘れられない

三菱は、三菱初めてのシングルヒットであったギャランをベースに、一九七〇年、ギャランGTOを作る。GTOとはGTオモロガート、「GTとして承認された」という意味だ。いったい誰が承認してくれたのかは、三菱のほか知る人ぞなしだ。そいつはおそらくフェラーリ250GTOからいただいたのだろう。250GTOはスポーツカー史上名車中の名車といわれるクルマで、その歴史的、美術的価値から、かのバブルのご時世には二〇億円以上もしたという。

まあ、三菱だけを責めるのは酷で、実はポンティアックもポンティアックGTOという名のクルマを作っていることを記しておこう。ま、三菱にせよ、ポンティアックにせよ、ぼくにいわせれば「GTとして承認できないクルマ」すなわちGTNOである。

それはともかく、ギャランGTOはなかなかスポーティなクルマだった。なかでもMRという1・6ℓのDOHCエンジンを載せたのが、最上級モデルであった。三菱はこのエンジンをF2マシンに積んで、長らくF2で活躍することになる。

GTOは若い人のあいだでなかなか人気があったが、そのスタイルは、お面がポンティアック、全体のプロポーションはマスタングという、なんだかわけのわからないデザインである。しかし、当時としては、それがウケたのだ。だってマスタングのマッハなど、誰も買えないのだから。

三菱は一九七三年、ギャランGTOに2000GSRというモデルを追加する。こいつはMRを超えるなかなかいいクルマだった。シャシーもよくなったし、それ以上に、エンジンが強力になった。クルマのエンジンには、排気量は何よりも勝るという不文律がある。このクルマは典型的なそれである。

いまだに忘れられないのは、「モーターマガジン」誌の仕事で、ギャランGTOを試乗しに箱根に行ったときである。その日、他のスタッフはすでに箱根に先に行って泊まっていた。ぼくは「チェックメイト」の仕事で、夕方まで東京に残っていた。仕事を終え、東京を出て、東名高速を厚木で降り、厚木－小田原道路で箱根に向かった。厚木－小田原道路は最後に左右に分かれていて、左へ曲がると箱根ターンパイクあるいは早川へ。右へ曲がると箱根の湯本、宮ノ下へ行く。その夜の宿は、宮ノ下だったから、右へ行くわけだ。

空いている夜道をぼくはぶーんと飛ばして、その右コーナーにサードでバーンとアプローチした。すると、そのコーナーはぼくの考えていたよりはるかに回りこんでいた。そういうときはきわめて危ない。進入速度の選択を間違っているのだから。ぼくは「ドキッ」として、「やったな」と思った。それでもぼくはいろいろ修正を加えながら、ギュギューッと回り、ついにぶつからなかった。ぼくはそのとき、このクルマのハンドリングはたいしたもんだなと思った。サードでアプローチするというのは、そのコーナーへ100㎞／hぐらいで進入しているわけだ。GTOというと、ぼくはいつもこの「ドキン」の夜のことを思い出す。

三菱はこのGTOの翌年の一九七一年、へんなクルマを出す。その名はFTO。なんでこんな妙ちくりんなクルマが出たきたのか、ぼくはいまだに解明できない。なんだか縦横比を間違ったような、妙に幅広くて短いクルマである。FTOのシリーズ中には1600GSRというモデルがある。これもまた速いクルマで、これなんかも、いまあったらおもしろいと思う。

それにしてもなんで三菱はこのクルマを作ったのだろう。このFTOも2サイクルのコルト800も、理由不明な登場だ。三菱というのはそういう会社だ。あんな大会社なのに、なにか新しい技術なりが生まれてくると、すぐ全社的にそちらへ一直線に行ってしまう。一時、ターボが流行ったころ、三菱はある発表会で、「うちは全車ターボで行きます」と、めちゃくちゃなことをいっていた。また、4WDが流行ったときは、これまた全車いっせいに4WDに行った。とにかく、なんでもいいから、一方向にどーっと行くのがお好きなメーカーなのである。

ぼくはいつも思うのだが、三菱は社内にクルマ好きがいないのである。だから、だれか信用できると思った人の話を聞いて、「ああ、ドライバーってそうなのか」と思いこみ、その方向へ突っ走ってしまう。あれだけ優秀な人材をそろえながら、少しも自分の頭で考えようとしないのは、なんとも不思議なことである。

GTOを作っていたころの三菱は、古びて、垢で光ったようなネクタイを締めているようなおじさんたちが、クルマを考えるという会社だった。そのおじさんたちときたら、クルマのことなど考えているより、黒い袋に袖を通して、お金の勘定でもしていたほうが向いている。茶渋のついた湯呑みをすすっているおじさん集団みたいなイメージである。

大所帯の三菱は、ギャランのヒットはあったものの、クルマ作りに確信を持てないまま流れていく。それができたのもバックボーンがしっかりしていたからであろう。そして、この後、久保富夫さんという三菱中興の祖と呼ばれる会長が、クルマはデザインだということで、隅々まで口を出すようになる。久保さんはクルマ好きだったのだ。すると、三菱は少々偏向した、おもしろいクルマを作るようになる。ランサーがそれだ。ランサーはラリーなど、モータースポーツで大活躍し、少しずつ、少しずつ三菱のシェアを拡大していくのだ。しかし、それからパジェロの成功によって、一躍、ビッグ5の三位メーカーにまでのしあがり、三菱の名を多くのメジャーなユーザーに意識させるまでには、まだまだ長い時間を待たねばならない。

ロータリーを積んだコスモ・スポーツには感心した

一九六七年、マツダはコスモ・スポーツを発売する。しかし、マツダは本当に売る気があったのかどうか。実はすでに六三年の自動車ショウでこのクルマは発表されている。そしてマツダは、このクルマを五〇台ぐらい作り、代理店などいろいろなところに置いて、実験的に走らせているのだ。

ぼくも一度、その五〇台中の一台に乗ったことがある。関東マツダの偉い人が乗れ乗れというので、六六年の富士のレースを手伝いに行ったときにこれを借りて行ったのだ。エンジンはビーン、ビーンと回り、恐ろしく速い。低速トルクが足りないが、とてもスムーズなエンジンだった。

そのスタイルは背がとても低く、アメリカ車のサンダーバードになりたいような、同時にヨーロッパ車にもなりたいような、変なデザインだった。このクルマのスタイルがいいという人もいるが、ぼくはちっともいいとは思わない。ホイール・オープニングなど、まったくよくないし、テールランプの形もイヤだった。意あって力足りずのデザインである。

ただコスモ・スポーツのインテリアは、のちのマツダ車の伝統になるような要素をいくつか持っていた。縦型のコンソールなどもそのひとつで、後のファミリア・ロータリー・クーペやサバンナRX－7の初代にまで受け継がれるデザインソースとなる。シートは白黒の千鳥格子だった。

ぼくはこいつに乗って、これはいけるかもしれないなと思った。たいしたもんだなと思った。当時のぼくは、スポーティなクルマ以外まったく認めず、世界中の乗用車はスポーツカーがあればそれで充分と考えていたのである。その日、クルマを返すのに満タンにしたら、ガソリンを大量に喰っているのにも驚いた。でも、エンジンのパワーがあるのはガソリンを喰うからだと、ぼくは納得した。当時のぼくの論理は、パワーアップということは、いかにガソリンを多く喰わせるかということであって、効率よく燃やすという考え方はなかったのである。

当時、ロータリー・エンジンは世界的に話題になった。低圧縮エンジンは効率が悪いという意見がある一方、雑燃料でも使えるメリットがあると、議論が分かれていた。ともかくパワーがあっていいじゃないかということで、「発売になるのが楽しみですね」といってぼくはクルマを返した。

これはほんとうにマツダの労作だったらしい。当時ロータリー車といえば、NSUのプリンツ・ロータリーと、もう少し後にRO80というクルマがあるぐらいだった。開発しようにも、参考とすべきクルマが手に入らないからそのノウハウもわからない。それでマツダはすべてを自分でやらざるを得なかった。とくに苦労したのは燃焼室のシールだったという。このシールがうまくいかないとパワーは出ない。といって耐久性がないとのべつまくなしに分解・オーバーホールとあいなる。結局、カーボンシールという手法を発見してから、ロータリー・エンジンの開発は急ピッチで進むことになる。

ロータリー・エンジンの開発にあたった山本健一さんは、ようやっと完成したロータリー車であるコスモ・スポーツを、六三年の東京モーターショウに飾るべく、助手席に社長の松田恒次さんを乗せて広島から東京まで走ってくるというエピソードは、あまりにも有名である。

このクルマの登場でマツダはそれまでの〝バタンコ・メーカー〟から乗用車のマツダへと脱皮する。マツダは高級な技術を持っているシンボルとして、ロータリー・エンジンを据えたのだ。マツダはコスモ・スポーツは大量に売るクルマじゃないと思っていたから、本気で売ろうとはしなかった。マツダは結局、このクルマをイメージ固めに使ったのである。そして思惑どおり「ロータリーのマツダ」というイメージを固めたマツダは、このエンジンをファミリアに載せ、一挙に勝負に出てくる。

「安い・速い・止まらない」ファミリア・ロータリー

オート三輪からスタートし、軽自動車を経て乗用車マーケットに参入しつつあったマツダが、なにより気にしていたのは、自らの乗用車メーカーとしてのイメージのなさだった。古今の例を見るまでもなく、乗用車メーカーというものはイメージがきわめて大切だ。バタンコ・メーカーから乗用車メーカーへ移行していくために、いかにしてマツダのイメージを高めたらよいのか。マツダの経営陣はこのころからずっと考えつづけたのだろう。そして、その決め手はこれしかないと、必死になって開発したのが、NSU社・ヴァンケル社のパテントになるロータリー・エンジンだったのだろう。

このロータリーを開発する途中、マツダは商用ヴァンのファミリアを出す。ぐるりと鉢巻き状にモールがボディを巻く、いわゆるコルベアン・ルックで、イタリアのベルトーネの手になるものである。このファミリア・ヴァンは、ユーザーの間で「カッコいいね」と評判になって、4ドアの乗用車になる。それがファミリアの出自である。実はそういう例はもうひとつある。ダイハツがビニアーレというイタリアのカロッツエリア・デザインのヴァンを出し、これがやはり「カッコいいね」で、乗用車のコンパーノ・ベルリーナ、さらにはスパイダーになるのである。当時としてはヴァンから乗用車への発展というのは、そう不思議なことでもなかったのだ。

当時、この手のヴァンを買う人は主として商店主であった。仕入れや商談などの仕事で乗り、ウィークエンドは家族を乗せて、どこかへドライブに行くという使い方だった。日本でいちばん最初のオーナードライバー大衆は商店主だったというわけである。

このファミリアは、マツダにとってちょっとしたスマッシュ・ヒットだった。マツダはもともと三輪車を通じて、代理店が中小企業のお客さんとコネクションを持っている。この手のクルマを売るにはちょうどいい位置にいたのである。まだまだマツダのメインマーケットは、中型以下の四輪トラックにあったが、ファミリアの成功で「こいつは行けるぞ」と、乗用車の開発にさらに拍車がかかる。

一九六七年、ファミリアはフルモデルチェンジされて二代目となる。この4ドアセダンはシンプルで、なかなかいいデザインだった。この4ドアセダンには、何もついていない三九万円なにがしというめちゃめちゃに安いモデルがあった。こいつをぼくの会社レーシングメイトで、社用車として買ったおぼえがある。カーアクセサリー屋にとって、何もついていないクルマというのはかえっていい。嬉しくなって、満艦飾になんでも付けてしまうというわけだ。このファミリアは爆発的に売れた。ごくごく普通のFR車だが、フルワイドボディで格好もいいし、とても使いやすいクルマだった。

このころから顕著になってきたのが、マツダのクルマはトヨタ、日産に比べると、どこか安手な感じがするということだ。そして値段も、トヨタ、日産に比べてだいぶん安いのだ。本来、トヨタ、日産と比べて安くできるはずがないのだが、安いのである。しかし、それはそれでいいじゃないかというユーザーもいるわけで、このクルマはとてもよく売れた。そこにドーンと登場してきたのが、晴れて開発なったロータリー・エンジンをこのボディに搭載した、ファミリア・ロータリー・クーペである。

ロータリー・エンジンをファミリアに載せたらどんなことになるか。答えは〝速い〟の一語である。ロータリー・クーペはビーン、ビーンと目茶苦茶な速さで走った。当時、すでに第三京浜が完成しており、ぼくはそこでロータリー・クーペを走らせた。驚いたことに、このクルマはスロットルをベタ踏みにすると、メーター上で190㎞／hまで軽く達してしまうのである。

もっと驚いたのはエンジンブレーキがまったく効かないことだ。190㎞／hからスロットルをパッと戻すと、ロータリー・クーペは減速するどころかグアーッと増速するではないか、瞬間、ぼくはドキッとしてしまった。実はべつに増速などしていない。エンジンブレーキもかすかに効いてはいる。しかし、その効き具合が期待どおりではないので、ドキッとするわけだ。ほとんど減速しないから、逆に増速したと錯覚してしまうのである。これが怖い。

そこであわててブレーキを踏むと一発でフェードしてしまう。ブレーキがチャチそのもので、ディスクが真っ赤になり、場合によってはディスクを締めるキャリパーまでが溶けてしまう。また、このスピードでシフトダウンなどしようものなら、オーバーレブでエンジンは一発でパアになる。止めるには、やはりブレーキをかけながら、そうとうスピードが落ちたところでシフトダウンをバンバンバンとやる。そうするとブレーキが熱でチンカラチンカラ、チンカラチンカラと鳴りながら、ようやっと停まってくれる。のちにマツダのエンジニアの話を聞いてわかったのだが、低圧縮のロータリー・エンジンは、エンジンブレーキが、レシプロ・エンジンのクルマほどには効かないということだった。

しかし、その速さはこのうえなかった。要するに「安い・速い・危ない」クルマなのだ。「この安さが死を招く」——思えばこの時代の日本のクルマというのはどれもそうだった。安い・速い・危ないクルマが若者の命を奪い、若干の人口調整に寄与したのである。

ともあれロータリーのパフォーマンスにはすごいものがあった。一時、マツダはロータリーで自分の世界を開くかと思われた。この当時、ぼくはなんとかして自分の手で、自分の会社で自動車が作りたくてならなかった。やがてはわが社はGMみたいになるんだと固く信じて疑わなかったぼくは、このハイパフォーマンスのロータリーを使って、ちょっとした計画を立てた。

当時、イギリスにロータス・ヨーロッパというクルマがあった。これは世界最初の市販ミドシップ・スポーツカーである。それはルノー16の小さなエンジンをひっくり返して積んでいた。ぼくはこいつに目をつけた。イギリスに渡ってロータス社の門をたたき、ロータス社のお偉いさんにひとつロータリーを積んでみないかと提案したのである。すると「興味ある」との返事である。じゃあ、帰ったらロータリーエンジンを二基送るから、試作してくれということで話がまとまった。当時はかんたんなもので、エッコラホイでオーケーとなったのである。

イギリスに行く前からマツダに話を通しておいたから、手はずどおりさっそくロータリー・エンジンが二基、ロータスに送りとどけられた。ところがである。この計画のことを当時の主査、松田耕平さんが、「ロータスにロータリーを積ませるから、おもしろいクルマができるよ」と、記者会見で発表してしまったのだ。いうまでもなく新聞にでかでかと記事が出て、すぐさまマツダの提携先である西ドイツのヴァンケル社から横槍が入った。おまえ、ロータリー・エンジンを輸出するのは契約違反じゃないかというわけである。

かくしてこの計画は終わってしまった。計画の名前は〝ゼロ計画〟。ぼくはプロデューサーをやり、こういうことの好きな式場壮吉君も一枚嚙んでいた。そのクルマができたら、〝ゼロ〟という名前で売ろうということでゼロ計画と呼んだのだ。ゼロは零戦のゼロである。当時、ぼくも式場君も日本に戦闘機の名前のついたスポーツカーがないのは惜しいじゃないか。イギリスにはスピットファイアがありアメリカにはマスタングがある。なんで日本のメーカーは飛行機の名前を使わないのかと考えていた。そこでわれわれのスポーツカーは、ゼロにしようと、夢は広がっていたわけだ。

その次に考えていたのはサニーである――当時はいろんなことを考えたものだ。そんな調子だから会社がつぶれるのだが――サニーは軽いから、あれにロータリーを積んだらどうだろう。これは日産はダメだという。とんでもない話だというのだ。じゃあ、今度はサニーに2ℓエンジン積んだらどうでしょうなどと、懲《こ》りないのだった。

もし、ゼロ計画が実現していたら、すごいスポーツカーができていただろう。ロータリー・エンジンというと、ぼくはいつもこのゼロ計画のことを思い出す。

ともあれ、ロータリーの前途は洋々たるものに見えた。おりから七〇年代の初頭は、世界的に排ガス・コントロールが大問題となり、世界中の自動車メーカーは必死で対応策を模索していた。そこに、ロータリー・エンジンはサーマルリアクターによって、排ガスコントロールが可能だという説が一時的に高まり、GMは大々的にロータリー・エンジンを研究し、トヨタはあわててマツダからパテントを買ったりした。日産はもうすでにロータリーを積んだシルビアの試作車を走らせており、メルツェデスも3ローター、4ローターを作って、C111という試作車を走らせていた。

そこで、かのオイルクライシスである。

ロータリー・エンジンは七三年の第一次オイルクライシスで、完膚なきまでにたたきのめされ、七五年から七六年の第二次オイルクライシスで終わった。日産はもう完成していたシルビアのボディに、サニーのエンジンを載せて売り出すぐらいですんだが、マツダはそういうわけにはいかない。一時、マツダは広島の山という山に、在庫のロータリー車を置いていたという。一説には、土に還《かえ》すとばかりに朽ちるにまかせたともいう。マツダは瀕死の重傷に見舞われて八丁堀の東京社屋を売却し、五反田の小さなビルに移動することとあいなった。

マスタングの成功を真似て登場したセリカ

セリカはトヨタが初めて作ったスペシャルティカーである。スペシャルティカーというのは早い話がスポーツカーのニセ物と思えばいい。一九六四年、フォード・マスタングが登場する。マスタングを企画したのは、のちにクライスラーに移籍したアイアコッカだ。それはフォードのいちばんの安グルマ、ファルコンのシャシーの上に、スポーティでカッコいいボディをちょいと載せて、ハイ出来上がりというクルマである。そしてマスタングは初年度で六〇万台を売る大ヒットとなった。

マスタングはスポーツカーじゃない。いちばん安いセダンの上に別のボディをかぶせただけなのだから。以後、こういう手法で作られたクルマは〝スペシャルティカー〟と称されて、新しいジャンルとなる。

フォードはこのときマスタングを売るためにありとあらゆる作戦をおこなった。まずはフェラーリの名声に目をつけ、会社ごと買収してハクをつけようとする。だが、それは御大エンツォ・フェラーリに拒絶されてしまう。そこで、今度は自力で手慣れぬスポーツカーを作って、ル・マンに出場したりもする。それもこれも、すべてはニセ物のマスタングを本物に見せるためである。

フォードはマスタングの成功だけでは満足できず、ヨーロッパでフォード・カプリというクルマを出す。これもまた、乗用車のコルチナの上にスポーティなボディを載せたスペシャルティカーである。

このフォードの成功をトヨタは見ている。そして「うちも、あれ作りたいナ」と、こう思う。それで出来上がったのがセリカである。

ただ、ここでおもしろいのは、トヨタはセリカのために既存のシャシーを使おうとはしなかったことだ。当時のトヨタは、すでにパブリカ＝スターレット、カローラ、コロナ、マークⅡ、クラウンと、車種体系が相当整備されていた。このうちからコロナのシャシーを選ぶこともできたはずだ。しかし、トヨタは新しい生産計画を持っており、まずは新しい乗用車を作って、それをベースにしたスペシャルティとしてセリカを作ろうとしたのである。そのベースとなるべく新しく作られたのがカリーナである。

のちにトヨタが、小型車クラスの総ＦＦ化を断行するに至って、この車種構成はごちゃごちゃになってしまうのだが、ＦＦ化されるまでのトヨタ・ラインナップの中で、カリーナはきわめて特異な存在であった。カリーナはトヨタのラインナップの中にではなく、ＤＨのようにして登場したのである。トヨタは従来のファンとは違う層を吸収したいと思ったのだろう。カリーナは、ごく普通の４ドアセダンでありながら、ちょっとスポーティな味つけをされていた。

初代セリカは、なんと当時、ぼくがきわめておもしろいデザインだなと思っていたクライスラー系のデザインを採用した。映画『ブリット』で、悪漢の乗ったクルマがガソリンスタンドに突っ込んで、爆発、炎上するシーンがある。そのときのクルマがダッジ・チャージャーだが、セリカはあのダッジ・チャージャーのデザインを小さくしたものだと思えばよい。ちなみに、そのダッジを追いかけるスティーヴ・マックイーンのクルマがマスタングなのである。

トヨタはセリカの最上位に2T－Gという1・6ℓのDOHCエンジンを載せた。それはヤマハの協力でできたなかなか本格的なエンジンで、のちにトヨタのスポーツ活動の中核となっていく。2T－Gはやがてヨーロッパで F3用として使われるぐらいだから、素性のいいエンジンだったのである。

初代セリカはアメリカで成功して、世界中でわりに評価される。すると、トヨタはこのセリカをスペシャルティカーにとどまらず、だんだんスポーツカーにしたくなってしまう。そこがいかにも日本的だ。そこが、「まあ、こんなところか」といったクルマ作りをした、ジャグァーのウィリアム・ライオン卿と違うところだ。日本車はもともと本物でもないくせに、なぜかやたらに本物指向なのだ。

スタートした当時の立脚点は、安グルマの上にカッコをつけたボディを載せただけという、いわば平民カーである。その平民がなぜか貴族になりたがる。まあ、貴族といっても、山賊、泥棒の類《たぐい》が貴族になっていることもあるから、そんなものだといえばいえるのだが。それにしても、このあくなき「本物指向」は、いったいどこから来るのか。九三年、新しく登場したスープラは、数字上はもうポルシェ・ターボそのものだ。加速がよく、最高速度が出て、ハンドリングがよければ、もうポルシェと同じといいたいのだろう。その出自とか、フィールなどはいっさいおかまいなしというところが、いかにも日本的だなと思う。

日本のといっても、トヨタのといってもどちらでもいいが、日本のクルマでおもしろいのは、本物に近づくために、いったいどれほどマネすれば気がすむのかというほど、マネを重ねることである。いっそのこと、本物そっくりのレプリカでも作ればいいんじゃないか。思いきってポルシェやジャグァーのそっくりさんをやればいい。ま、やれば国際的な問題になるからやれないだけなのだが。

ぼくの弟は一時、この初代カリーナに乗っていた。１６００ＳＴというＧＴの次のグレードで、ＯＨＶエンジンのツウィンキャブ、５速ミッションという仕様だった。こいつはスポーティでなかなかいいクルマだった。第一、格好がいい。いま思うと、当時の国産メーカーは、日産もトヨタもなかなか個性的なデザインがたくさんある。いまの国産車はどれを見ても似かよっていてつまらないデザインだが、この時代はけっこうおもしろい。

弟のクルマは、ちょっと茄子紺がかった濃紺のボディに、シートはタンのビニールという内装だった。ビニールといってもただの平板なビニールではなく、ニットの織物だったから通気性があって気持ちがよかった。本来トヨタは濃紺とタンの組み合わせなどというセンスのよいことはまずやろうとしないメーカーだ。クラウンやマークⅡ、コロナの内装は、コタツの掛け蒲団カバーみたいなセンスで攻めてくる。それが一転、カリーナは都会的というか、世界のスタンダードなのである。

カリーナはトヨタ車とは思えぬぐらいしゃれていたから、従来のトヨタファンとは違うユーザーを狙っていたのだろう。そして、いざ売り出してみると、そういうセンスのユーザーは、案外少なかったということなのだろう。やがてカリーナも、二代目、三代目となるにしたがって、しゃれたセンスを捨て、トヨタ的なクルマに同化していくのである。

当時は、日産ファンはクルマのことがよくわかっていて、トヨタファンはクルマがわかっていない、という色付けができていた。トヨタファンにしてみれば、クルマがわかっていないといわれるのはくやしいことである。そういう人たちはいっせいにカリーナ／セリカに行ったのだろう。

当時のトヨタ車の定評は、「外観ばかり」というものだった。それは、内装も含めてトヨタ車は見えるところがいい。それに対して、日産車は見えないところがよく出来ているということだった。それは当たらずとも遠からずであった。

たしかに日産とトヨタには、そうした違いがまったくないわけではない。たとえば日産のＲＢシリーズの６気筒エンジンである。これは日本の数あるエンジンの中でも、きわめて本格的だ。クーリングシステムのウォータージャケットなど、特別にヘヴィデューティに出来ている。とくにスカイラインＧＴ－Ｒに与えられたＲＢ26ＤＥＴエンジンは、アウトレットヴァルブに自己冷却をうながす素材のソジウムが埋め込まれている。ターボエンジンは燃焼温度が高く、アウトレットヴァルブが厳しい。それに対応するためソジウムを封じ込んであるというわけだ。こいつはレーシングカーのエンジンでは、常識的な手法なのである。

それに対してトヨタのターボエンジンはどうかといえば、なにも特別なことはしていない。トヨタは、日本のドライバーはいかなるエンジンの使い方をするかというデータを持っている。そのデータによれば、日本のユーザーは三秒以上のエンジン全開などしない。だからそんなものは必要がないというのである。彼らにいわせれば、それが証拠に、トヨタ車のエンジンが壊れたなどという話は聞かないじゃないか、どこが悪いんだ、となるのである。

カリーナ／セリカは、トヨタの中では特殊なクルマだったが、それはのちにＦＦ化され、それからはごく普通のクルマになってしまった。いまやトヨタはパーツの整理が完成し、トヨタのクルマをつきつめてみると、基本的なシャシー、パーツは三種類ぐらいしかない。FF車はカローラからウィンダムに至るまで、ほとんど同じパーツで作られている。FR車はマークⅡからセルシオまで、基本的に同じである。違うのはエンジンだけである。だからトヨタはビスケットのように、ポンポンポンポンとクルマを出してくる。ありがたくない話ではある。

初代シルビアのようなクルマはもう出てこないだろう

シルビアは変なクルマだ。一九六五年に登場した初代シルビアは、一見、スペシャルティカーのようだが、むしろカスタムメイドのクルマと考えたほうがわかりやすい。世界的に見ると、フォルクスワーゲンのカルマン・ギア・クーペとか、ルノー・フロリドといったあたりとよく似ている。これらのクルマはたしかにスペシャルティカーだが、そのボディの作り方が違う。つまりカスタムボディメーカーが、とんてんかん、とんてんかんとやって作ったボディを、普通のビートルに載せたり、ルノー・ドーフインに載せたりしたものだ。

ぼくが近代的なスペシャルティカー第一号に認定するマスタングは、ワッフルのごとく、つまり乗用車と同じ規格で作られたクルマである。その二番目がフォード・カプリであり、三番目がセリカというわけだ。ではシルビアはというと、日産というメーカーはいろいろとおもしろいことを考えつく人がいるもので、フェアレディSP310の1・6ℓエンジンモデルに、特別な手作りボディを載せたのが、この初代シルビアなのである。

ぼくはこのクルマのデザイナーを知っている。アルブレヒト・ゲルツという、ニューヨーク在住のドイツ人である。彼はその生涯でBMW507という美しいスポーツカーをデザインしたことで知られている。ぼくはこのゲルツと一回食事をした。しゃぶしゃぶを食べたのだが、ゲルツはうまいといってとても喜んだ。ぼくはBMW507の写真にサインをしてもらった。

ゲルツというのはうるさい男で、シルビアに色まで指定してきたという。だから初代シルビアのカラーは、オリーブグリーンのメタリックのみだ。2+2のクーペボディで、内装は明るいベージュのビニールレザーであった。たしかに初代シルビアはユニークな、いいデザインだ。それだけにみんな欲しがったクルマだろう。ダッシュボードなどもきわめて魅力的だった。

ちょうどこのクルマの発表はブルーバードSSSと同時で、谷田部の自動車試験場でおこなわれた。ぼくは最初にこのクルマに乗って、「ああ、160km／h出るんだ」と思った。しかし、シルビアは、しょせんはカルマン・ギアのようなクルマだから、台数はそう多く作られるわけがない。結局、初代のシルビアは五五四台しか作られず、その命脈は尽きた。そして、もうこういうクルマが日産のような大メーカーから出てくるようなことは、二度とないだろう。

シルビアが再度登場するのは、例のマスキー法で、日本中のメーカーが排ガスコントロールをしなければならないというときであった。このとき、日産はロータリー・エンジンに着目し、サニーのシャシーの上に、ロータリー・エンジンを載せた、今度は多量生産をめざしたスペシャルティカーを開発したのである。しかし、それがほぼ完成の域に達したころ、オイルクライシスに直撃される。ガソリン大喰いのロータリーでは、とうてい勝負にならない。そこで日産は急遽、ロータリー・エンジンを普通の4気筒、OHCエンジンに載せ換えて、オイルクライシスがひとまず落ち着いたところで、二代目シルビアを登場させるのである。

そんなわけで、二代目シルビアはコンセプトからなにから、初代シルビアとは何の関係もないクルマである。この二代目シルビアは、日産混迷期の妙ちくりんなデザインである。室内が狭く、妙にうるさいスポーツクーペとして登場した二代目シルビアは、生まれが奇形なものだから、セリカのようにモータースポーツで鍛えられることもなく終わる。結局、シルビアがモータースポーツシーンに登場したというのは、ぼくの知るかぎり一度もない。シルビアが大ヒットして、日産のドル箱となるには、それから二〇年の歳月を待たねばならないのである。

トヨタ・スポーツ８００は水すましのように走った

一九六五年、第一回、第二回のグランプリが終わり、日本でもようやくにしてモータースポーツが定着しはじめた時期、トヨタはパブリカをベースにして、きわめてエポックメーキングなクルマを作った。トヨタ・スポーツ８００である。デヴューは東京体育館でおこなわれた。ぼくはそのセレモニーに行ったが、なんとまあ、大きな紙をぶちゃんと破って登場してくるという演出だった。

これはパブリカの素地をあますところなく活かしたスポーツカーだ。パブリカはもともと軽量だから、ここに空力のよい、より軽量なボディを与えれば、充分ハンドリングのいいスポーツカーになるだろうということで、エンジンを８００ccに拡大したのがこのクルマである。

トヨタ・スポーツ８００のデザイナーは、あのブルーバードをデザインした佐藤章蔵さんである。佐藤さんは当時日産を辞して、フリーのデザイナーとして活躍しておられた。一九六三年、モーターショウに出展した佐藤さんの初期デザインはキャノピースタイルだった。なんと戦闘機みたいに屋根が後方にずれるという、ものすごいデザインである。

ライバルはもちろんホンダＳ８００だ。Ｓ８００はツウィンカムヘッドにクランクシャフトにニードルローラーベアリングという、レーシングカーのようなメカニズムを持ったエンジンで、９０００回転で１ℓあたり90馬力ぐらい出して、スポーツカーを成立させる。それに対してトヨタ・スポーツ８００のほうは超軽量、空力ボディでそれに対抗した。エンジンのパワーだけみると、トヨタ・スポーツ８００はホンダの六割ぐらいしかない。しかし、それでも両車はスポーツカーとして成立した。

この時代は素晴らしいなあと思う。ある種の黄金時代だ。どちらのクルマも意あって力足らずのところがあり、むしろそれがとてもロマンチックなのだ。いまのように力あって意足らずとはえらい違いである。いまはもう日本の自動車産業からは、「おまえのところはエンジニアがクルマを作っているんじゃなくて、営業が作っているんじゃないか」というクルマしか出てこないようになってしまった。

トヨタ・スポーツ800はまぎれもない傑作である。世界的なスポーツカー・シーンからいっても、傑作車の一台に挙げられると思う。欠点は少々シフトが節度感に欠けることだ。ぐにゃらぐにゃら、にこりき、という感じなのだ。その点、ホンダはきちんきちんと、しっかりしたものであった。しかしトヨタ・スポーツ800のハンドリングは、ほんとうにひらり、ひらりんと水すましのような感じだった。ハンドリング、コーナリング、スピードという点では、ホンダはやはりちょっと落ちる。トヨタ・スポーツ800は空冷2気筒でエンジンが軽く、ホンダは水冷4気筒だから、重くなるだけどうしても不利なのだ。

この二つのクルマは日本のモータースポーツ・シーンに数々の名勝負を生んだ。なかでも有名なのが、浮谷東次郎と生沢徹の船橋での激突である。このレースでトヨタ・スポーツ800を駆る浮谷は、途中事故を起こしてピットに下がったため、ホンダS600の生沢君がずっとリードしていた。浮谷はそれから猛然と追いはじめ、毎ラップ、毎ラップ、何秒かずつ縮めていって、ついに最後に生沢君を抜き去ったのである。とくに船橋のようなストレートの短いコースでは、トヨタは有利だった。

あのときの闘いは名勝負として伝えられている。生沢側にしてみれば、浮谷が近づいてきているのがもう少し早くわかってサインが出されていれば、きっと逃げきれただろう。それほど大きな差が開いていたのだ。最高速度はホンダが１４５㎞／ｈ、トヨタが１５５㎞／ｈだったが、かたやホンダは57馬力、トヨタは45馬力。絶対的な加速力はホンダのほうが上だった。

トヨタ・スポーツ８００の登場は、これから日本もスポーツカーの時代かなと思わせる先駆けだった。しかし、それは四年にして生産中止とあいなった。最初にスポーツカーを作った日産の伝統は連綿として現在のフェアレディＺに受け継がれている。以後、トヨタはときどき思い出したようにスポーツカーを作るのだが、根気が続かない。パッコレ、パッコレと切れていくのである。

トヨタ２０００ＧＴを名車だという意見には賛成しかねる

一九六三年、トヨタが第一回日本グランプリで三冠王になったのは（パブリカ、コロナ、クラウンがそれぞれ優勝）、トヨタのクルマが絶対的に優秀だったというわけではないだろう。要するにトヨタは日本グランプリに目をつけたのが、他のメーカーより早かっただけなのだ。

目をつけていなかったプリンスは惨敗した。日産はフェアレディだけが勝つ。トヨタ以外のメーカーはお付き合い程度、お遊びで参加したのだ。ところがトヨタはマジ路線だった。そのマジ路線で三冠王である。かくしてトヨタは日本全国のディーラーに垂れ幕を流して、「パブリカ、コロナ、クラウン圧勝！」と華々しく喧伝した。ぬかりなくレース結果を販売につなげたのである。

そして第二回。今度はそうはいかなかった。プリンスも「これでクルマの優秀性が決まるのか。それなら見ていろよ」とばかりに、リキが入る。日産はいまいちリキが入らなかったが、プリンスはもうリキ中のリキである。スカイライン２０００ＧＴの軍団を擁して第二回日本グランプリに臨むのである。二回目はクラウン負け、コロナ負け、勝つのはパブリカのみという惨敗であった。ぼくもコロナでこのときのプリンスのリキのとばっちりを受けたというわけだ。

この惨敗以後、トヨタもモータースポーツが大事であるとの認識を深め、河野二郎さんというエンジニアをレース部門の責任者に据え、本格的にモータースポーツに参加していく。第二回日本グランプリ以降、トヨタのレース活動の陣頭指揮を執ったのがこの人だ。のちに河野さんは国際的な感覚を活かしてトヨタのワシントン駐在員となったが、まだこのころはわがままなお坊ちゃんそのもので、ぼくたちフリーランスドライバーたちの親方をあいつとめておられた。

あくまでも本気だったトヨタは、この河野さんにレースに勝てるような、すごいクルマを作れと社命を下す。しかし、当時はスポーツカーを作れといわれても、どんなものがスポーツカーなのか、エンジニアだって皆目見当もつかない時代である。そんなところに、ヤマハに日産とやりかけたスポーツカー計画が残っているという情報が入ってきた。トヨタは渡りに船とばかりにそれに飛びつき、スポーツカープロジェクトが具体化するのである。河野さんはそのスポーツカープロジェクトのために会社からジャグァーEタイプを買ってもらい、それに乗ってヤマハに通うという日々が続く。

かくしてこの世に生を受けたのがトヨタ2000GTである。ヤマハが開発したヘッドをかぶせてツウィンカムとした2ℓ、ストレート6のエンジンに、シャシーはもうロータス・エランそのもの、ボディは2座のクーペというクルマであった。記憶してしかるべきは、国産車で初めて全輪ディスクブレーキを与えたということだろう。これをデザインしたのは当時、新進の日本人デザイナーで、トヨタのアートセンターを出た人である。いかにもEタイプに影響を受けているなと思わせるのは、ボディのカーブの回り込み方だ。その回り込んだところにホイールオープニングを作るあたり、さらに全体のプロポーションもEタイプによく似ている。

それにしてもトヨタがなぜ、ああいうコンセプトで作ったのか、その理由はぼくにはわからない。当初は少量生産のレースに向く、軽量、高性能のスポーツカーを作るはずだったのだが、河野さんがEタイプなんかに乗っているうちに、だんだん、だんだんグランツーリスモに振れてしまったらしいのだ。当時、ライバルのプリンスはもうレーシングカー路線一本やりで来ている。それも外国からシャシーを買って自社エンジン、自社ボディを載せるという手法である。そんなとき、このクルマがショーン・コネリー扮するジェームズ・ボンドが、若林映子を乗せて突っ走る、豪華絢爛GTカーになってしまったというのは、どこかに思い違いがあったと思わざるをえない。

当時、レースのカテゴリーにGTカテゴリーというのがあった。年産一〇〇台以上連続して生産したクルマが出場できるというもので、トヨタはこの2000GTでそこを狙ってきたのだろう。しかし、レースで使うにはクルマ自体が重すぎるし、ストレート6というエンジンも、当時、レーシングエンジンとしては古くなりつつあった。どう考えてもコンセプト違いだ。

世に2000GT名車説というのがあるが、ぼくはそれには賛成しない。このクルマ、ただ生産台数が少ないというだけで、名車でもなんでもないのだ。しかも2000GTはクルマの出来が悪い。2000GTには初期型とマイナーチェンジ後の後期型のふたつがあるが、初期型はとくにダメだ。初期型のスティアリングの重いことといったらない。ハイスピードになっても重いのだ。くわえてトランスミッションがまた、ステアリングにもまして重いのである。ただ、いかにもトヨタらしいなと思わされるのは、後期型にはオートマチック・トランスミッションが与えられたことだ。ぼくはその考えには賛成である。

結局、トヨタは2000GTをレースでは、はなから使わなかった。ちょっとマイナーな長距離レースに一、二回勝ったきりで、期待した成績をあげることはできなかった。となるとトヨタのレーシング・ディヴィジョンがわざわざ作ったクルマとしては、いったいなんだったんだということになる。というわけで、ぼくはトヨタ2000GT名車説に反対なのである。

このクルマはきわめて少量生産で、前期、後期を合わせて一六九台しか作られていない。そしてトヨタとしては珍しく手作りであるところに意味があるのだろう。トヨタ2000GTの価格は二三八万円である。2000GTが登場した二年前の時点でポルシェ356がだいたい二四〇万円ぐらいだったから、こいつは相当高価なクルマなのだ。2000GTはいまでもたまに路上を走っているのを見かけることがあるが、クラシックカーとしてのお値段は八〇〇万円近くするのだそうだ。

２０００GTはジャグァーのようなエンジン、ロータス・エランのようなシャシー、そしてジャグァーのようなスタイルという、いかにもクルマ発展途上国日本が作りそうなクルマである。名車といわれる２０００GTは、実際には失敗作だったといっても、あながち間違いじゃないだろう。しかし、後年、名車ともてはやされるクルマのなかにはそういうものがきわめて多い。後年の評価というものは実際に乗るわけじゃなく、スタイルだけを見て下される。実はたいしたことがないというのは、べつにトヨタ２０００GTだけじゃないのだ。

ブガッティのロワイヤルなど、あんなにでかくて重いクルマは実際には乗れたシロモノではなかったと思う。しかし、ロワイヤルは現代最高のクラシックだ。２０００GTをそうだという気はないが、クラシックカーというのは多分に文化的な遺産であるとか、美術史的意味があるといった視点から語られるものだ。かならずしも自動車として優れているというだけでは充分とはいえないのである。スポーツカーとして総合的に見れば、２０００GTよりは当時のフェアレディZのほうがずっと上といえよう。だいいち価格が断然安いのである。

おそらくこのクルマを２ℓで作ったということが、そのコンセプトの最大の過ちではなかったか。この手のクルマを作るなら最低３ℓは欲しかったところである。いまとなってみると、２０００ＧＴはその他にもいろいろなコンセプト上の間違いが目につく。しかし、トヨタも当時はまだ、経験が足りなかったのだろう。トヨタはレースに勝ちたい一心で、当時としては相当のお金をこのクルマの開発にそそぎ込んだ。しかし、ついに２０００ＧＴは残り得なかった。それに対してフェアレディＺのほうはちゃんと生き残って、一時は日産のドル箱にまであいなった。

かの大トヨタは、ことスポーツカーを手がけると、クルマ作りもビジネスも下手クソというのがおもしろい。それはトヨタの自動車作りが個人の意見を突出させないからではなかろうか。トヨタのクルマ作りは、開発の過程であらゆる意見をいわせ、それを、角の立たないよう、きわめてうまくまとめていくのだろう。自動車の開発というものは最終意思決定に至るまでに、意見百出である。それをどうまとめていくのか。そこにトヨタの秘密がある。たとえばデザインなどで対立した場合、そこを失敗せずにまとめていくノウハウを持っているのだろう。トヨタの意思決定はけっして単純なものじゃないのである。

しかし、ことスポーツカーというものは、そういうクルマ作りができるにしても、その結果はけっしておもしろいものにはならないのだ。スポーツカーというのは、好きな奴はうんと好き、嫌いな奴は大嫌いでかまわないと、やたら偏向していいのである。一般に日本のスポーツカーは、ＮＳＸのように会議、会議、会議で決まるのだが、それにしてもトヨタ的なクラウンにすべてが収斂されるような合議、合議のクルマ作りでは、けっしてエキサイティングなスポーツカーは作れまい。

スポーツカーでもっとも大事なことは、世間に不要なものということである。スポーツカーなど消えたって、誰も困りはしない。困るのはぼくぐらいで、それだって「なくなったら、つまんねえな」と思う程度のものなのだ。そこではなかろうか。そういう中でこの２０００ＧＴは河野さんの意思というか、趣味がよく出ているとは思うが。

以後、トヨタはこういうクルマ作りからは手を洗った。他のメーカーも同様である。これほど生産技術的に合理の反対側にある、手間ひまのかかるクルマというのは後のＮＳＸまで待たねばならぬ。

２０００ＧＴはトヨタには珍しく、登場してそのまま消えてしまったクルマである。しかし、トヨタの伝統らしきものが、ここで少しは確立されたかなと思わされるのは、ＧＴと命名されたことだ。トヨタはスポーツカーとＧＴカーを分けて考えているふしがある。ＧＴというのは快適なものである。それに対してスポーツカーは不快ではいけないだろうが、それほど快適さを追求するものではないという認識がトヨタの不文律のなかにはある。トヨタはGT以外は作らない。トヨタは必ず快適性も性能と同じプライオリティで追求する。これまでトヨタのクルマで「○○スポーツ」と名づけたクルマは、スポーツ800以外にないのだ。それはトヨタのひとつの伝統になっていて、このクルマがそのスタートにいるんだろうなという気がする。

桶谷繁雄さんという自動車工学の教授がおられるが、その桶谷先生はずーっとこの2000GTを足に使っていらした。ぼくも何回か見かけたことがあるが、パイプをくわえつつこの2000GTを悠々とドライブされていた。なかなかカッコよかったものである。

クルマはボロだが、ぼくは正直いってこういう徒花《あだばな》的な存在は好きだ。2000GTは「なんでこんなの作ったの」といいたくなるクルマである。しかし、そういうものこそクラシックカーとして残るケースが多いのだ。カローラやクラウンのように成功して、その型が二〇〇万台も作られたというようなクルマは、それから三〇年もたってみると、民具としての価値はものすごくあるかもしれないが、それ以上のものではない。文化財としては徒花のほうがいいのだ。

なんだかんだいっても、そのバカ高い値段からして、トヨタ2000GTは日本最大のクラシックカーになるのではないか。今後、日本から本当の意味でのクラシックカーが出るとは、とうてい思えない。2000GTのような徒花的なクルマは、もはや二度と生まれてはこないだろうが、それゆえにこのクルマは記憶されるべきだろう。ハードうんぬんでもないし、コンセプトも多少間違っているクルマではあるにしても。

ダットサン・スポーツ（DC-3）①1952年、②3510×1360×1450㎜、③2150㎜、④750kg、⑤水冷直列4気筒サイドヴァルブ、⑥860cc、⑦20ps／3600rpm、⑧4・9kgm／2400rpm、⑨83・5万円

ダットサン・スポーツ（S211）①1959年、②3985×1475×1400㎜、③2220㎜、④810kg、⑤水冷直列4気筒OHV、⑥988cc、⑦34ps／4400rpm、⑧6・6kgm／2400rpm、⑨79・5万円

ダットサン・フェアレディ（SPL212）①1960年、②4025×1475×1365㎜、③2200㎜、④885kg、⑤水冷直列4気筒OHV、⑥1189cc、⑦43ps／4800rpm、⑧8・4kgm／2400rpm、⑨(輸出用)

ダットサン・フェアレディ1500（SP310）①1962年、②3910×1495×1275㎜、③2280㎜、④870kg、⑤水冷直列4気筒OHV、⑥1488cc、⑦71ps／5000rpm、⑧11・5kgm／3200rpm、⑨85万円

フェアレディ2000（SR311）①1967年、②3910×1495×1300㎜、③2280㎜、④910kg、⑤水冷直列4気筒OHC、⑥1982cc、⑦145ps／6000rpm、⑧18・0kgm／4800rpm、⑨88万円

ニッサン・フェアレディ240ZG（HS30）①1971年、②4305×1690×1285㎜、③2305㎜、④1010kg、⑤水冷直列6気筒OHC、⑥2393cc、⑦150ps／5600rpm、⑧21・0kgm／4800rpm、⑨150万円

プリンス・スカイライン2000GT-B（S54B-2）①1965年、②4255×1495×1410㎜、③2590㎜、④1070kg、⑤水冷直列6気筒OHC、⑥1988cc、⑦125ps／5600rpm、⑧17・0kgm／4400rpm、⑨89・5万円

ニッサン・スカイライン・ハードトップ2000GT-R（KPGC10T）①1970年、②4330×1665×1370㎜、③2570㎜、④1100kg、⑤水冷直列6気筒DOHC、⑥1989cc、⑦160ps／7000rpm、⑧18・0kgm／5600rpm、⑨154万円

スカイライン・ハードトップ2000GT-R（KPGC110）①1973年、②4460×1695×1380㎜、③2610㎜、④1145kg、⑤水冷直列6気筒DOHC、⑥1989cc、⑦155ps／7000rpm、⑧17・6kgm／5600rpm、⑨163万円

ホンダS500（AS280）①1963年、②3300×1430×1200㎜、③2000㎜、④675kg、⑤水冷直列4気筒DOHC、⑥531cc、⑦44ps／8000rpm、⑧4・6kgm／4500rpm、⑨45・9万円

ホンダS800クーペ（AS800C）①1966年、②3335×1400×1195㎜、③2000㎜、④735kg、⑤水冷直列4気筒DOHC、⑥791cc、⑦70ps／8000rpm、⑧6・7kgm／6000rpm、⑨68・9万円

三菱コルト・ギャランGTO-MR（A53）①1970年、②4125×1580×1310㎜、③2420㎜、④980kg、⑤水冷直列4気筒DOHC、⑥1597cc、⑦125ps／6800rpm、⑧14・5kgm／5000rpm、⑨114・5万円

三菱コルト・ギャランFTO（A61）①1971年、②3765×1580×1330㎜、③2300㎜、④825kg、⑤水冷直列4気筒OHC、⑥1378cc、⑦86ps／6000rpm、⑧11・7kgm／4000rpm、⑨80・8万円

マツダ・コスモ・スポーツ（L10A）①1967年、②4140×1595×1165㎜、③2200㎜、④940kg、⑤水冷2ローター、⑥491cc×2、⑦110ps／7000rpm、⑧13・3kgm／3500rpm、⑨148万円

マツダ・ファミリア・ロータリー・クーペ（M10A）①1968年、②3830×1480×1345㎜、③2260㎜、④805kg、⑤水冷2ローター、⑥491cc×2、⑦100ps／7000rpm、⑧13・5kgm／3500rpm、⑨70万円

トヨタ・セリカ1600GT（TA22）①1970年、②4165×1600×1310㎜、③2425㎜、④940kg、⑤水冷直列4気筒DOHC、⑥1588cc、⑦115ps／6400rpm、⑧14・0kgm／5000rpm、⑨96万円

トヨタ・カリーナ1600ST（TA12）①1970年、②4135×1570×1385㎜、③2425㎜、④910kg、⑤水冷直列4気筒OHV、⑥1588cc、⑦105ps／6000rpm、⑧14・0kgm／4200rpm、⑨70万円

ニッサン・シルビア（CSP311）①1965年、②3985×1510×1275㎜、③2280㎜、④980kg、⑤水冷直列4気筒OHV、⑥1595cc、⑦90ps／6000rpm、⑧13・5kgm／4000rpm、⑨120万円

トヨタ・スポーツ800（UP15）
①1965年、②3580×1465×1175㎜、③2000㎜、④580kg、⑤空冷対向2気筒OHV、⑥790cc、⑦45ps／5400rpm、⑧6・8kgm／3800rpm、⑨59・5万円

トヨタ2000GT（MF10）
①1967年、②4175×1600×1160㎜、③2330㎜、④1120kg、⑤水冷直列6気筒DOHC、⑥1988cc、⑦150ps／6600rpm、⑧18・0kgm／5000rpm、⑨238万円

第8章

『間違いだらけ』を出してから

病院のベッドの上で『間違いだらけのクルマ選び』の原稿を書いた

レーシングメイトをつぶしたぼくは、このときの心労が原因で体調がおかしくなった。夏の暑いさなか、会社の整理が半分ぐらい進んだところで、やたらに疲れるようになった。突然、むしょうに水が飲みたくなり、がぶがぶ飲む。そして飲んではやたらにトイレに行く。猛然と腹が減る。体重が下がる。そのときはまだそうとは知らなかったのだが、それはみな糖尿病の症状だった。

相当参っているところに、タイミングよく、ひょっこりおやじが訪ねてきた。そしてひと晩、ぼくの家に泊まっていった。ぼくはけっしておやじコンプレックスじゃないが、ぼくの人生でやはりおやじの存在というのは大きい。その晩、二人で話していると、おやじは「おまえ、水戸に帰ってこないか」と切り出した。弟はぼくより十歳下でまだ若いし、自分もそろそろ歳だというのである。

　短気でぼくのことをよく殴ったおやじも、そのころはもう六十の坂を越えていた。それでも肉体的には元気で、ぼくがたまに水戸の家に遊びに帰ると、「博愛が来たから鉄砲を撃ちに行こう」といって、よくぼくを鉄砲を撃ちに連れ出したものだ。ぼくは鉄砲撃ちの道具は持っていないが、おやじはちゃんと道具をそろえており、立派な長靴をはいていた。小川などがあると、ぼくのほうが体重は重かったにもかかわらず、ぼくを背負って渡したりした。

　そんな元気なおやじが妙に気弱になって、ぼくに帰ってこないかという。べつに何をしろというのではなく、飯ぐらい食わせてやるというのだ。自動車雑誌に原稿料の前借りをしては生活費にあてたり、年末になると借金取りに追われるなど、ロクな生活をしていなかったぼくは、おやじの提案を素直に受け入れ、女房を連れて水戸に帰ることにした。

　そうして田舎に帰ったところでバタリと倒れ、病院にかつぎこまれてしまったのである。診断は糖尿病性の高血圧症状だった。即、入院である。会社の整理、倒産の整理というのは精神的に相当疲れるものだ。そのショックでインシュリンが出なくなったらしい。ぼくの係累に糖尿病の人間はいないから原因はそれしかないと、医者はいっていた。

さて、入院したはいいが、なかなか病状が安定しない。飲み薬が効かないのである。結局、インシュリン注射でないと安定しないということで、日常生活でインシュリンを打つことになったのだが、その間、一カ月半、病院にいることになった。退屈である。その病院に個室はなかったが、先生も気づかってくれて二人部屋にぼく一人を入れてくれた。おやじも病院の前にクルマを一台停めておいてくれた。絶対安静というわけではないから、行動は比較的自由である。病院の元気な患者をクルマに乗せて、花見に行ったりしたが、それでも暇でしようがない。看護婦さんをからかうのにもすぐ飽きた。ぼくは原稿を書き出した。それが『間違いだらけのクルマ選び』のもととなった原稿である。

当時、トヨタはワイドヴァリエーション戦略をとっており、たとえばカローラなど、スプリンターも含めるとすでに九〇種類ぐらいあった。これでいったいユーザーは、どうやってクルマを選ぶのだろうかということなどを原稿用紙三〇〇枚に書きつらねた。しかし、べつだん出版するアテとてない。ぼくの書いた三〇〇枚の原稿は日の目を見ることもなく、ぼくの鞄のなかで眠るしかなかった。

糖尿病がいちおう治まったのはいいが、水戸での生活は退屈でしようがなかった。

それまで自分で仕事をやって、毎日、東京都内を目まぐるしく動き回っていたのに、一転、田舎でボエーッとしているのは苦痛だった。また、国会議員の選挙などというと、おやじは自民党員なものだから選挙運動をする。ぼくはそれを手伝わされたりするわけだが、主義主張が違うので、これがまたおもしろくない。

そんなある日、東京へ出てきたら、知人の安宅《あたか》さん（倒産した安宅産業の御曹司）が新しく会社を作って、そこで自動車を扱うから、手伝ってくれないかとぼくを誘った。ロールス・ロイスやアストン・マーチンのエージェントをやるから、クルマのことをいろいろ教えてくれないかというのである。それなら東京へ出ましょうということで、ぼくは女房を水戸に置いて、書きためた原稿を鞄に入れ、東京に単身赴任した。世田谷の赤堤《あかづつみ》に六畳二間のアパートを借りた。そして新しい会社の目鼻がついたところで女房も赤堤へ呼び寄せた。

おやじはきっとがっかりしたと思う。しかし、実家には弟もいることだし、それでいいかと思って出てきたのである。ところがである。この新しい会社がすぐにうまくいかなくなったのだ。高給で雇われていたぼくは、たちどころに困ってしまった。

そうこうしているうちに、ぼくは生まれて初めて編集という仕事をする。それはブリヂストンのＰＲ誌で、三二ページの月刊小冊子であった。六本木のオフィスに毎日通って、それを手伝った。ところがこの会社も、強力なライバルが出てきて、ブリヂストンのコンペに落ちてしまう。すると、そこの社長は、もう自分も歳だし、会社をやめたいといいだす始末である。

どうなることかと思っていたら、そのPR誌の編集長が「今度、講談社でメンズファッション・マガジンを始めるけど、杉江さんやってみない？」といってくれた。一も二もなく、ぼくは新しいファッション誌の編集部へフリーランスの編集者として転職する。雑誌の名は「チェックメイト」であった。

この「チェックメイト」の編集部に三輪幸雄君という編集者がいた。彼は活版ページ担当であった。ぼくのほうはというとファッション・ページ担当で、コート、スーツの世界である。しかし、彼とぼくはなぜか妙に気が合い、編集の仕事をほっぽらかして二人してほとんどくっちゃべってばかりいた。そのうちにフリーランスのぼくは、ふたたび「モーターマガジン」などに記事を書きはじめる。そして編集会議の席上、せっかく杉江さんがいるんだから、「チェックメイト」も自動車のページを作ろうということになる。かくしてぼくは「チェックメイト」に自動車の記事を書くようになった。

そんなある日、ぼくは三輪君に「オレ、単行本一冊ぶん三〇〇枚の原稿を持っているんだけど、それを出版してくれるところないかしら」と聞いた。貧乏暮らしをしていたぼくは、小遣い稼ぎになったらいいと思ったのである。すると三輪君は「出版社って、クルマの本は嫌がるんだよな。でも、いいや、ぼくに原稿を預けてくれ。心あたりを回ってみよう」という。そして三輪君が紹介してくれたのが、草思社の社長、加瀬昌男さんである。

加瀬さんはぼくの原稿を一読し、「書き直して下されば出版しましょう」といった。そこで全面的に書き直して出版されたのが『間違いだらけのクルマ選び』である。

ゴルフというクルマとの出会いが、ぼくに本を書かせた

『間違いだらけのクルマ選び』は、トヨタのワイドヴァリエーション路線への批判がきっかけとなっている。それがなければ、ぼくのあのアイディアはなかったろう。そしてもうひとつ、もっと大きなことはゴルフを買ったことだ。出版社に持ち込む前の最初の原稿には、ゴルフは全然登場してこない。なんとなれば、そのときぼくはまだゴルフを知らなかった。最初の書き直しの直前、ぼくはゴルフを買い、その体験を新しい原稿に書いたのである。

そのころのぼくは相変わらずの借金暮らしで、貧しかった。赤堤のアパートは六畳二間だったが、われわれ夫婦は根っからのモノ好きだから、観葉植物やらファンシーケースやらいろいろなものが部屋に詰まっていた。それなのに一つの部屋を二つのベッドで完全にふさいでいた（そいつは長年使っているもので、わりあい気に入っていたのだが）。それでモノを置く場所が完全になくなってしまう。女房は棚を作り、その上にいろいろ載せたが、それでも足りず、ハンドバッグを天井から紐で吊り下げた。ベッドに寝ころぶと、顔の上で女房のハンドバッグがプラプラ揺れている。情けないが、自分に甲斐性がないからしようがないと思い、いいたい言葉を呑み込んで、寝ているしかなかった。

それでも自動車の本だけは雑誌、単行本と、たくさん読んでいた。中古車売買の情報欄を見ては「おっ、ベンツの220Sが七五万。これは安い」「ローバー2000いいなあ、八〇万？　高いよなあ」などと、独り言をいっていた。ぼくもいちおう自動車評論家のはしくれであったが、当時の自動車評論家などというのは食えない人間が九割だ。生活が苦しいから共働きで、女房は青山のインテリアショップへ勤めていた。

そんなときヤナセの渡辺君が赤堤のアパートを訪ねてきた。彼はかつてブリヂストンのＰＲ誌時代に同じ会社にいた男で、ぼくがヤナセに就職を推薦して、広報部で働いていた。その彼が「杉江さん、ゴルフ買いませんか」というのである。

「買いませんかって、おまえ、オレに外車の新車は無理だよ」

と断わると、渡辺君は、

「いや、安くしますから。実は船で二便入ったんだけど、これがまったく売れないいんです。社員の親戚には金利ゼロの三〇万円引きで売っているんです。どうでしょう、買いませんか」

といった。

そのころヤナセは新しく登場したゴルフを二〇〇〇台、日本に輸入していた。当時はビートルからゴルフに切り替わったときで、ヤナセはその販売に力を入れていた。ところが意に反してまったく売れず、ヤナセは困り切っていたのである。まあ、それもそうだろう。前のモデルからあんなにラジカルに変わったクルマというのもまずない。なにせ後エンジン、後輪駆動から、前エンジン、前輪駆動という大変化なのだ。しかも、それまで日本人は５ドアなどというクルマは見たことがないのだから（コロナの５ドアがあったが）、売れなくて当然なのだ。

当時、フォルクスワーゲンはもはや古くなってしまったビートルの後継車作りで苦しんでいた。ゴルフの前にはK70という前輪駆動車を作ったが、これは大の失敗作。さらにその前には、後エンジン、後輪駆動のタイプ3やら411など、いろいろ出したのだが、それも全部失敗していた。フォルクスワーゲンは、依然としてビートルに頼るしかなかった。しかし、その頼りのビートルもだんだん売れなくなる。にもかかわらずそれに代わるモデルはいつまでたっても出ない。最後にはフォルクスワーゲン倒産かと、ヨーロッパ中で噂が流れる始末であった。

そんな危機のなか、アウディの社長だったルドルフ・ライディングがフォルクスワーゲンのボスに就任した。そのときフォルクスワーゲンには開発中の266というクルマがあった。これはポルシェ・デザインのものすごいコンセプトのクルマで、なんと4気筒エンジンをミドシップに積む、えらく複雑な構造の4ドアセダンである。ライディングはその設計図を見たとたんに、その図面をパッと机の上から払い捨て、「いま即刻、このクルマをキャンセルしてこい」と部下に命じ、266に代わる代案を求めたという。おそらくフォルクスワーゲンのエンジニアたちは、この革命的な266を世に問うてみたかったろう。そうしたらきっとフォルクスワーゲンは倒産したと思うが。

そこで浮上してきたのが、当時アウディが計画していたFF車である。これがゴルフとなり、ゴルフは世界的に大ヒットして窮地のフォルクスワーゲンを救うことになる。この功績によってライディングはフォルクスワーゲン中興の祖となるのだが、その彼がアメリカに工場を作ろうと提案したとたん、クビになってしまうのだから皮肉である。ドイツの大きな会社は労働組合から経営陣に何人かの重役を送りこんでいる。その労組重役たちは会社の意思決定権に大きな力を持つ。その重役たちが拒否権を行使したのだ。

渡辺君はぼくになんとかゴルフを売ろうと、さまざまな好条件を提示した。当時、月賦は二四回払いまでしか認められていなかったが、三六回までオーケー。場合によっては、頭金もいらない。だから買わないかとまでいう。ヤナセはそうやって一台でも売れればと、必死だったのだろう。だが、ぼくはそれでも首をタテに振れなかった。当時ぼくが「チェックメイト」からもらっていた給料は一九万少々である。そこから借金の返済もある。いくら金利なしでも月に四〜五万円も月賦を払わなければならないとなると、とうてい買えないなと思ったのだ。

すると女房が、「私の給料を足したら買えるかもしれないから、買ってみようよ」といってくれた。女房の弟から頭金を二〇万円ばかり借りようというのだ。経営していた会社はつぶれるわ、病気になるわ、家を元気よくおん出ては見たものの、すぐに再就職先も具合が悪くなるわで、ぼくはクサっていた。クルマを買えば元気が出るかもしれない。よし、そういってくれるならということで、ぼくは契約書にハンコをついた。ゴルフはその初期から右ハンドルを入れており、ぼくの契約したのは右ハンドル仕様だった。

やってきたゴルフには何もついていなかった。アクセサリーはというと、ステレオはいらない。エアコンはいらない。スライディングルーフはもちろんいらないの、ないないづくしである。しかし、このゴルフはすごかった。ぼくは人生であんなにすごいクルマを経験したことはそれまでなかったし、おそらく、もう将来もないんじゃないかと思う。ないとは思いたくないし、もう一度ぐらい、何か革命的なクルマに乗りたいなと思ってはいるが。

ゴルフはエンジンこそ金属的なビーンという音がしてうるさいが、ブレーキもよく効くし、ハンドリングも素晴らしい。そいつは当時の国産車など問題としていなかった。また、ガソリンを喰わなかった。燃料計の針がほとんど動かないのでいやになってしまうぐらいなのだ。

ただシートの生地が弱くて、かんたんに破れてしまうのがイヤだった。ぼくのゴルフのシートはジャージーみたいな変な生地で、これがナイロン製である。煙草の火の粉が飛ぶとチリッと穴が空いてしまう。ぼくはよく煙草を吸うからいたるところにポツポツと小穴が空く。なぜならクーラーなしなので、窓を開けてぶんぶん飛ばしたからだ。シートの穴をつぎはぎするのは女房の仕事だった。

『間違いだらけのクルマ選び』は、少しはゴルフの拡販に貢献した本だとぼくは思う。また『間違いだらけのクルマ選び』が売れたのも、ゴルフのおかげといえる。ぼくがいまだに新しいゴルフが出るたびに買うのはそのためだ。その感謝の意味も込めて買っているのである。

このゴルフでの体験をベースにぼくは最初の原稿をすべて書き直した。最初の原稿と、書き直した原稿ではその趣旨は一八〇度違っていた。ゴルフを得て、ぼくは考え方を改めたのである。

当時ぼくは、国産車メーカーの広報車に全部乗ってやろうという計画を立てていた。「チェックメイト」の編集部名で一回借り出し、四日ぐらい乗るのだが、借り出しの手続きがあれこれ面倒臭い。それでも根気よく一年かけて全部乗った。その結果、ぼくは国産車もいまや相当いいじゃないかと思うようになっていた。最初の原稿はその結論に沿って書かれており、「日本で使うには国産車が一番」ときわめて肯定的だったのである。それが書き直した二度目の原稿は「ゴルフみたいなすごいクルマがあるじゃないか」という趣旨に大きく変わっていた。

ぼくがゴルフを買ってしばらくすると、おやじが急死した。

直接の死因は心筋梗塞だが、末期ガンでもあったらしい。葬儀が済んでも、水戸にはおふくろと弟しかいない。以後、あと始末などもあり、しばらくのあいだ週に一回ほど水戸まで通うことになった。このときはいつもゴルフに乗っていった。当時はまだ常磐高速道路はできていなかったから、国道を時間をかけて行く。お盆のときは六時間かかる道だが、ふだんは100km/hで飛ばして、二時間で到着したものである。

AJAJとたもとをわかって、ぼくは評論家になった

原稿があがった段階で、著者名は覆面でいこうということになった。当時、ぼくは「モーターマガジン」や「日刊自動車新聞」などにも署名原稿をちょこちょこ書いていたから、出版社のほうもその収入がなくなってしまったら可哀相だと思ったのだろう。

『間違いだらけのクルマ選び』は十一月下旬に刊行された。初版は一万部だった。イラストレーションを書いてくれた穂積和夫さんとぼくとの共著ということで、二人で

『間違いだらけのクルマ選び』を刊行したあと、ニューヨークにて。

印税を相応分に分け、そこから三輪君がプロデュース料を取った。初版一万部の印税の半分ぐらいがぼくの手元に残るわけだが、ぼくはその印税を前借りした。ちょうどそのとき、ぼくは「チェックメイト」の仕事で『東海岸の本』の取材にアメリカまで実に二カ月近く旅に出なければならなかった。そのお小遣いがまったくなかったのだ。ぼくが前払いを切り出すと、出版社は気前よく四〇万円の印税を前払いしてくれた。

最初滞在したボストンで、出版社から電報を受け取った。「本が売れ出した」という電文だった。それが一月の五日あたりである。女房から「本が売れている」と大喜びしている手紙が来た。日本に帰ったのは一月の二十日を過ぎていたが、最初にインタヴューされたのは文春の「WHO」というコラムであった。そのころはもう『間違いだらけ』は爆発的に売れていたのである。そのころある新聞記者が当時のトヨタ社長の豊田英二氏に「こういう本が売れていますが、あなたはお読みになりましたか」と質問した。すると英二さんは「読んでいる。社内にも読めといった」と答えたという。

『間違いだらけのクルマ選び』は売れに売れつづけて、あっというまにベストセラーとなった。しかし、その裏で出版社は本書の広告を打つのにずいぶん苦労したという。おそらくトヨタも日産も、こんなことぐらいでは動かなかったと思う。しかし、広告代理店がクライアントのご機嫌をうかがって勝手に動いたのだろう。出版社にはずいぶん圧力がかかったという。ラジオ広告のスポット契約が決まっていたにもかかわらず、某所から「あんな本の広告はやらないほうがいいよ」とささやきがあって契約のキャンセルが続出したり、テレビは最初から広告を拒否され、広告できるようになったのも、半年ぐらいたってからだった。

また新聞広告もたいへんだったそうだ。いまではもう自動車の広告もそれほどは新聞には出なくなったが、当時は、毎日のように新聞にクルマの広告が載っていた時代である。自動車の広告が掲載される日は絶対ダメということで、そのローテーションを組むのに担当者はずいぶん苦労されたと聞く。

それだけの圧力がかかるぐらいだったから、『間違いだらけのクルマ選び』はベストセラーとなったのだということもできよう。この本の功績は自動車雑誌を一度も買ったことのない人が読んだことではなかろうか。担当編集者が一番心配したのは、この本が二、三万部で終わってしまうことだったという。しかし、その当人もまさかあれだけ売れるとは思わなかったそうだ。結局、『間違いだらけのクルマ選び』は正・続合わせて一〇四万部を売ることになった。

『間違いだらけ』の影響で売れたクルマは、ゴルフを除くと、ジェミニやチェリー、シビックといった、マイノリティばかりである。当時、クラウン・パラダイムはそれほどまでに浸透していて、すでにトヨタは遠く日産の手を離れつつあった。それから十数年、当時三〇パーセント近かった日産はどんどんシェアを落としていき、それから一度も上がることがなかった。その後、日産のシェアは二〇パーセント少々、トヨタは四〇パーセント以上の多きを占めるに至った。それを見ると『間違いだらけのクルマ選び』も、その点ではたいしたことがないかなと思う。最近ぼくはユーザーが変わらないかぎりダメだと、少々、弱音を吐いている。

一夜明けてシンデレラボーイとなったぼくは、「チェックメイト」を辞めて、フリーランスとなった。さあ、どうしようかと思っていたら、出版社が続篇を書けという。ぼくはその準備をかねて、出版社から一〇〇万円の旅費をもらって、ヨーロッパへ二カ月ばかり出かけた。途中、女房を呼び出し、ホンダのパリ支店でシビックを借りて、ヨーロッパ中のメーカーを回って四〇〇〇キロほど走り回った。

帰国して、続篇を書き終わったところで、ＡＪＡＪ（自動車ジャーナリスト協会）がようやく徳大寺有恒は杉江博愛であることを嗅ぎつけた。そしてぼくに退会を勧告してきた。忘れもしない、芝のゴルフ練習場の二階でおこなわれたＡＪＡＪの理事会にぼくは呼びつけられた。そして、ＡＪＡＪの幹部諸君は、ぼくに向かってああだこうだと査問をおこなったのである。

彼ら幹部諸君の最初の言いぐさはこうであった。「徳大寺有恒」というペンネームはAJAJに登録していない。そんなペンネームを使って書いたことは、AJAJの規約違反だというのだ。そんな規約などAJAJのどこにもありゃしない。バカバカしいったらなかった。

そんな言いがかりをああだ、こうだとくりかえしているうちに、彼らはだんだんぼくが書いた内容に触れはじめた。するとある理事が、

「われわれはメーカーと仲良く、協調関係でいきたいのだ」

と、ついホンネを漏らした。ぼくはすかさずその言葉尻を捉えて、

「じゃあ、AJAJという団体はメーカーが大事なのか、読者が大事なのか」

と聞き返した。するとその理事氏は「もちろんメーカーだ」という。それを聞いたぼくは、その場で「本日かぎり、私から辞めさせていただく」と絶縁状を叩きつけ、部屋から出ていった。

AJAJをクビになったぼくはここで覆面を脱ぐ決心をし、出版社の社長と記者会見をおこなうことにした。記者会見はホテルオークラでおこなわれた。そしてその日の朝日新聞の夕刊の「人」欄に、徳大寺有恒はこの人だったと写真入りで報道された。

ＡＪＡＪの息のかかったモータージャーナリズム以外のマスコミは文春、朝日をはじめ、こぞってぼくに好意的であった。そして、以後、ぼくの自動車評論家としての活動は、大きな広がりをもっていくようになるのである。

国産車よ、かつての情熱を取り戻せ

ぼくが葦名橋のたもとで、通りすぎるアメリカ車をながめて過ごした日々から、もう四十数年の歳月が流れ去った。その間、日本の自動車工業は飛躍的な発展を遂げていった。わずか四十数年間で、日本の自動車工業は、文字どおりゼロからスタートして、年産一三〇〇万台（一九九一年）と、世界の自動車生産国のトップに立つようになったのである。まさしくそいつは奇蹟的なことだった。

発展を遂げたのは数ばかりではない。この間、日本のクルマは質的、性能的にもきわめて高いレベルを達成していく。巡航速度１００㎞／ｈどころか、最高速度１００㎞／ｈすらおぼつかなかった動力性能。スティアリングの円周上、三分の一近く遊びのある、切っても切っても曲がらないハンドル。いくら踏んでも止まらないブレーキ。そのすべてが見ちがえるほどよくなった。いまやリミッターをはずせば２００㎞／ｈ

などというクルマはザラだ。いまのクルマは昔だったらすぐに横転してしまっただろうハイスピードコーナリングを、いとも簡単にこなす。いまの国産車は走る、曲がる、止まるに関してはもはや世界的レベルにあるといっていい。

クルマのヴァリエーションも飛躍的に広がった。いまの日本には、ありとあらゆるクルマがそろっている。五〇年代、六〇年代の多くのモーターファンが望んで、果たしえなかったスポーツカーは、いまや掃いて捨てるほどある。しかも、そいつがことごとく200km／hカーで、それほどでもなくても、そこそこの性能を持っているときている。ごくオーソドックスな4ドアセダン、こいつに関してはいまだに満足すべきものが存在しないのは奇怪なことだが、メルツェデス、BMWと向こうを張る高級車あり、ミニヴァンあり、ワゴンあり、そして4WD車ありと、ありとあらゆるクルマがそろっている。

ところがである。それらの多種多様な現代の日本車には、なぜか魅力がない。ファンの胸をときめかせてくれる訴求力がないのだ。クルマとしての魅力――そいつはクルマにとって、もっとも肝心なことである。ところが、そいつがないのだ。こいつはいったいどうしたことなのだろう。

この四十数年間、日本の自動車工業で発展したのは、自動車の設計技術だけではない。その生産技術も飛躍的な進歩を遂げてきた。いや、日本の自動車工業でもっとも発展を遂げたのは、むしろこの生産技術だったといえよう。一個一個のコンポーネンツを磨きに磨いて、優れたエンジン、ミッション、サスペンションなどを作る。そして、それらをモジュールのように組み合わせて、つぎからつぎへと新しいクルマを組み立てていく。違うのはボディだけだが、そのボディも最新のCAD／CAMとやらで、あっというまにデザインし終えてしまう。

こうして日本の自動車産業は、ポンポン、ポンポンとABCビスケットのように、新しいクルマを作り出していく。そう、いまのクルマは誰が見てもわかるように、どれをとっても同じなのだ。一見外観は違うように見えても、その中身はほとんど変わらないのである。

たしかに合理化につぐ合理化、生産コストの逓減《ていげん》は、安くて、そこそこに高品質なクルマを、ユーザーに提供することを保証した。しかし、それは同時にクルマの自殺であった。いまや人々はそんなクルマにはっきりと飽きを感じはじめている。クルマなんて安くて、故障せず、そこそこに走ればいいと思いはじめているのである。クルマは人々に夢と憧れを与えることで成長してきた。もはやそれができなくなったというのなら、それはもう自動車産業の終わりを意味している。

かつて日本の自動車産業を支えた人々は誰もが情熱にあふれていた。食うもの、着るものとてロクにないなか、彼らはなんとしても自動車を作りたかった。そして悪戦苦闘の果て、それを作ったのである。それらの国産車はどれもが例外なく、意あって力なきクルマばかりであった。当時のアメリカ車、ヨーロッパ車に比べるのも惨めなほどの、おそまつなシロモノであった。しかし、それでも日本の自動車メーカーの人々は、あきらめることなく、情熱をこめてクルマを作りつづけた。

このクルマに賭けられた情熱は、いったいどこへ行ってしまったのだろうか。

名車スカイラインを生み出す力を持っていたプリンス自動車は、なぜＢＭＷのような高級車メーカーに育たなかったのか。スバル１０００という、世界に誇るべき先進的ＦＦ車を作りだした富士重工は、なぜ下位メーカーに甘んじざるを得ないのか。いかにも上品で、都会的なクルマ作りの巧みだったいすゞは、なぜ乗用車生産を断念せざるを得なかったのか。そして、戦前から乗用車作りの長い伝統を誇る日産が、なぜトヨタに負けつづけたのか。

一国のクルマは、その国のユーザーのレベルを正直に反映する。個性あるクルマ作り、合理的なクルマ作りというものを、この国のユーザー大衆は認めようとしなかった。日本のモータリゼーションは５１０ブルーバードや初代ローレル、スバル１０００

0、パブリカの理想主義を理解することができなかった。ならばとばかりに多くのメーカーは、日本のモータリゼーションの未熟さに安易に迎合する道を選んだ。ま、当事者にしてみれば、それ以外、生き残っていく道はなかったということなのだろうが、いずれにせよ、この未熟さにうまく迎合していったメーカーは繁栄し、わが道を行ったメーカーは没落するか、敗北の一途をたどるしかなかったのである。

そして現在、能率主義、効率主義、官僚主義、そして生産第一主義が、日本のすべてのクルマをつまらないものしている。かつて意あって力なしだった日本のクルマたちは、いまや力あって意なきクルマばかりである。人間のあらゆる社会活動には、ビジネスの部分とそうでない部分とがある。ところが、いまの国産車メーカーは、すべてをかなぐり捨てて、このビジネスばかりに傾いているようにしか見えないのだ。いまの日本の自動車メーカーは、クルマが好きでクルマを作っているのだろうか。ひょっとしたら、儲かるならインスタントラーメンだっていいし、不動産売買だっていいのではなかろうか。いや、ことによると法に問われないのだったら、銀行強盗だって辞さないのではなかろうか。

いまや、こうしたクルマ作りのツケが回ってきている。「はたして、クルマというものは、いったいどこまでよければいいのだろう」――重箱の隅をつつくような改良ばかり重ねているいまの日本車を見ると、ぼくはつくづくそう思ってしまう。クルマなんて、何百億、何千億とお金をかけて作るもんじゃない。胸をときめかせてくれるクルマ、ワクワクさせてくれるクルマは、何十億円もかけたマーケティングや、生産計画のタイムテーブル、そして合議、合議から生まれてくるわけじゃない。

日本のメーカーは、もっともっと大きな視野に立って、新しいクルマを作っていく意思はないのか。本気で、安全、社会性、環境に取り組むつもりはないのか。

第一号車が工場のラインを出てから、一人として人を殺さないクルマを作る意思のあるメーカーはないのか。炭酸ガスを吸い込んで、酸素を吐き出すクルマを作ろうというメーカーはないのか。１ℓあたり五〇㎞を走る、実用的な経済車を作ろうというメーカーはないのか。第三世界の人々に、生活の喜びをもたらす、経済的で社会的なクルマを作ろうというメーカーはないのか。

ぼくは自動車という乗り物は、まだまだ、こんなことで終わらないと思っている。もっと、もっと夢を見させてほしい。メーカーは、先人の情熱と理想主義を思い起こしてほしい。いかに遠かろうが、困難であろうが、高い理想を目指す情熱のないところに、価値は生まれてこないのである。

この国産車の躍進の四十数年を経て、大いなる達成とともに、一抹の寂しさと索漠とした思いを抱くのは、ぼくだけなのだろうか。自動車野郎たちの熱い思いは、もはや帰らぬ夢なのだろうか。もう一度、「日本車よ、頑張れ」とぼくは声を大にしていいたいのだ。

文庫版によせて

本書を最初に上梓したのは一九九三年、日本のバブル経済が崩壊した直後、いわゆる二十年不況の入り口である。それまで日本のマーケットはクルマが売れに売れ、絶好調だった。マークⅡが全盛で、いまはなきソアラなど〝女子大生ホイホイ〟と呼ばれ、この世の春を謳歌していた。各メーカーは勢いに乗って工場を新設し、セルシオやインフィニティなど、本格的な高級車作りにチャレンジしていた。

そこに「想定外」の大不況が到来する。足元をすくわれた各メーカーは大きな路線変更を強いられた。各社、生産体制を縮小し、拡大した販売網を整理して、生き残りをはかった。放棄された新車の企画、整理された車種は山ほどある。それでも体力の及ばなかったところは自主再建をあきらめ、外資の傘下に収まるしかなかった。まさしく大転換期であった。

私の個人的なクルマ体験をまとめ、私なりの日本自動車史として書き残しておこうと思ったのには、そうした時代背景がある。未来が見えてこないときには歴史をひもとくことだ。これまでの日本のクルマ作り、クルマ文化とはなんだったのか。これから日本のクルマはどう歩んでいけばよいのか。過去を振り返ることで、明日を考える一助としたかったのである。いま、本書が文庫として装いを改めることにいささかの意義があるとするなら、そこにあるのだと思う。

多くの若い読者がこの小さい本を認めてくれることを望みたい。

二〇一一年、大震災の年の五月に記す

著　者

トヨタ、2代目マークⅡ発売
2月　連合赤軍事件
3月　山陽新幹線（新大阪～岡山間）開通
4月　**日産、2代目ローレル発売**
6月　田中角栄通産相「日本列島改造論」を発表
7月　**本田、シビック発売**
富士重工、スバル・レックス発売
9月　日産、生産累計1000万台突破
日産、4代目スカイライン（通称ケンメリ）発売
10月　**本田、145／145クーペ発売**

1973年（昭和48年）
1月　ヴェトナム和平協定調印
日産、バイオレット発売
2月　**三菱、ギャランFTO発売**
4月　環境庁、48年度排出ガス規制実施
トヨタ、スターレット発売
5月　**日産、3代目サニー発売**
8月　**トヨタ、5代目コロナ発売**
10月　OPEC、原油価格を大幅値上げ（第1次オイルショック）
12月　**本田、シビックCVCC発売**

1974年（昭和49年）
4月　**3代目カローラ／スプリンター発売**
8月　三菱重工業本社ビル爆破事件
9月　ディーゼル車の排出ガス規制実施
日産、2代目チェリー発売
10月　**トヨタ、5代目クラウン発売**
いすゞ、ジェミニ発表
11月　**ダイハツ、シャルマン発売**

1975年（昭和50年）
4月　ヴェトナム戦争終結
6月　**日産、（4代目）セドリック／グロリア発売**
10月　**日産、新型シルビア発売**

1976年（昭和51年）
1月　軽自動車の枠拡大（排気量550cc、外寸3·2×1·4m）
5月　**本田、アコード発売**
7月　**日産、5代目ブルーバード発売**
8月　自動車保有台数3000万台を突破
11月『間違いだらけのクルマ選び』刊行

太字は車種関連、それ以外は自動車産業／一般事項の出来事を記した
（参考：トヨタ自動車／日産自動車／三菱自動車工業／マツダ／本田技研工業／いすゞ自動車／富士重工業／ダイハツ工業／スズキ／日野自動車工業各社社史）

公布
7月　自動車取得税新設
東洋工業、ファミリア・ロータリー・クーペ発売
8月　日産、3代目スカイライン（GC10）発売
9月　トヨタ、初代コロナ・マークⅡ発売
10月　交通違反点数制度実施
いすゞ、117クーペ発表
12月　4輪車生産台数400万台突破、世界第2位に

1969年（昭和44年）

3月　富士重工、スバルFF-1発売
4月　トヨタ、2代目パブリカ発売
ダイハツ、コンソルテ・ベルリーナ発売
5月　東名高速道路全線開通
本田、1300セダン発売
6月　リコール制度発足、各社の欠陥車公表
8月　富士重工、スバルR-2発売
10月　日産、初代フェアレディZ発売
東洋工業、ルーチェ・ロータリー・クーペ発売
12月　三菱、コルト・ギャラン発売

1970年（昭和45年）

1月　日産、2代目サニー発売
2月　運輸省、排気ガス規制強化
トヨタ、4代目コロナ発売
本田、1300クーペ発売
3月　大阪万国博覧会開催
4月　日本自動車ユーザーユニオン発足
三菱自動車工業、三菱重工から独立
ダイハツ、フェローMAX発売
5月　トヨタ、2代目カローラ／スプリンター発売
東洋工業、カペラ発売
7月　光化学スモッグの被害発生
9月　本田、ホンダZ発売
10月　日本の人口が1億人を突破
日産、初代チェリー発売
11月　三菱、コルト・ギャランGTO発売
本田、バモス・ホンダ発売
12月　アメリカで大気汚染防止法（マスキー法）成立
トヨタ、セリカ／カリーナ発売

1971年（昭和46年）

2月　トヨタ、4代目クラウン（MS60）発売
日産、セドリック／グロリア発売
4月　自動車産業の資本自由化実施
5月　三菱、クライスラー資本提携
6月　本田、ホンダ・ライフ発売
7月　環境庁発足
いすゞ、GMと資本提携
8月　金・ドル交換の一時停止（ドルショック）
日産、4代目ブルーバード（U610）発売
10月　富士重工、スバル・レオーネ発売

1972年（昭和47年）

1月　トヨタ、生産累計1000万台突破

本田、S600発売
4月 トヨタ、クラウン・エイト発売
6月 新三菱重工、三菱造船、三菱日本重工が合併、三菱重工業に
7月 三菱、デボネア発売
8月 首都高速道路1号線・4号線(羽田〜日本橋〜新宿間)開通
9月 トヨタ、3代目コロナ(RT40)発売
東洋工業、コスモ・スポーツ発表
日野、コンテッサ1300発表
10月 東京オリンピック開催
東海道新幹線開業
東洋工業、ファミリア800セダン発売

1965年(昭和40年)

2月 本田、S600クーペ/SMクーペ発売
3月 いすゞ、ルーツ・グループとの提携打ち切り
4月 東名高速道路起工
トヨタ、スポーツ800発売
日産、シルビア発売
7月 名神高速道路全線開通
10月 完成乗用車の輸入自由化
運転免許取得者数2000万人突破
日産、2代目セドリック発売
富士重工、スバル1000発表
三菱、コルト1500/800発表
12月 富士スピードウェイ完成

1966年(昭和41年)

1月 本田、S800発売
4月 日産、初代サニー発売
7月 運輸省、自動車の有害排出ガス基準制定
8月 日産、プリンスを合併吸収
東洋工業、ルーチェ発売
11月 トヨタ、初代カローラ発売
ダイハツ、フェロー発売

1967年(昭和42年)

1月 アメリカ運輸省、FMVSS(連邦自動車安全基準)を発表
東洋工業、ファミリア1000発売
3月 日産、フェアレディ2000発売
本田、N360発売
4月 日本自動車工業会発足
日産、3代目グロリア発売
鈴木、スズキ・フロンテ発売
5月 トヨタ、2000GT発売
東洋工業、コスモ・スポーツ発売
8月 トヨタ、1600GT発売
日産、3代目ブルーバード(510)発売
9月 トヨタ、3代目クラウン(MS50)発売
10月 いすゞ、フローリアン発表
12月 中央高速道路(調布〜八王子間)開通
自動車保有台数1000万台突破

1968年(昭和43年)

4月 東名高速道路(東京〜厚木間)開通
日産、初代ローレル発売
5月 トヨタ、カローラ・スプリンター発売
6月 大気汚染防止法、騒音規制法

9月　新三菱、三菱500発表
10月　横浜新道開通
12月　年間交通事故死亡者数が1万人を超える
日産、オースチンの生産打切り

1960年（昭和35年）

3月　日産、初代セドリック発表
4月　京葉道路開通
トヨタ、2代目コロナ（PT10）発売
5月　東洋工業、R360クーペ発売
6月　反安保闘争
12月　閣議で国民所得倍増計画決定
民生ディーゼルが日産ディーゼル工業に改称
運転免許取得者数1000万人突破

1961年（昭和36年）

2月　東洋工業、NSU社・ヴァンケル社とロータリー・エンジンに関して技術提携
3月　富士精密がプリンス自動車工業に改称
4月　日野、コンテッサ900発売
6月　トヨタ、初代パブリカ発売
10月　いすゞ、ベレル発表

1962年（昭和37年）

2月　東洋工業、キャロル発売
3月　鈴木、スズライト・フロンテ発売
4月　プリンス、スカイライン・スポーツ発売
6月　自動車の保管場所の確保等に関する法律（車庫規制）公布
トヨタ、生産累計100万台達成
新三菱、コルト600発売
9月　鈴鹿サーキット完成
10月　日本自動車連盟（JAF）発足
トヨタ、2代目クラウン（RS40）発売
日産、フェアレディ1500、セドリック・スペシャル発売
プリンス、2代目グロリア発売
新三菱、ミニカ発売

1963年（昭和38年）

5月　第1回日本グランプリ自動車レース、鈴鹿サーキットで開催
6月　いすゞ、ベレット発表
7月　名神高速道路（尼崎～栗東間）開通
新三菱、コルト1000発表
8月　本田、軽トラックT360発売
9月　日産、2代目ブルーバード（410）発売
10月　運転免許取得者数1500万人突破
本田、S500発売
東洋工業、ファミリア800ヴァン発売
11月　プリンス、2代目スカイライン発売
12月　4輪車の年間生産台数100万台突破

1964年（昭和39年）

2月　ダイハツ、コンパーノ・ベルリーナ発売
3月　日野、ルノー公団との技術提携打ち切り

5月 日産争議始まる（9月まで）
7月 富士重工業設立
朝鮮戦争休戦協定
9月 **トヨタ、トヨペット・スーパー発売**
10月 **いすゞ、ヒルマン・ミンクスの生産開始**

1954年（昭和29年）

2月 **富士重工、試作車P-1を完成**
4月 富士精密、プリンス自動車工業を吸収合併
第1回全日本自動車ショウ開催（東京・日比谷）
5月 第1次道路整備5カ年計画閣議決定
6月 鈴木式織機が鈴木自動車工業に改称
12月 **日産、オースチンA50の生産開始**

1955年（昭和30年）

1月 **トヨタ、初代クラウン（RS）／マスター発売**
日産、ダットサン110型発売
5月 通産省、「国民車構想」を発表
7月 自動車損害賠償補償法（強制保険制度）制定
10月 **鈴木、スズライト発売**
11月 自由党、日本民主党が自由民主党を結党

1956年（昭和31年）

4月 日本道路公団発足
7月 経済白書、「もはや戦後ではない」が流行
8月 **日産、オースチンを完全国産化**
9月 **トヨタ、「国民車」試作第1号発表**
12月 日本の国連加盟が可決される

1957年（昭和32年）

4月 **富士精密、初代プリンス・スカイライン発表**
7月 高速自動車国道法公布
トヨタ、初代コロナ（ST10）発表
8月 トヨタ、クラウンをアメリカにサンプル輸出（対米輸出国産車第1号）
ダイハツ、ミゼット発売
10月 **いすゞ、ヒルマンを完全国産化**
11月 **日産、ダットサン210型発売**

1958年（昭和33年）

3月 関門国道トンネル開通
富士重工、スバル360発表
9月 自動車工業振興会発足
10月 名神高速自動車道起工
12月 東京タワー完成

1959年（昭和34年）

1月 **富士精密、初代プリンス・グロリア発売**
3月 **東洋工業、軽3輪K360発表**
4月 皇太子ご成婚
6月 日野ヂーゼルが日野自動車工業に改称
日本自動車工業が東急くろがね工業に改称
日産、ダットサン・スポーツ（S211）発売
7月 **日産、初代ダットサン・ブルーバード（310）発表**
鈴木、スズライトTLの生産開始

自動車関連年表

1945年（昭和20年）

8月　終戦
　　中島飛行機、富士産業に改称
11月　GHQ、財閥解体を指令

1947年（昭和22年）

1月　GHQ、ゼネスト中止を指令
6月　GHQ、総排気量1500cc以下の乗用車、年間300台の製造許可
8月　**東京電気自動車「たま」発売**
10月　**トヨタ、トヨペットSA生産開始**
11月　**日産、ダットサン・セダンDA型発表**

1948年（昭和23年）

4月　自動車工業会発足
9月　本田技研工業設立
　　日産、ダットサン・セダンDB型生産開始
12月　日野産業が日野ヂーゼル工業に改称

1949年（昭和24年）

4月　自動車輸出振興会設立
5月　通商産業省発足
7月　ヂーゼル自動車工業がいすゞ自動車に改称
8月　日産重工業が日産自動車に改称
10月　GHQ、乗用車の生産制限解除

1950年（昭和25年）

1月　三菱重工業が東日本重工業／西日本重工業／中日本重工業に
6月　朝鮮戦争勃発
7月　日本労働組合総評議会（総評）結成
　　富士産業が12社に分割される
　　富士精密工業設立

1951年（昭和26年）

6月　**東日本重工（三菱）でヘンリーJの生産開始**
7月　外国自動車の国内取引自由化
12月　発動機製造がダイハツ工業に改称

1952年（昭和27年）

1月　**日産、ダットサン・スポーツDC-3型発売**
3月　**たま自動車、プリンス・セダン発売**
4月　対日平和条約、日米安全保障条約発効、GHQ廃止
5月　西日本重工が三菱造船に、中日本重工が新三菱重工に改称
6月　東日本重工が三菱日本重工に改称
11月　たま自動車がプリンス自動車工業に改称
12月　日産、オースチン社と乗用車の技術提携

1953年（昭和28年）

2月　日野、ルノー公団と乗用車の技術提携
　　いすゞ、ルーツ社と乗用車の技術提携
3月　**日野、ルノー4CVの生産開始**
4月　**日産、オースチンA40の生産開始**

＊本書は、一九九三年に当社より刊行した著作を文庫化したものです。

草思社文庫

ぼくの日本自動車史

2011年6月10日　第1刷発行

著　者　徳大寺有恒

発行者　藤田　博

発行所　株式会社 草思社

〒160-0022　東京都新宿区新宿5－3－15
電話　03(4580)7680(編集)
03(4580)7676(営業)
http://www.soshisha.com/

組　版　株式会社 キャップス

印刷所　中央精版印刷 株式会社

製本所　中央精版印刷 株式会社

装幀者　間村俊一

ISBN978-4-7942-1833-9　Printed in Japan